110kV智能变电站继电保护培训教材

国网甘肃省电力公司　组编

中国电力出版社
CHINA ELECTRIC POWER PRESS

内 容 提 要

本书依据 110kV 智能变电站的标准规范，介绍了 110kV 智能站保护功能实现的基础知识，以 110kV 智能站保护功能实现的典型设备及回路配置为基础，对 110kV 智能站典型保护功能的逻辑原理进行了详细分析，列举了 110kV 智能站常用继电保护装置的典型应用实例，用图纸再现保护功能逻辑的动态变化过程，有助于读者更为清晰直观地了解现有智能站的继电保护装置的动作原理。

本书是对继电保护基础知识的补充，使读者对 110kV 智能站保护装置的软件原理进行深入了解，满足了现场人员学习保护逻辑实现过程的需求。

本书可作为有关继电保护专业的技术人员、管理人员、工人的培训及自学教材，也可作为电力院校师生的参考用书。

图书在版编目（CIP）数据

110kV 智能变电站继电保护培训教材 / 国网甘肃省电力公司组编. —北京：中国电力出版社，2023.11
ISBN 978-7-5198-8221-1

Ⅰ. ①1… Ⅱ. ①国… Ⅲ. ①智能系统–变电所–继电保护–技术培训–教材 Ⅳ. ①TM63-39 ②TM77-39

中国国家版本馆 CIP 数据核字（2023）第 198412 号

出版发行：中国电力出版社
地　　址：北京市东城区北京站西街 19 号（邮政编码 100005）
网　　址：http://www.cepp.sgcc.com.cn
责任编辑：雍志娟
责任校对：黄　蓓　常燕昆
装帧设计：郝晓燕
责任印制：石　雷

印　　刷：廊坊市文峰档案印务有限公司
版　　次：2023 年 11 月第一版
印　　次：2023 年 11 月北京第一次印刷
开　　本：787 毫米×1092 毫米　16 开本
印　　张：13.5
字　　数：240 千字
印　　数：0001—2500 册
定　　价：98.00 元

编　委　会

序 Preface

与传统继电保护相比，智能站继电保护在通信和数据处理等关键环节有较大变化，需要多个设备的协调配合才能完成整体保护功能。事故异常的分析、查找与处理是智能站运维的重要工作，对继电保护和二次回路的认知需要进一步提高，才能适应新型电力系统日益复杂运行环境下的工作需求。现有标准规范对智能站保护设备配置和功能性能等都提出了明确要求，为透彻理解智能站保护与传统站保护的异同点，还需要对智能站保护功能软件的实现原理有清晰认识。

随着计算机、网络通信、数据处理和人工智能等技术在继电保护设备中的不断拓展和深化应用，保护功能软件的实现机理也日益复杂，因此，采用智能站保护功能原理图讲解保护原理，更贴近现有保护设备，易于理解，更具备实用价值。

本书来自编者多年的经验积累和理论实践，对比了 110kV 智能站继电保护与传统站的区别，详细阐述智能站保护培训的原理知识，对智能站保护功能实现的各个环节进行了分解和演示，应用原理图和视频逐级展示保护实现的每个步骤，还对智能站保护的监控信息进行了分析，并将分析过程在网络发布，实现了保护知识实践过程透明化、展示动态化和资源共享网络化。

该书要点突出，重点解析深入浅出，适用面广。该书应用了二维码分享教学要点视频的方式，读者可以方便地扫描二维码，随时查看教学视频，更加清晰直观地通过多个生动案例理解教学难点、重点，由此大大提高了学习效率效果。本书的出版可作为广大继电保护工作者的入门指导，也可作为现场工作者的参考资料，相信广大读者能从中获益。

2023 年 11 月

前言 Foreword

智能变电站继电保护在功能实现上是统一的整体，需要一次设备、保护装置、过程层设备、二次回路和通信通道之间的配合协调。智能变电站采用光纤和网络交换机连接智能站内的过程层、间隔层和站控层设备；用数字化的二次虚回路代替了传统二次电缆；在过程层由合并单元、智能终端等设备与一次设备连接；部分智能站采用了电子式互感器。这些新设备、新技术的应用，给智能变电站保护和二次回路培训提出了新要求。

为满足对 110kV 智能变电站微机保护实现机理的学习需求，本书以微机保护功能原理图为基础，对 110kV 智能变电站典型保护逻辑进行详细讲解，主要内容涉及 110kV 线路保护、110kV 主变保护、110kV 母线保护、以及 110kV 备自投等。本书有助于读者更为清晰直观地了解现有变电站的继电保护装置的动作原理，增强对 110kV 智能站保护设备的认知水平，提升对电力系统故障的分析处理能力。

本书可作为变电运维、继电保护、二次检修等专业人员的辅助培训资料，也可作为大中专学校师生的参考用书。

由于编者的水平、时间以及本书的篇幅有限，书中难免有不足之处，恳请读者提出意见和批评。

编　者

2023 年 11 月

目 录 Contents

1 智能变电站基础知识

1.1 概 述

智能变电站（Smart Substation）为采用可靠、经济、集成、节能、环保的设备与设计，以全站信息数字化、通信平台网络化、信息共享标准化、系统功能集成化、结构设计紧凑化、高压设备智能化和运行状态可视化等为基本要求，能够支持电网实时在线分析和控制决策，进而提高整个电网运行可靠性及经济性的变电站。

根据 GB/T 30155—2013《智能变电站技术导则》，智能变电站由智能高压设备、继电保护及安全自动装置（包括站域保护控制装置）、监控系统、网络通信系统、站用时间同步系统、电力系统动态记录装置、计量系统、电能质量监测系统、站用电源系统及辅助设施等设备或系统组成，如图 1－1 所示。

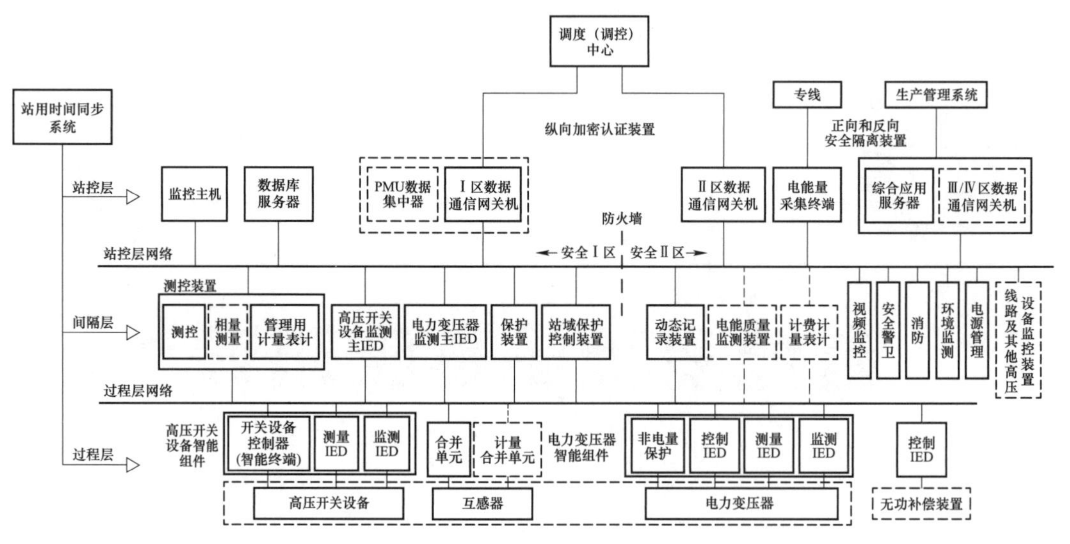

图 1－1　智能变电站通信网络和系统结构示意图

图 1－1 中，虚线框表示此 IED 为可选。其中，变压器、开关设备配置有监测 IED 时，应配置监测主 IED；“PMU 数据集中器”可为独立装置，也可以集成于Ⅰ区数据通信网关机；“Ⅱ/Ⅳ区数据通信网关机”可为独立装置，也可与综合应用服务器合并；“相量测量”可为独立装置，也可以集成于测控装置；“高压开关设备监测主 IED”为高压开关设备智能组件的一部分；“电力变压器监测主 IED”为电力变压器智能组件的一部分，根据调度（调控）中心需要，可接入Ⅰ区或Ⅱ区。

智能变电站遵循 DL/T 860 标准建立全站统一的通信网络。通信网络和系统按逻辑功能划分为三层：过程层、间隔层和站控层。各逻辑功能由相关物理设备实现，单一物理设备可以实现多个逻辑功能。

站控层设备主要包括监控主机、数据库服务器、综合应用服务器、数据通信网关机等，完成数据采集、数据处理、状态监视、设备控制和运行管理等功能。

间隔层设备主要包括测控装置、继电保护装置、计量表计、智能高压设备的监测主IED等，实现或支持实现测量、控制、保护、计量、监测等功能。

过程层设备主要包括智能电力变压器智能组件、智能高压开关设备智能组件和合并单元等，支持或实现电测量信息和设备状态信息的实时采集和传送，接受并执行各种操作与控制指令。

智能变电站显著特征是采用通信网络代替传统的电缆传递变电站信息，就地采集变电站信息，并经通信网络传送给保护、测量和自动化等多个智能电子设备共用，实现变电站信息的高效利用和有效监控。随着智能变电站采用“不可直观的”通信网络传送信号，传统变电站的端子连接等方式不再以物理形式展示出来，而多被智能变电站配置文件等代替。

1.2 模型及配置文件

智能变电站保护控制应用DL/T 860标准进行信息交互。DL/T 860标准为等同采用IEC 61850标准的国家标准。2004年国际电工委员会TC57颁布了《IEC61850变电站通信网络和系统》系列标准，该标准为基于通用网络通信平台的变电站自动化系统唯一国际标准。

基于 DL/T 860标准的变电站通信主要包含了以下报文，如图1－2所示。

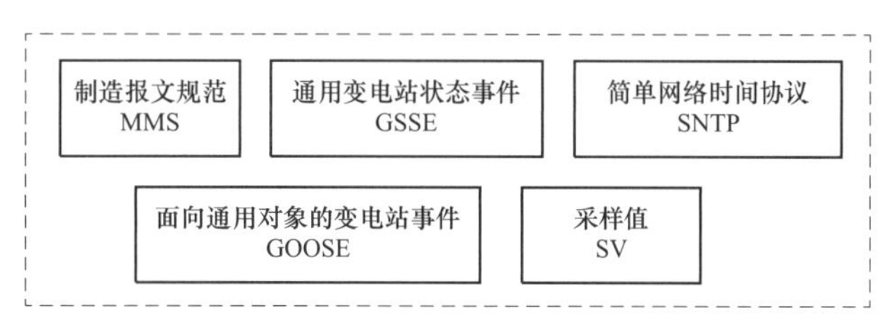

图1－2 基于DL/T 860标准的变电站通信报文

（1）制造报文规范 MMS（Manufacturing Message Specification）报文。MMS规范了工业领域具有通信能力的智能传感器、智能电子设备、智能控制设备的通信行为，使出自不同制造商的设备之间具有互操作性。

（2）面向通用对象的变电站事件 GOOSE（Generic Object Oriented Substation Events）报文。GOOSE用于实现在多IED之间的信息传递，包括传输跳合闸信号（命令），具有高传输成功概率。

（3）通用变电站状态事件 GSSE（Generic Substation Status Event）报文。GSSE 用于传输状态变位信息。

（4）采样值 SV（Sampled Value）报文。SV 采样值通信包括交换采样数据集中采样值的相关模型对象和服务。

（5）简单网络时间协议 SNTP（Simple Network Time Protocol）对时报文。SNTP 用来同步因特网中的计算机时钟。

变电站通信基于通信模型实现，模型采用规范化的变电站配置描述语言 SCL（Substation Configuration Description Language）语言描述，SCL 文件包括以下文件，如图 1－3 所示。

（1）描述变电站系统规格的 SSD（System Specification Description）文件；

（2）描述 IED（Intelligent Electronic Device）能力的 ICD（IED Capability Description）文件；

（3）描述全站配置的 SCD（Substation Configuration Description）文件；

（4）描述单个 IED 示例配置的 CID（Configured IED Description）文件。

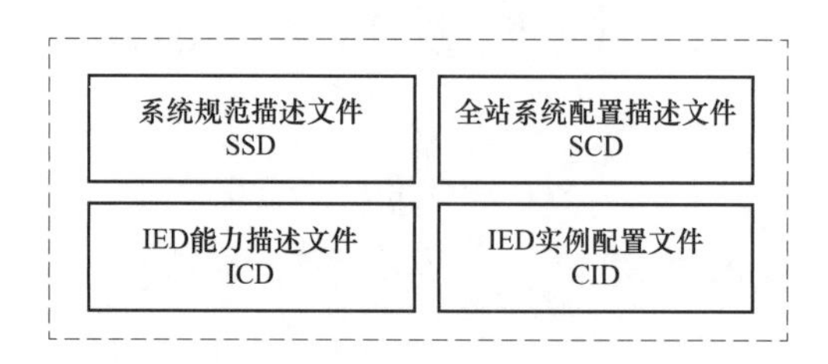

图 1－3　SCL 文件组成

依据 DL/T 1873—2018《智能变电站系统配置描述（SCD）文件技术规范》标准，变电站系统配置描述 SCD 文件描述变电站一次系统结构以及相关联的逻辑节点，描述所有 IED 的示例配置和通信参数、IED 之间的通信配置。SCD 文件包括全站的配置，通过解析变电站文件，能够解析出完整的拓扑关系及通信信息，获取二次设备的能力和设备间的连接关系。

图 1－4　SCD 文件结构图

SCD 文件包括文件头（Header）、变电站配置（Substation）、通信配置（Communication）、IED（IED）配置和数据类（Data Type Templates）部分，树形结构如图 1－4 所示。

SCD 文件中，文件头部分标识 SCD 配置文件和文件版本，也用于规定名称到信号的映射选项。

变电站配置标识开关场设备功能结构和设备单线图的连接拓扑等关系。

通信配置标识智能电子设备 IED 的访问点和子网络、网络的连接。

IED 配置标识智能电子设备 IED 的访问点、逻辑设备、示例化的逻辑节点和数据对象等。每个 IED 代表变电站中的一个智能电子设备（如继电保护装置、测控装置等）。

数据类部分定义示例化的逻辑节点类型。

SCD 文件与二次回路相关的内容包括通信配置 Communication 和 IED 两部分。

1.2.1 变电站配置

变电站配置部分从功能的角度描述开关场的导电设备、基于电气接线图的连接（拓扑）关系，以及一次设备和二次设备的关联关系，是基于变电站功能结构的对象分层。其主要包括的对象模型如下：

（1）变电站（Substation）。

（2）电压等级（Voltage Level）。

（3）间隔（Bay）。

（4）设备（Equipment）。

（5）子设备（Sub Equipment）。

（6）功能（Function）。

（7）子功能（Sub Function）。

（8）连接节点（Connectivity Node）。

（9）端点（Terminal）。

（10）逻辑节点（LNode）等。

各配置项目如图 1－5 所示。

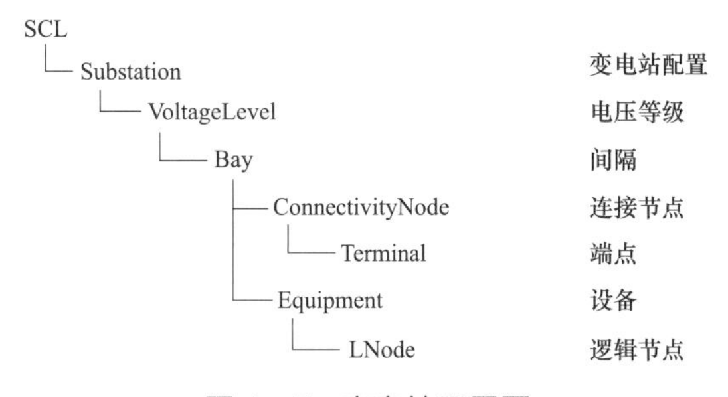

图 1－5 变电站配置图

1.2.2 通信配置

通信配置主要包括变电站内虚拟局域网（VLAN：Virtual Local Area Network），IED装置及其物理端口连接关系的建模原则，SV、GOOSE 和 MMS 通信参数的配置原则。依据 GB/T 32890—2016《继电保护 IEC 61850 工程应用模型》标准和 DL/T 1873—2018《智能变电站系统配置描述（SCD）文件技术规范》，通信配置包含通信参数配置和物理端口配置。如图 1－6 所示。

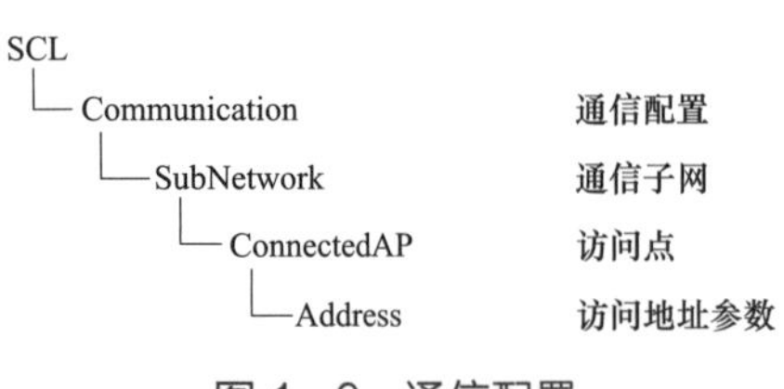

图 1－6 通信配置

通信子网（Sub Network）是 IED 模型的逻辑连接，全站子网宜划分成站控层和过程层两个子网，命名分别为“Subnetwork_station bus”和“Subnetwork_process bus”；通信子网配置宜按站内电压等级及网络类型为依据划分；通信子网按访问点类型宜分为 MMS、GOOSE 和 SV 三类；相同类型的通信子网均宜使用前缀区分电压等级。

1.2.3 IED 配置

IED（Intelligent Electronic Device）为智能电子设备，是指一个或多个处理器协调工作的设备，它具有从（或向）一个外部源接受（或发送）数据/控制（例如，电子式多功能表计、数字继电保护和控制器）的能力。

智能变电站二次设备及辅助设备类型主要包括自动化、保护与安全自动装置、状态监测、辅助运维和计量等设备。

保护与安全自动装置类设备模型包括线路保护模型、断路器保护模型、变压器保护模型、母线保护模型、电抗器保护模型、电容器保护模型、稳控装置模型和录波装置模型等。

IED 配置如图 1－7 所示。

1.2.3.1 物理设备建模

一个物理设备，应建模为一个 IED 对象。该对象是一个容器，包含 server（服务器）对象。

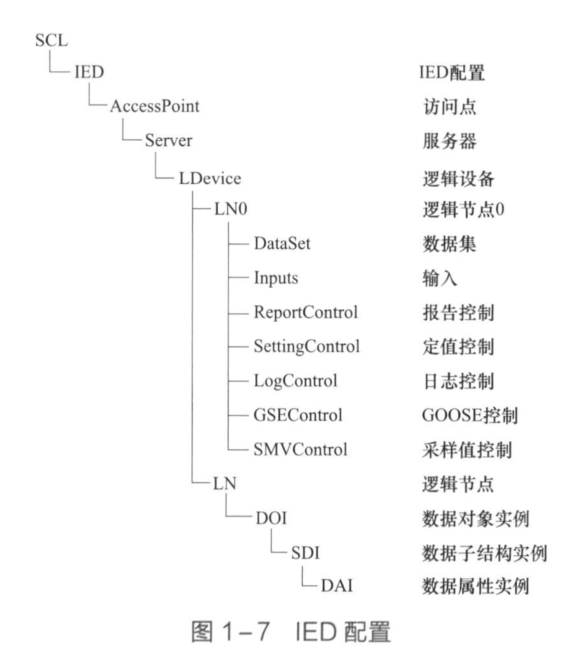

图 1-7 IED 配置

Server（服务器）是智能电子设备内一个通信实体，允许经通信系统和访问点，对服务器中逻辑设备 LD 和逻辑节点 LN 的数据进行访问。服务器模型描述了一个设备外部可见（可访问）的行为，每个服务器至少应有一个访问点（Access Point）。访问点体现通信服务，与具体物理网络无关。一个访问点可以支持多个物理网口。

支持过程层的间隔层设备，对上与站控层设备通信，对下与过程层设备通信，应采用 3 个不同访问点分别与站控层、过程层 GOOSE 和过程层 SV 进行通信。所有访问点，应在同一个 ICD 文件中体现。

逻辑设备（LD）为包含在 IED 服务器中的逻辑设备，应把某些具有公用特性的逻辑节点组合成一个逻辑设备。LD 不宜划分过多，保护功能宜使用一个 LD 来表示。

逻辑节点（LN）中包含其他逻辑节点需要的数据对象，以及需要从其他逻辑节点获取的数据，以完成自身的功能。LN 是 IED 需要通信的最小功能单元，建模为一个 LN 对象，属于同一功能对象的数据和数据属性应放在同一个 LN 对象中。

数据对象（DO）为包含在逻辑节点中的逻辑节点对象。装置使用的数据对象类型 DOType 应按统一定义。

数据属性（DA）为包含在逻辑节点中的数据对象的属性。保护测控功能用的数据属性类型 DAType 应统一定义。

1.2.3.2 保护装置数据集预配置

保护装置通信信息预定数据集如图 1－8 所示。

图 1－8 保护装置通信信息预定数据集示意图

在工程实施中，有以下注意事项：

（1）保护软压板状态数据被纳入保护压板数据集，硬压板状态数据被纳入保护遥信数据集；

（2）故障信号数据集中包含所有导致装置闭锁无法正常工作的报警信号；

（3）告警信号数据集中包含所有影响装置部分功能、装置仍可继续运行的告警信号；

（4）通信工况数据集中包含所有装置 GOOSE、SV 通信链路的告警信息；

（5）装置定值数据集按面向 LN 对象分散放置，一些多个 LN 公用的启动定值和功能软压板放在 LN0 下；

（6）装置参数数据集中包含要求用户整定的设备参数，比如定值区号、被保护设备名、保护相关的电压、电流互感器一次和二次额定值，不包含通信等参数。

1.2.3.3 保护装置报告块预配置

保护装置 ICD 文件应预先配置与预定义的通信信息数据集相对应的报告控制块，

遥测类报告控制块使用无缓冲报告控制块类型，报告控制块名称以 urcb 开头；遥信、告警类报告控制块为有缓冲报告控制块类型，报告控制块名称以 brcb 开头。保护装置报告块预配置如图 1－9 所示。

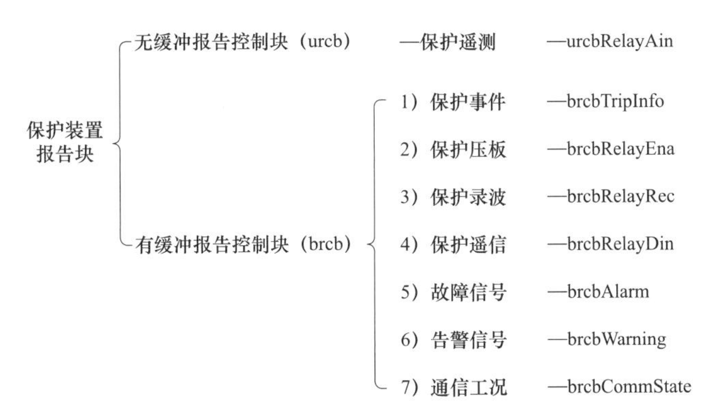

图 1－9　保护装置报告块预配置示意图

1.2.3.4　故障录波与故障报告模型

故障录波与故障报告模型应遵循以下原则：

（1）故障录波应使用逻辑节点 RDRE 进行建模。保护装置只包含一个 RDRE 示例，专用故障录波器可包含多个 RDRE 示例。每个 RDRE 示例应位于不同的 LD 中；

（2）故障录波逻辑节点 RDRE 中的数据 RcdMade（录波文件完成）、FltNum（录波序号）应配置到保护录波数据集中，通过报告服务通知客户端。

1.3　智能变电站保护控制体系

智能变电站继电保护在功能实现上是统一的整体，需要一次设备、保护装置、过程层设备、二次回路和通信通道之间的配合协调，其新型保护控制体系与传统变电站相比也有很大的改变，如图 1－10 所示。智能变电站采用光纤和网络交换机连接智能站内的过程层、间隔层和站控层设备；用数字化的二次虚回路代替了传统二次电缆；在过程层由合并单元、智能终端等设备与一次设备连接；部分智能站采用了电子式互感器。这些新设备的应用，给智能变电站的保护和二次回路等功能的实现等带来了变革。

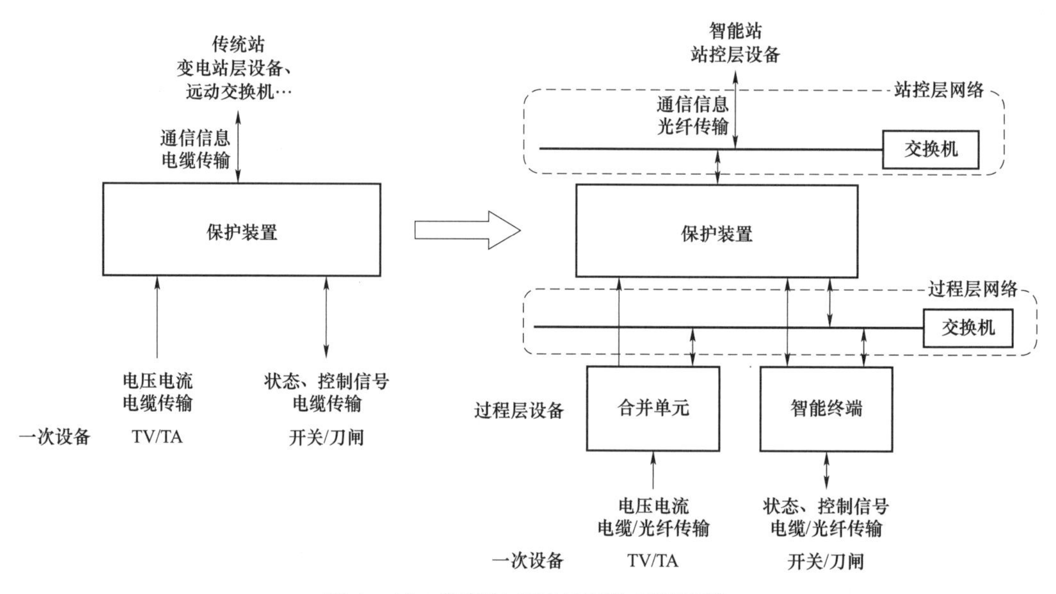

图 1－10　智能站保护控制体系示意图

1.3.1　二次网络

1.3.1.1　站控层网络

110kV 智能变电站的站控层网络满足以下要求：

（1）可传输 MMS 报文和 GOOSE 报文。

（2）站控层网络宜采用单星型以太网络，站控层交换机可按二次设备室（舱）或按电压等级配置交换机，并相互级联。如图 1－11 所示。

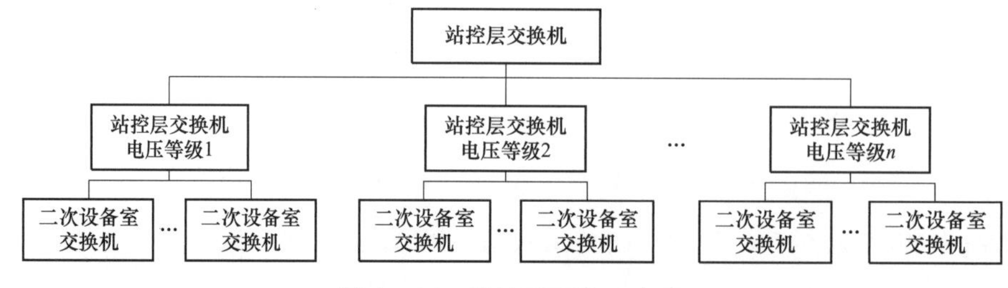

图 1－11　站控层网络示意图

（3）站控层/间隔层 MMS 信息应在站控层网络传输。站控层/间隔层 MMS 信息应具备间隔层设备支持的全部功能，如图 1－12 所示。内容应包含四遥信息及故障录波报告信息，四遥信息主要包含保护、测控和故障录波装置的模拟量、设备参数、定值区号及定值、自检信息、保护动作事件及参数信息、设备告警信息、软压板遥控指令、断路器/刀闸遥控指令、远方复归指令和同期控制指令等。

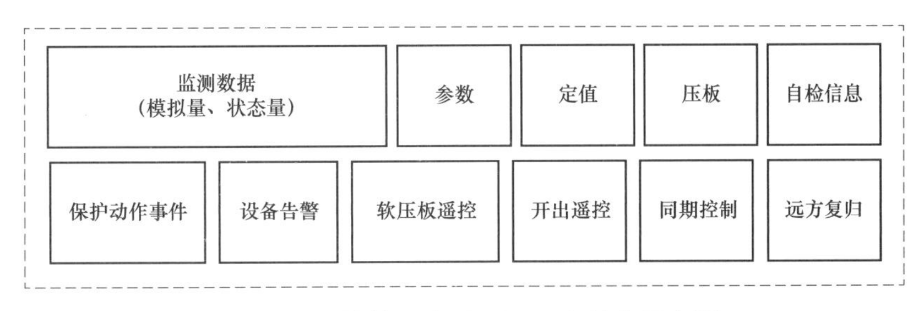

图 1－12　站控层/间隔层 MMS 信息示意图

（4）站控层/间隔层 GOOSE 信息可在站控层网络传输。主要用于间隔层设备间通信，其内容可包含站域保护后备保护跳闸信息、过负荷联切、低频低压减负荷、35（10）kV 多合一装置 GOOSE 信息、测控联闭锁信息等，如图 1－13 所示。

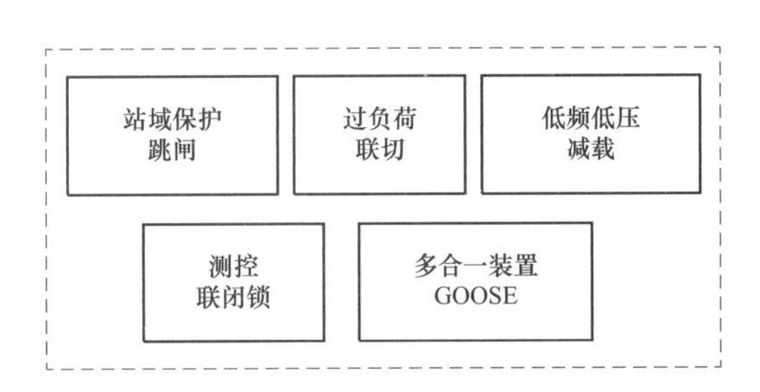

图 1－13　站控层/间隔层 GOOSE 信息

1.3.1.2　过程层网络

（1）110kV 间隔层设备与过程层设备之间宜采用点对点方式传输 GOOSE、SV 报文。当全站配置有故障录波、母差保护或备自投装置时，110kV 过程层可设置单星形以太网络，GOOSE 报文与 SV 报文共网传输。过程层宜集中设置过程层交换机。

（2）35（10）kV 不宜单独设置过程层网络，当 110kV 过程层设置单星形以太网络时，主变压器 35（10）kV 过程层设备宜接入 110kV 过程层网络。GOOSE 报文通过站控层网络传输。

（3）过程层 SV 信息主要用于过程层设备与间隔层设备间通信，其内容应包含合并单元与保护测控集成装置、故障录波、PMU、电能表等装置间传输的电流、电压采样值信息。

（4）过程层 GOOSE 信息主要用于过程层设备与间隔层设备间通信，其内容应包含合并单元、智能终端与保护、测控、故障录波等装置间传输的一次设备本体位置/告警信息、合并单元/智能终端自检信息、保护跳闸/重合闸信息、测控遥控合闸/分闸信息以及保护失灵启动和保护联闭锁信息等。

1.3.1.3 通信链路

每条链路数据都对应一个甚至几个保护装置、自动控制装置、合并单元和智能终端等，若发生数据链路中断或数据报文丢失、误码等，则需要快速检测出异常并进行处理，以保证全站设备的可靠运行，如采取措施闭锁发生故障及异常的二次设备等。

1.3.2 电子式互感器

电子式互感器（Electronic Instrument Transformer）为一种装置，由连接到传输系统和二次转换器的一个或多个电流或电压传感器组成，用以传输正比于被测量的量，供给测量仪器、仪表和继电保护或控制装置。电子式互感器包括电子式电流互感器（ECT：Electronic Current Transformer）和电子式电压互感器（EVT：Electronic Voltage Transformer），如图 1－14 所示。ECT 在正常使用条件下，其二次转换器的输出实质上正比于一次电流，且相位差在联结方向正确时接近于已知相位角。EVT 在正常使用条件下，其二次电压实质上正比于一次电压，且相位差在联结方向正确时接近于已知相位角。

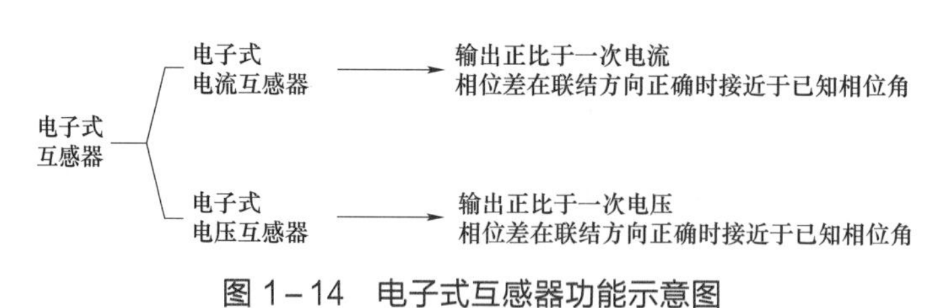

图 1－14　电子式互感器功能示意图

1.3.3 合并单元

合并单元（MU：Merging Unit）是用以对来自二次转换器的电流和/或电压数据进行时间相关组合的物理单元，为智能电子设备提供一组时间同步的电流和电压采样值。

装置获取电力系统电流和电压瞬时值，并以确定的数据品质按 DL/T 860.92—2016 标准进行合并，将数据传输到电力系统电气测量仪器和继电保护设备。其每个数据通道可以传送一台和（或）多台的电流互感器和（或）电压互感器的采样值数据。对接入了两段母线电压的按间隔配置的合并单元，应根据采集的刀闸信息自动进行电压切换；对于接入了两段及以上母线电压的合并单元，应根据采集的断路器位置信息，实现电压并列。

根据 DL/T 282—2018《合并单元技术条件》，合并单元典型架构如图 1－15 所示。

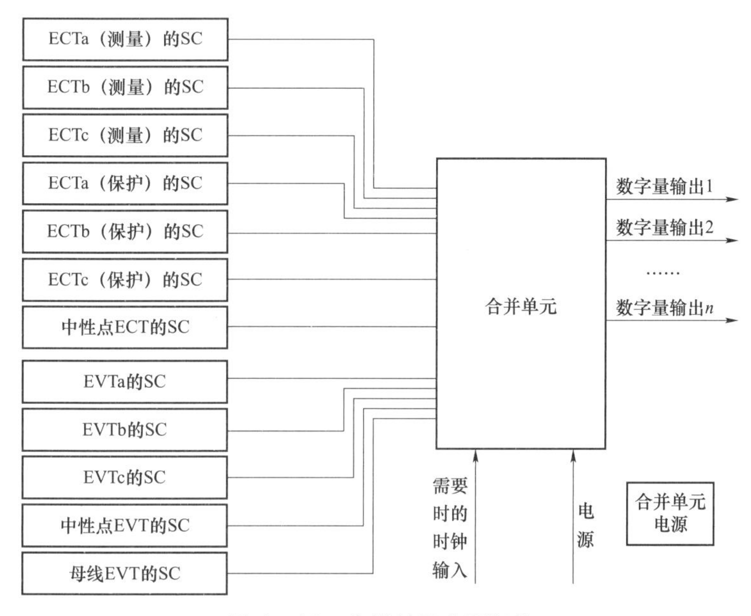

图 1－15 合并单元典型架构

图 1－15 中，ECTa 的 SC，为 A 相电子式电流互感器的二次转换器，EVTa 的 SC，为 A 相电子式电压互感器的二次转换器，其余通道按类似定义。图 1－15 为架构示例，合并单元可有其他数据通道布局。

合并单元输出特性应满足保护、监控、电能计量、电能质量监测、电力系统动态记录及相量测量等应用要求。

合并单元对接入的 ECT、EVT 或其他合并单元的采样值品质、接收数据周期等异常事件进行判别、处理并记录，若采用同步法同步时，还应对同步状态、报文错序进行判别、处理和记录。合并单元应能接受信号进行时钟同步；应依据此外部时钟信号修正自身实时时钟，且不受外部时钟信号的抖动、失真等异常信号的影响；应具有守时功能；在失去同步时钟信号且超出守时范围的情况下应产生数据同步无效标志。

合并单元应能对装置本身的硬件或通信状态进行自检，并能对自检事件进行记录。具有掉电保持功能，并通过直观的方式显示。记录的事件包括电子式互感器通道故障、时钟失效、网络中断、参数配置改变等重要事件。在合并单元故障时应输出报警接点或闭锁接点。

合并单元应采用插值法或同步法同步电子式互感器的采样数据。插值法由电子互感器自主采样输出，合并单元根据接收到的数据进行插值重采样同步。同步法由合并单元向电子式互感器发送采样脉冲，电子式互感器根据采样脉冲进行采样输出，合并单元采用同一采样脉冲时刻采样值同步。

1.3.4 智能终端

智能终端作为一种智能组件，与一次设备采用电缆连接，与保护、测控等二次设备采用光纤连接，实现对一次设备（如断路器、隔离开关、主变压器等）的测量、控制等功能，如图 1－16 所示。

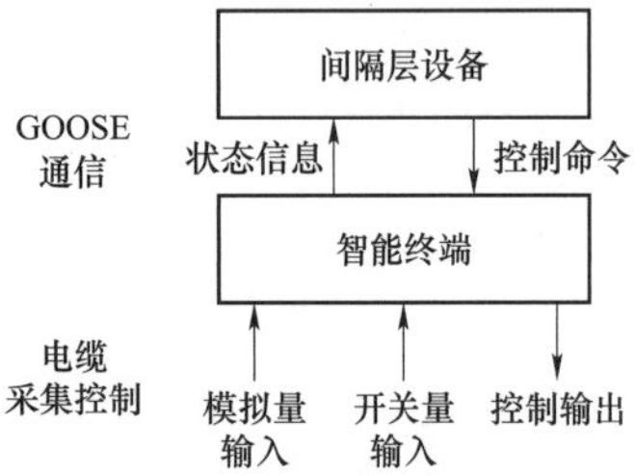

图 1－16 智能终端功能示意图

智能终端应具有信息转换和通信功能，支持以 GOOSE 方式上传一次设备的状态信息，同时接收来自控制设备的 GOOSE 下行控制命令，实现对一次设备的实时控制功能。

智能终端应具有开关量和模拟量采集功能，输入量点数可根据工程需要灵活配置；开关量输入宜采用强电方式采集。

模拟量输入应支持直流 4～20mA 和 0～5V 小信号。装置应具备开关量输出功能，接点输出的数量可根据工程需要灵活配置。

智能终端应具有开关量输入防抖功能，断路器位置、刀闸位置防抖时间宜统一设定为 5ms，并可根据现场按通道灵活设置。开入时标应是防抖前的时标。

断路器防跳、各种压力闭锁功能和非全相保护功能宜在断路器本体操作机构中实现。

智能终端应具备日志功能。装置应以时间顺序记录运行过程中的重要信息，如收到 GOOSE 命令的时刻、GOOSE 命令的来源、开入变位时刻、开入变位内容、装置自检信息，装置告警信息、参数修改、配置下装、装置重启等。

智能终端应有完善的告警，包括控制回路断线、电源中断、通信异常、GOOSE 断链、装置内部异常、对时异常、遥信电源失电和检修状态不一致等信号；并应具备闭锁功能，防止装置误动。

智能终端从接收到保护跳闸、合闸 GOOSE 命令到装置跳闸、合闸继电器接点出口的动作时间不应大于 7ms，事件分辨率不应大于 1ms。和对时时钟源同步后，对时误差不应大于 1ms，从开入变位到相应 GOOSE 信号发出（不含防抖时间）的时间延时不应大于 5ms。

智能终端可分为断路器智能终端和主变本体智能终端等。

（1）断路器智能终端。断路器智能终端应至少具备的功能如图 1－17 所示。

断路器智能终端
1）断路器分合闸控制
2）隔离开关、接地刀闸的分合控制
3）就地手合、手分断路器功能
4）提供控制回路闭锁输出接点
5）操作电源掉电监视功能
6）合后监视功能
7）手合、手跳监视功能
8）非电量直跳记录功能
9）事故总信号功能
10）控制回路断线监视功能
11）双重化配置时，具备手合接点输出功能
12）重合闸压力低采集功能

图 1－17　断路器智能终端功能示意图

断路器智能终端闭锁重合闸输出功能的实现如下：

1）当发生遥合（手合）、遥跳（手跳）、闭重开入和本智能终端上电的事件时，输出闭锁重合闸信号给本套保护；

2）双重化配置智能终端时，具有输出至另一套智能终端的闭重接点。当发生遥合（手合）、遥跳（手跳）和 GOOSE 闭重开入事件时，输出闭锁重合闸信号给另一套智能终端。

（2）主变本体智能终端。主变本体智能终端的非电量保护跳闸通过控制电缆以直跳方式和断路器智能终端接口。主变本体智能终端应至少具备的功能如图 1－18 所示。

主变压器本体智能终端
1）应提供完整的本体信息交互功能（非电量动作报文、调档及测温等）
2）宜提供用于闭锁调压、启动风冷等出口接点
3）宜具备就地非电量保护功能

图 1－18　主变本体智能终端功能示意图

1.3.5 智能变电站二次回路

常规站采用二次电缆采集电流、电压模拟量数据，并通过其发送断路器跳、合闸命令，而智能站利用网络、光纤数据通信采集数字量、发送数字信号。智能站采用了过程

层设备，用光纤通信网络代替电缆传递采样信息、控制指令以及联闭锁信息等。智能变电站二次回路（Smart Substation Secondary Circuit）指互感器、合并单元、智能终端、保护及测控装置、交换机等智能装置之间的逻辑和物理连接。在传统变电站的基础上，二次回路增加了 SV 回路、GOOSE 回路和时间同步对时回路等。根据 DL/T 1663—2016《智能变电站继电保护在线监视和智能诊断技术导则》，以 220kV 线路间隔为例，二次虚回路可视化展示效果如图 1－19 所示。

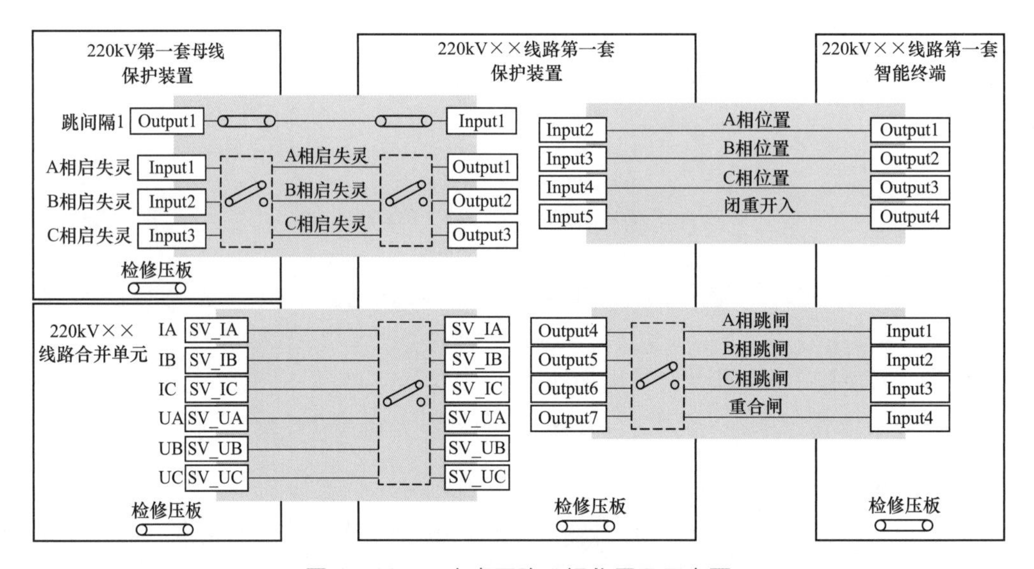

图 1－19　二次虚回路可视化展示示意图

传统变电站电气二次回路可使用图纸直观展示电流、电压交流二次回路图、控制回路图，端子排图，装置原理图等。智能变电站二次回路功能依靠通信网络传递信息实现，IED 之间的虚端子连接不直接可见，需通过可视化工具解析 SCD 文件，展示设备通信接口中的网络结构图、交换机端口信息图、虚端子连接表和设备网络连接关系等。

1.3.5.1　采样控制

智能变电站应用了智能终端、合并单元和网络交换机等过程层设备。站内数据信息按照配置的模型接入变电站通信网络，实现了站内二次设备间的信息共享和互操作。

现场的电压电流等信号经合并单元同步、合并之后，通过 SV 报文传输到智能站继电保护设备，保护根据诊断结果，发出 GOOSE 控制指令到智能终端或其他保护设备。智能站继电保护应针对互感器、合并单元、智能终端的特性，优化相关继电保护的有关算法，提高继电保护装置的性能。如差动保护应考虑各侧互感器特性的差异，支持不同类型互感器的接入方式。接入变电站通信网络的设备应具备对报文丢包及数据完整性甄别的功能，保护应具备自检及自诊断功能，防止由于采样控制回路异常影响保护功能实现和保护性能指标，如保护误动、保护拒动等。

1.3.5.2 虚端子

IED 之间通过 IED 通信接口和光纤建立物理连接，传输各种 SV/GOOSE 报文。虚端子（Virtual Terminator）根据模型及配置文件中的 SV、GOOSE 报文中信息对象对应的输入、输出信号虚拟连接点的描述，标识过程层、间隔层及其之间的二次回路 SV、GOOSE 输入输出信号，实现 IED 设备间虚端子连接。这些网络上传递的数字量与传统屏柜的端子存在着对应关系，逻辑上等同于传统变电站的接线端子，为了便于形象地理解和应用 SV、GOOSE 信号，将这些信号的逻辑连接点称为虚端子，如图 1－20 所示。

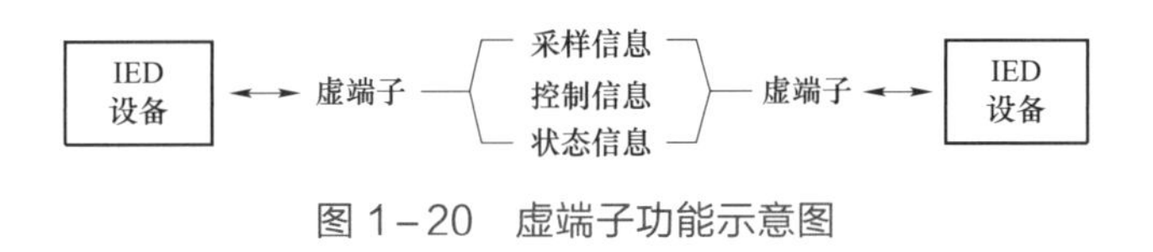

图 1－20　虚端子功能示意图

SV/GOOSE 报文中的虚端子信息由其关联的数据集 DataSet 定义，而数据集是由一到多个数据集条目组成，数据集条目本质上是数据对象的引用地址。

以 110kV 线路合并单元智能终端一体化装置 PSIU621、110kV 母差保护 SGB750 和线路保测一体装置 PSL621 的连接为例，虚端子连接如图 1－21 所示。

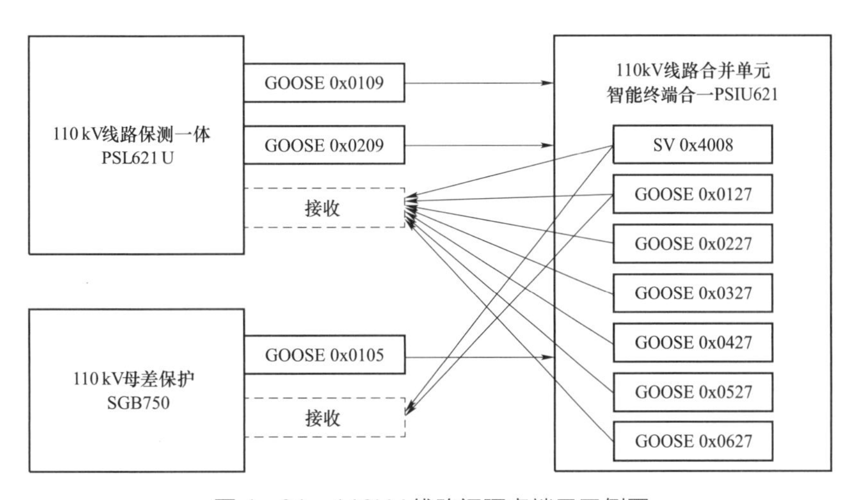

图 1－21　110kV 线路间隔虚端子示例图

（1）SV 虚端子。SV 虚端子信息包括采样延时、电流通道和电压通道等，如图 1－22 所示。

SV虚端子
采样延时
电压通道
电流通道

图 1－22　SV 虚端子功能示意图

装置采样值输入定义采用虚端子的概念，在以“SVIN”为前缀的 GGIO 逻辑节点示例中定义和描述，与采样值外部输入虚端子一一对应，作为采样值连线的依据。

在 SCD 文件装置 LLN0 逻辑节点中的 Inputs 部分定义了该装置输入的采样值连线，每一个采样值连线包含了装置内部输入虚端子信号和外部装置的输出信号信息，虚端子与每个外部输出采样值为一一对应关系。Extref 中的 IntAddr 描述了内部输入采样值的引用地址，应填写与之相对应的以“SVIN”为前缀的 GGIO 中 DO 信号的引用名，引用地址的格式为“LD/LN.DO”。

以 110kV 线路间隔合并单元为例，发给 110kV 线路保测一体装置 PSL621U 的 SV 描述示例如表 1－1 所示。

表 1－1　　SV 描 述 示 例

序号	内部通道	外部 IED	外部端子地址	外部端子描述
1	采样额定延时	110kV 线路保测一体 PSL621U	PISV01/SVINGGIO1.DelayTRtg1.instMag.i	采样额定延时
2	保护电流 A 相 1	110kV 线路保测一体 PSL621U	PISV01/SVINGGIO2.SvIn1.instMag.i	IA
3	保护电流 A 相 2	110kV 线路保测一体 PSL621U	PISV01/SVINGGIO2.SvIn2.instMag.i	IAQ
4	保护电流 B 相 1	110kV 线路保测一体 PSL621U	PISV01/SVINGGIO2.SvIn3.instMag.i	IB
5	保护电流 B 相 2	110kV 线路保测一体 PSL621U	PISV01/SVINGGIO2.SvIn4.instMag.i	IBQ
6	保护电流 C 相 1	110kV 线路保测一体 PSL621U	PISV01/SVINGGIO2.SvIn5.instMag.i	IC
7	保护电流 C 相 2	110kV 线路保测一体 PSL621U	PISV01/SVINGGIO2.SvIn6.instMag.i	ICQ

（2）GOOSE 虚端子。GOOSE 虚端子信息包括开关量输入、控制开出、信号开出、告警和联闭锁等信息，如图 1－23 所示。

1）IED 装置的输入信息的获取。装置在以“GOIN”为前缀的 GGIO 逻辑节点示例中定义与 GOOSE 外部输入虚端子一一对应，通过该 GGIO 中 DO 和 dU 可以确切描述该信号的含义。

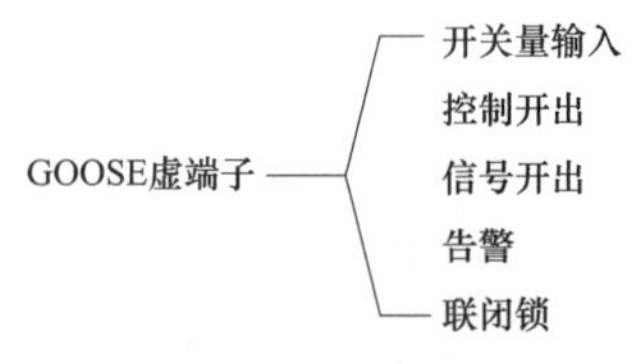

图 1－23　GSOOSE 虚端子功能示意图

在 SCD 文件装置 LLN0 逻辑节点中的 Inputs 部分定义了该装置输入的 GOOSE 连线，每一个 GOOSE 连线包含了装置内部输入虚端子信号

（内部地址）和外部装置的输出信号信息（外部地址），虚端子与每个外部输出信号为一对应关系。外部地址与作为发送方的 IED 节点下的某个数据集条目相对应，可将数据集条目的信号量信息视为作为发送方的 IED 的输出虚端子；内部地址指向作为接收方的 IED 的某个数据对象，可将内部地址视为接收端 IED 的输入虚端子；通过内部地址和外部地址的对应关系，输出虚端子和输入虚端子之间构成了虚连接回路。

通过 Inputs 节点下的 ExRef 子节点，可以获得该逻辑节点的输入信息。Inputs、ExRef 子节点下包括的属性如表 1-2 所示。

表 1-2　　装置 GOOSE 输入信息属性表

属性	含义
iedName	输入来自智能电子设备的名称
ldInst	输入来自逻辑设备示例名称
prefix	逻辑节点前缀
lnClass	符合 DL/T 860 的逻辑节点类
lnInst	智能电子设备中逻辑节点类下的本逻辑节点示例的标识
doName	标识 DO 的名称
daName	命名输入的属性

2）IED 装置的输出信息的获取。对于 IED 节点的每个逻辑设备（LDevice）节点，如果该逻辑设备存在 GOOSE 输出信息，则在该逻辑设备节点下的 LLN0 节点内，会存在一至多个 GSEControl 节点，每一个 GSEControl 节点用来标识一个 GOOSE 信息。此 GSEControl 节点下包括的属性如表 1-3 所示。

表 1-3　　装置 GOOSE 输出信息属性表

属性	含义
name	标识本 GOOSE 控制块的名称
datSet	用此属性来确定该 GOOSE 控制块所发送的数据集的名称
confRev	本控制块配置修订版本号
appID	GOOSE 报文所属应用的系统范围唯一的标示符

该节点的 name 属性中提供了包括组播地址、VLAN 号、APPID 以及发送时间间隔等信息。利用 GSEControl 节点的 datSet 属性，可以获得数据集下的每个数据成员（FCDA）

的信息，即该 GOOSE 所包含的输出信号量。

以 110kV 线路智能终端为例，GOOSE 中内部通道和外部装置的对应如表 1－4 和表 1－5 所示。

表 1－4　　GOOSE 控制块示例表

序号	APPID	MAC 地址	通道数	数据集描述	数据集地址	goID	gocbRef	VLAN－ID	VLAN 优先级	配置版本号
1	0127	01－0C－cd－01－01－27	9	GOOSE 位置信号	RPIT01/LLN0$dsGOOSE1	RPIT01/LLN0$GOSgocb1	RPIT01/LLN0GOgocb1	0	6	1
2	0227	01－0c－cd－01－02－27	60	普通信号	RPIT01/LLN0$dsGOOSE2	RPIT01/LLN0$GOSgocb2	RPIT01/LLN0GOgocb2	0	6	1
3	0327	01－0c－cd－01－03－27	36	合成遥信	RPIT01/LLN0$dsGOOSE3	RPIT01/LLN0$GOSgocb3	RPIT01/LLN0GOgocb3	0	6	1
4	0427	01－0c－cd－01－04－27	20	告警信息	RPIT01/LLN0$dsGOOSE4	RPIT01/LLN0$GOSgocb4	RPIT01/LLN0GOgocb4	0	6	1
5	0527	01－0c－cd－01－05－27	7	GOOSE 采样	RPIT01/LLN0$dsGOOSE5	RPIT01/LLN0$GOSgocb5	RPIT01/LLN0GOgocb5	0	6	1
6	0627	01－0c－cd－01－06－27	32	GOOSE 信号	RPIT02/LLN0$dsGOOSE6	RPIT02/LLN0GOgocb6	RPIT02/LLN0GOgocb6	0	6	1

表 1－5　　GOOSE 虚端子示例表

序号	内部通道	外部 IED	外部端子地址	外部端子描述
1	断路器总位置	110kV 线路保测一体 PSL621U	PI01/GOINGGIO1.DPCSO1.stVal	TWJ 位置
		110kV 线路保测一体 PSL621U	PI02/GOINGGIO2.DPCSO1.stVal	DI1
2	隔刀 1 位置	110kV 线路保测一体 PSL621U	PI02/GOINGGIO2.DPCSO5.stVal	DI5
		110kV 母差保护 SGB750	PI/GOINGGIO4.DPCSO7.stVal	支路 1
3	隔刀 2 位置	110kV 线路保测一体 PSL621U	PI02/GOINGGIO2.DPCSO6.stVal	DI6
		110kV 母差保护 SGB750	PI/GOINGGIO4.DPCSO27.stVal	支路 2
4	隔刀 3 位置	110kV 线路保测一体 PSL621U	PI02/GOINGGIO2.DPCSO7.stVal	DI7
5	隔刀 4 位置	110kV 线路保测一体 PSL621U	PI02/GOINGGIO2.DPCSO8.stVal	DI8
6	地刀 1 位置	110kV 线路保测一体 PSL621U	PI02/GOINGGIO2.DPCSO9.stVal	DI9
7	地刀 2 位置	110kV 线路保测一体 PSL621U	PI02/GOINGGIO2.DPCSO10.stVal	DI10
8	地刀 3 位置	110kV 线路保测一体 PSL621U	PI02/GOINGGIO2.DPCSO11.stVal	DI11
9	地刀 4 位置	110kV 线路保测一体 PSL621U	PI02/GOINGGIO2.DPCSO12.stVal	DI12

1.3.6 智能站保护

与传统变电站相比，智能站保护用数字化的二次虚回路代替了传统二次电缆，数据采集、控制和信息传输的原理发生了变化，其新型保护控制体系与传统变电站相比也有很大的改变。由于智能站与传统站在二次设备及其回路上存在差异，因此，与传统站保护相比，智能站保护需进行以下处理以满足功能要求。

1.3.6.1 数据处理

（1）保护装置采样输入接口数据的采样频率宜为 4kHz。

（2）保护装置应采用两路不同的 A/D 采样数据，当某路数据无效时，保护装置应告警、合理保留或退出相关保护功能。当双 A/D 数据之一异常时，保护装置应采取措施，防止保护误动作，如图 1－24 所示。

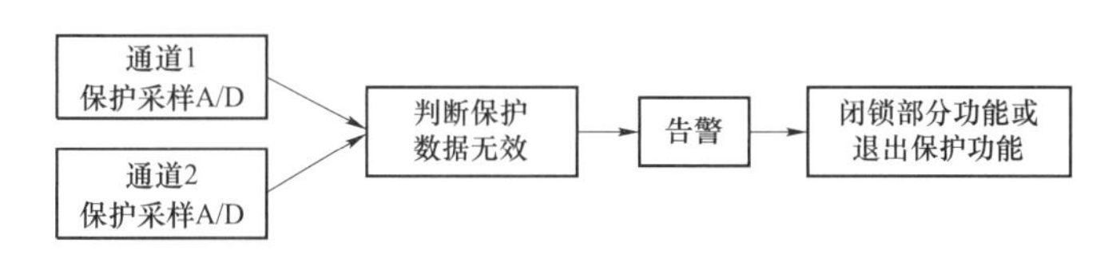

图 1－24　保护采样双 A/D 数据处理示意图

（3）在合并单元分配电流互感器二次绕组以及保护 SV 虚端子连线时，应考虑消除保护死区，特别注意避免运行中一套保护退出时可能出现的电流互感器内部故障死区问题。

（4）保护装置应按合并单元设置“SV 接收”软压板。“SV 接收”压板退出后，相应采样值不参与保护计算，并显示为 0，不应发 SV 品质报警信息，如图 1－25 所示。

（5）保护装置应处理合并单元上送的数据品质位（无效，检修等），及时准确提供告警信息。在异常状态下，利用合并单元的信息合理地进行保护功能的退出和保留，瞬时闭锁可能误动的保护，延时告警，并在数据恢复正常之后尽快恢复被闭锁的保护功能，不闭锁与该异常采样数据无关的保护功能，如图 1－26 所示。

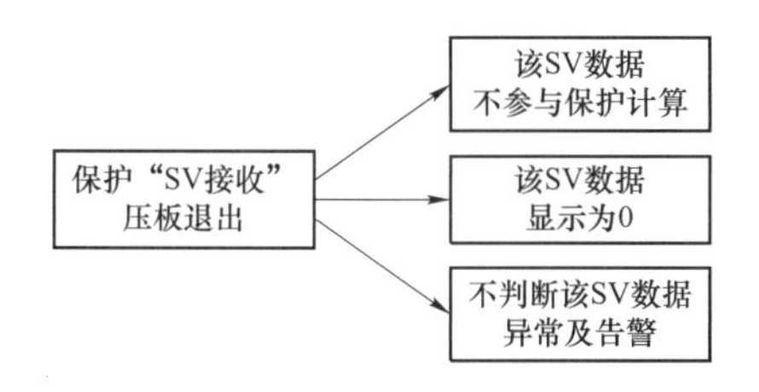

图 1－25　保护“SV 接收”压板退出处理示意图

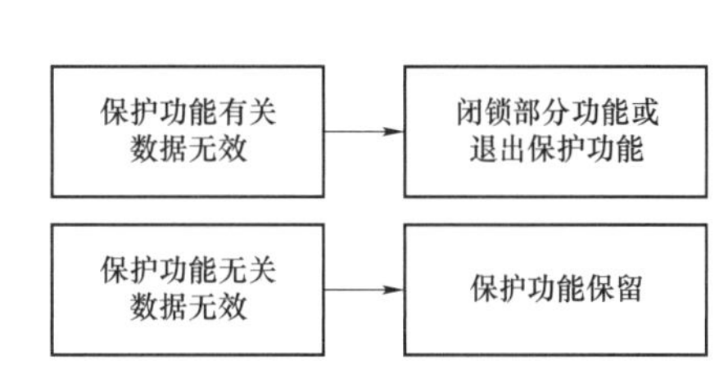

图 1－26　保护数据异常处理示意图

（6）对于 3/2 主接线中断路器等可能存在二次设备极性接入冲突的场合，保护装置宜能通过不同输入虚端子对电流极性进行调整，如图 1－27 所示。

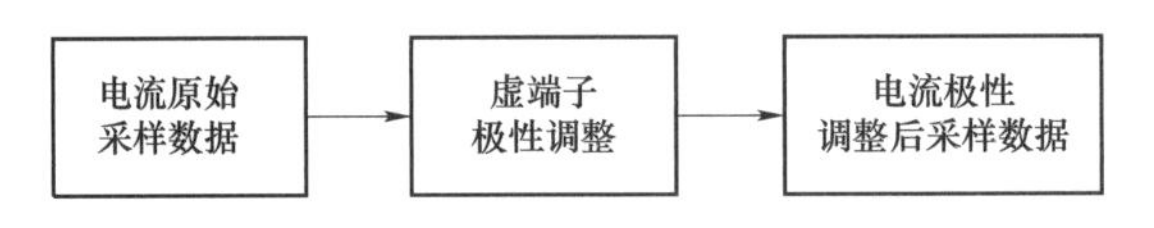

图 1－27　保护电流极性调整示意图

（7）保护装置应在发送端设 GOOSE 出口软压板，GOOSE 出口软压板应在满足现场运行需求的前提下简化配置；为避免检修设备影响运行中设备的正常运行，宜为相关 IED 设备配置链路接收软压板，如图 1－28 所示。

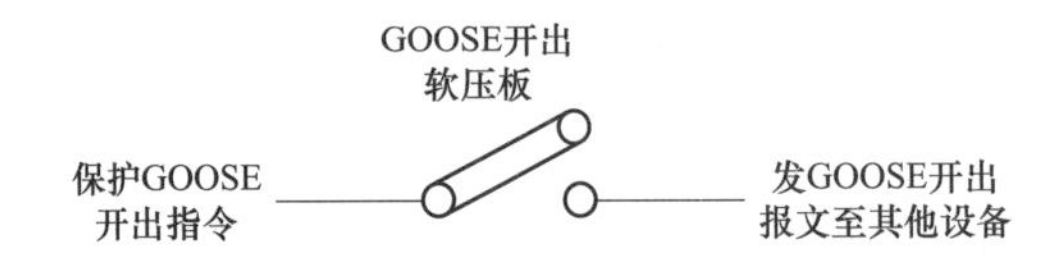

图 1－28　保护开出经 GOOSE 软压板处理示意图

1.3.6.2　时间和同步

由于采样控制传输方式由电缆直传变更为通信传输，所以需要考虑在保护信息采集和控制环节中与传统保护有所区别的延时影响。

采样环节的延时主要包括电子式互感器额定延时、采样延时和采样数据传输延时，如图 1－29 所示。电子式互感器额定延时指从一次模拟量产生时刻到电子式互感器对外接口输出数字量的时间；采样延时指一次模拟量产生时刻到合并单元对外接口输出数字量的时间；采样数据传输延时是采样数据从合并单元对外接口发出报文到接收设备端口收到数据之间的时间。

保护装置应支持自动补偿采样延时，当采样延时异常时，应报警并闭锁相关保护功能。

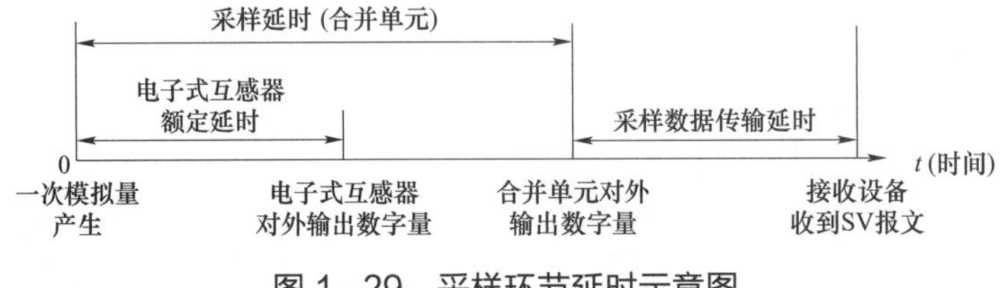

图 1－29　采样环节延时示意图

状态量信息采集环节的延时主要包括状态量信息采集延时和状态量数据传输延时。状态量信息采集延时为从状态量信息发生变化，到智能终端或其他保护装置对外接口输出变化的状态量信息之间的时间；状态量数据传输延时是状态量信息从智能终端或其他保护装置对外接口发出报文，到接收设备端口收到数据之间的时间，如图 1－30 所示。

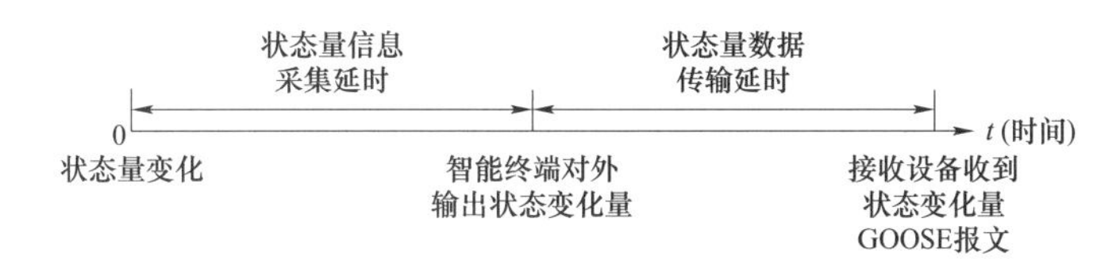

图 1－30　状态量信息采集环节延时示意图

控制环节中的延时主要包括控制延时和控制信息传输延时。控制延时是控制信息从保护或测控装置发出控制指令，到保护或测控装置对外接口输出控制信息之间的时间；控制信息传输延时是控制信息从保护或测控装置对外接口发出报文，到接收设备端口收到数据之间的时间，如图 1－31 所示。

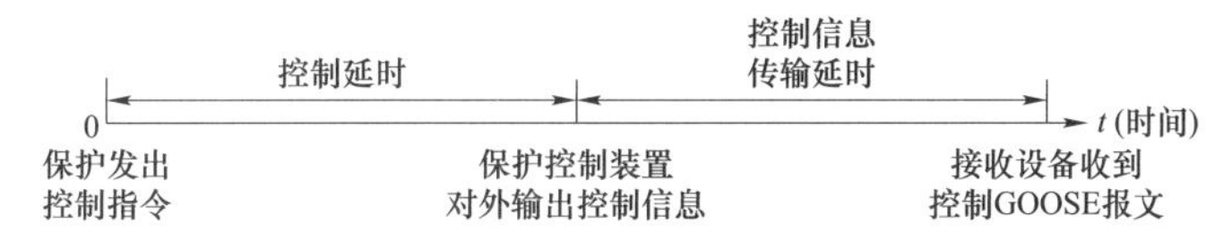

图 1－31　控制环节延时示意图

保护整组动作时间为从故障发生时刻至智能终端出口动作的时间，如图 1－32 所示。

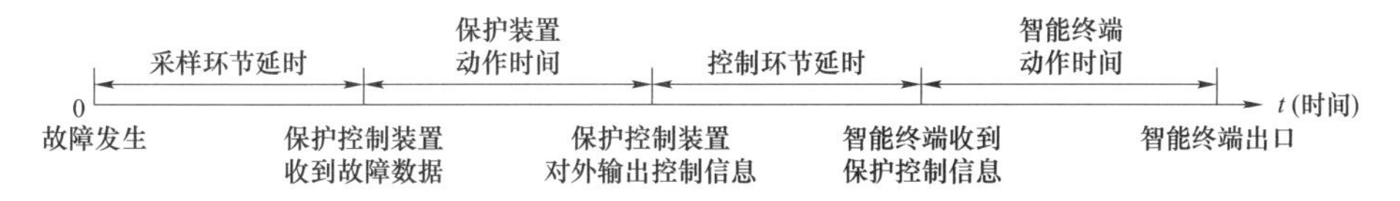

图 1－32　保护整组动作时间示意图

保护整组动作时间 T 的组成如式（1－1）所示：

$$T = t_{sm} + t_p + t_t + t_{st} \tag{1-1}$$

式中　t_{sm}——采样环节延时；

t_p——保护装置动作时间，定义为保护装置收到故障起始数据时刻至保护发出跳闸命令的时间；

t_t——控制环节延时；

t_{st}——智能终端动作时间，定义为智能终端收到保护跳闸命令时刻至智能终端出口动作的时间。

对于保护功能实现过程中的对时同步有以下要求：

（1）保护装置实现其保护功能不应依赖外部对时系统。

（2）时钟信号丢失后，保护装置应延时发送时钟信号丢失告警报文。

（3）保护装置应支持自动补偿采样延时，当采样延时异常时，应报警并闭锁相关保护功能。

（4）保护装置应保证跨间隔数据处理的同步性。

（5）保护装置过程层光纤接口发送同一报文的最大时间差不应大于 1 ms。

1.3.6.3 压板

压板分硬压板和软压板。硬压板即传统压板，通过人工投退实现硬压板状态的切换，投上表示保护运行，断开表示保护退出。智能站中应用了软压板（Virtual Isolator），即通过装置的软件实现功能、输入和出口等逻辑投退的压板。智能变电站保护装置主要配置了检修、远方操作、保护功能和出口跳闸等压板，如图 1－33 所示。保护功能压板投上表示保护功能运行，断开表示保护退出。保护出口跳闸压板用于保护动作时，去开放保护操作控制相应的断路器，与各断路器有一个对应的压板。

除“检修”“远方操作”外，均采用软压板，智能站还增加了远方投退软压板、远方切换定值区软压板、远方修改定值软压板、SV 接收软压板和跳闸软压板等。“远方投退压板”“远方切换定值区”和“远方修改定值”只能在装置本地操作，三者功能相互独立，分别与“远方操作”硬压板采用“与门”逻辑。SV 接收软压板和跳闸软压板的数量依据工程确定，保护装置应按合并单元 MU 设置“SV 接收”软压板，退保护 SV 接收压板时，装置应给出明确的提示确认信息，经确认后可退出压板；保护 SV 接收压板退出后，电流/电压显示为 0，不参与逻辑运算。保护装置应在发送端设置 GOOSE 输出软压板。

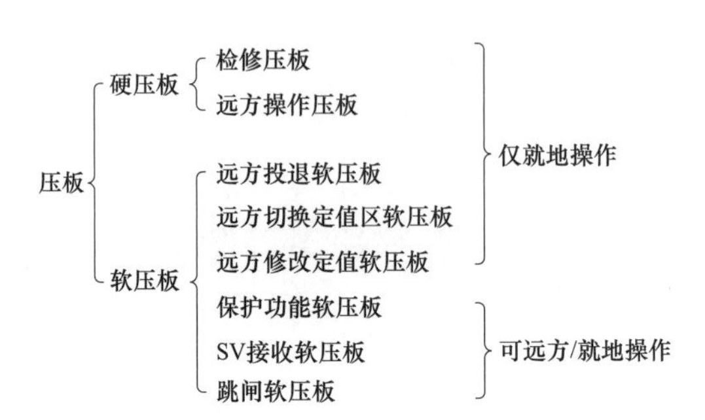

图 1－33　智能站保护压板示意图

装置应保存软压板投退状态，并掉电不丢失，可查看或通过通信上送。

智能变电站二次检修隔离措施无法像传统站一样实现物理上完全隔离，而是通过信息隔离，即通过投退检修硬压板、GOOSE/SV 接收软压板和 GOOSE/SV 发送软压板实现。保护装置、合并单元和智能终端的压板状态会在发送的报文中进行有效标记，确保其他装置可有效识别二次设备的实际状态。

保护总体功能投/退，如“距离保护”，可由运行人员就地或远方操作投/退软压板实现；运行中基本不变的、保护分项功能，如“距离Ⅰ段”，采用“控制字”投/退。保护装置软压板与保护定值相对独立，软压板的投退不影响定值。

1.3.6.4 检修处理机制

（1）装置检修状态。检修状态通过就地投退装置压板开入实现，只能就地操作，当压板投入时，表示装置处于检修状态。保护装置、合并单元和智能终端的 GOOSE/SV 接收、发送软压板及检修状态硬压板之间的配合投退是运维检修管理的重点和难点。在装置检修时，保护装置投入检修压板，在检修期间进行试验的动作报告不会通过通信上送，但本地的显示、打印不受影响。

1）MMS 报文检修处理机制。MMS 报文检修处理机制应遵循的原则如图 1–34 所示。

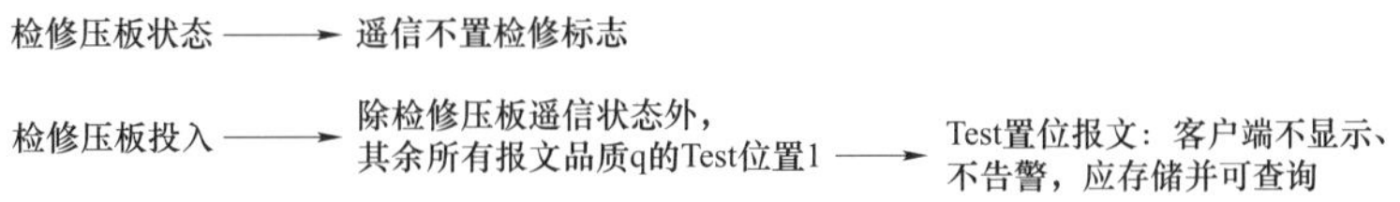

图 1–34 MMS 报文检修处理机制示意图

a）装置应将检修压板状态上送客户端；“检修状态”硬压板遥信不置检修标志。

b）当装置检修压板投入时，本装置上送的所有报文中信号的品质 q 的 Test 位应置 1（对应检修压板的遥信中 q 的 Test 不置 1）；

c）当装置检修压板退出时，经本装置转发的信号应能反映 GOOSE 信号的原始检修状态；

d）客户端根据上送报文中的品质 q 的 Test 位判断报文是否为检修报文并做出相应处理。当报文为检修报文，报文内容应不显示在简报窗中，不发出音响告警，但应该刷新画面，保证画面的状态与实际相符。检修报文应存储，并可通过单独的窗口进行查询。

2）GOOSE 报文检修处理机制。GOOSE 报文检修处理机制应遵循以下原则：

a）当装置检修压板投入时，装置发送的 GOOSE 报文中的 Test 应置 1；

b）GOOSE 接收端装置应将接收的 GOOSE 报文中的 Test 位与装置自身的检修压板状态进行比较，只有两者一致时才将信号作为有效进行处理或动作，否则该 GOOSE 报文为无效报文。原理如图 1－35 所示；

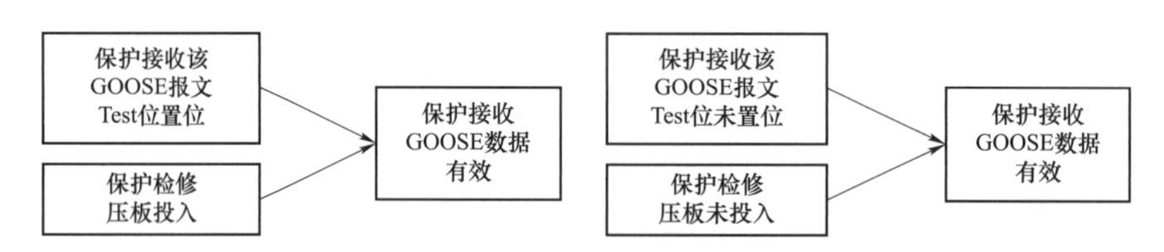

图 1－35　保护接收 GOOSE 数据与检修压板关系示意图

c）当发送方 GOOSE 报文中 Test 置位时发生 GOOSE 中断，接收装置应报具体的 GOOSE 中断告警，但不应报“装置告警（异常）”信号，不应点“装置告警（异常）”灯。

3）SV 报文检修处理机制。SV 报文检修处理机制应遵循以下原则：

a）当合并单元装置检修压板投入时，发送采样值报文中采样值数据品质 q 的 Test 位应置 1；

b）SV 接收端装置应将接收的 SV 报文中的 Test 位与装置自身的检修压板状态进行比较，只有两者一致时才将该信号用于保护逻辑，否则应按相关通道采样异常进行处理，不参与保护逻辑计算；当合并单元和保护装置均处于检修状态时，进行保护逻辑运算，如有动作报文，该报文置检修标识。原理如图 1－36 所示；

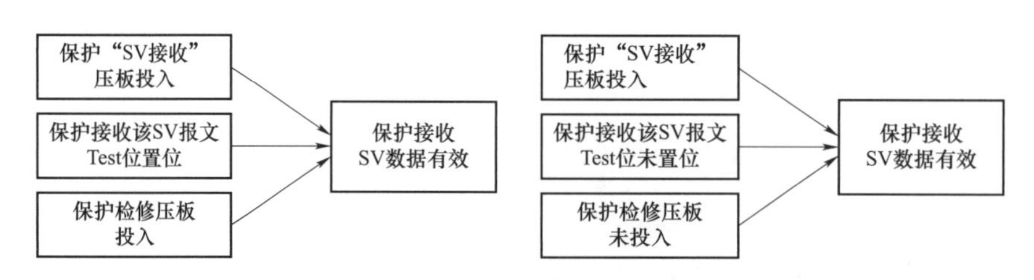

图 1－36　保护接收 SV 数据与检修压板关系示意图

c）对于多路 SV 输入的保护装置，一个 SV 接收软压板退出时应退出该路采样值，该 SV 中断或检修均不影响本装置运行。

1.3.6.5 远方/就地控制

智能站保护装置的远方就地控制满足以下要求：

（1）保护装置应支持就地和远方投退软压板、复归装置、修改定值和切换定值区等操作功能。远方投退软压板应采用增强安全的操作前选择控制，远方复归装置应采用常规安全的直接控制，远方修改定值和切换定值区应采用定值服务。

（2）“远方操作”硬压板与“远方修改定值”“远方切换定值区”“远方投退压板”均为“与门”关系；当“远方操作”硬压板投入后，上述三个软压板投入的远方功能才有效。原理如图1－37所示。

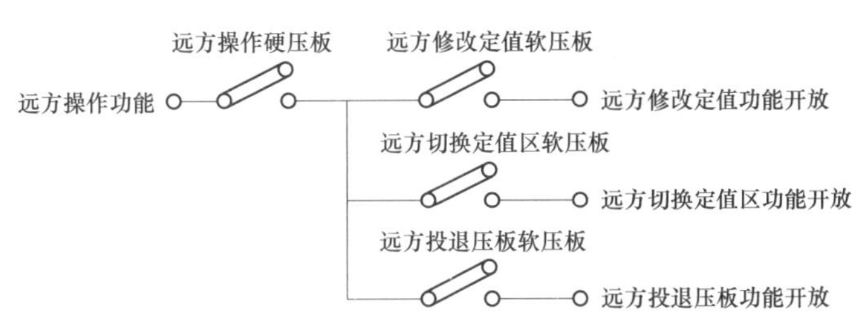

图1－37　远方操作功能示意图

（3）“远方修改定值”软压板只能在装置本地操作。“远方修改定值”软压板投入时，保护装置应支持远方在线修改装置参数和装置定值，修改过程中保护不应误动作。

（4）“远方切换定值区”软压板只能在装置本地操作。“远方切换定值区”软压板投入时，装置定值区可远方切换。定值区号应放入遥测数据集，供远方监控。

（5）“远方投退压板”软压板只能在装置本地操作。“远方投退压板”软压板投入时，装置功能软压板、SV接收软压板、GOOSE开入软压板、GOOSE出口软压板方可远方投退。

2 智能变电站典型设计

根据 GB/T 51072—2014《110（66）kV～220kV 智能变电站设计规范》，110kV 智能变电站的设计应满足以下要求。

2.1 继电保护装置

110（66）kV～220kV 电压等级继电保护及安全自动装置宜采用点对点数字量采样，相关设备满足保护对可靠性和快速性的要求时，也可采用网络数字量采样。35（10）kV 开关柜内继电保护装置宜采用模拟量采样。110（66）kV～220kV 电压等级继电保护及安全自动装置宜采用网络或点对点数字量跳闸，点对点方式跳闸不经过交换机，可减少交换机环节。网络方式跳闸接线简单清晰；在满足技术要求的前提下，可采用网络或点对点方式跳闸。35（10）kV 开关柜内继电保护装置应采用电缆直接跳闸。主变压器、高压并联电抗器的非电量保护装置应采用电缆直接跳闸。变电站符合集成优化的原则，变电站可配置一套站域保护控制装置，实现备自投、过载联切、低压低周减载等部分或全部功能。

2.2 变电站自动化系统

变电站自动化系统宜按逻辑功能划分为过程层、间隔层和站控层，各逻辑功能由相关物理设备实现，单一物理设备可以实现多个逻辑功能。

变电站自动化系统的网络结构应符合下列规定：

（1）站控层网络、过程层网络宜相对独立，减少相互影响。网络拓扑结构宜采用星形。110（66）kV 变电站站控层网络宜采用单网。

（2）110（66）kV 过程层网络宜采用单网；110（66）kV 变电站 110（66）kV 电压等级可设置过程层网络，宜采用单网。

（3）过程层 SV 网络与 GOOSE 网宜共网设置。

变电站自动化系统的设备配置应符合下列规定：

（1）设备配置应符合优化集成原则，利用数据采集数字化和信息共享化，功能整合，采用集成装置。过程层推荐选用合并单元智能终端一体化装置，也可选用智能终端合并单元独立装置。

（2）站控层设备应由监控主机、操作员站、工程师站、数据通信网关机、综合应用服务器等各种功能服务器组成，各种功能服务器可根据应用的需要进行功能整合。

（3）测控装置宜单套配置。110（66）kV 宜采用保护测控集成装置，装置也可集成计量等功能。35（10）kV 宜采用集成保护、测控和计量等功能的装置。

（4）变电站可配置网络记录分析仪，对站内网络通信报文进行监视、记录，并应能对出现的异常进行告警。

（5）110kV 及以下电压等级断路器大多只有一个跳闸线圈，因此智能终端宜单套配置。

（6）110kV 主变压器电量保护两种配置方案：一种是主变压器电量保护单套配置，主保护与后备保护分开配置；一种是主变压器电量保护双套配置，每套保护包含完整的主、后备保护功能。110kV 主变压器电量保护两种配置方案均具有两套装置，为确保两套装置与智能终端通信的独立性，因此宜相应配置两套智能终端，也可按单套配置。主变压器本体智能终端宜单套配置。

（7）每段母线智能终端宜单套配置。

（8）110kV 及以下电压等级主变压器各侧及本体合并单元宜双套配置，其余间隔合并单元宜单套配置。双母线接线的线路、主变压器进线间隔合并单元应具备电压切换功能，双母线、单母线和桥形等接线型式的母线设备间隔合并单元应具备电压并列功能。

（9）交换机应根据变电站网络拓扑结构配置，交换机端口数量满足应用需求，站控层交换机宜按照设备室或电压等级配置；过程层交换机配置应满足传输实时性、可靠性的要求，110（66）kV 可按电压等级多间隔共用配置。

（10）站控层交换机宜采用电口，级联端口宜采用光口。过程层交换机应采用光口。

（11）智能控制柜宜按间隔配置，宜与一次设备本体一体化设计，应符合二次设备运行环境要求。

2.3 时间同步系统

变电站应配置公用的时间同步系统，主时钟应双重化配置，应能支持北斗系统和 GPS 标准授时信号，时间同步精度和守时精度应满足站内所有设备的对时精度要求。站控层设备宜采用 SNTP 网络对时方式，间隔层和过程层设备宜采用 IRIG－B、1pps 对时方式，也可采用 IEC 61588 对时方式。

时间同步相关技术要求如下：

（1）变电站应配置一套时间同步系统，宜采用主备方式的时间同步系统，以提高时间同步系统的可靠性。

（2）保护装置、合并单元和智能终端均应能接收 IRIG－B 码同步对时信号，保护装置、智能终端的对时精度误差应不大于±1ms，合并单元的对时误差应不大于±1μs。

（3）保护装置应具备上送时钟当时值的功能。

（4）装置时钟同步信号异常后，应发告警信号。

（5）采用光纤 IRIG－B 码对时方式时，宜采用 ST 接口；采用电 IRIG－B 码对时方式时，采用直流 B 码，通信介质为屏蔽双绞线。

2.4　二次设备布置及组柜

站控层设备宜组柜安装，间隔层设备宜按间隔统筹组柜，过程层设备作为一次设备的接口装置，宜布置在就地智能控制柜内，节省控制电缆。当采用户内配电装置时，间隔层设备宜布置在智能控制柜内。220kV 及以下智能变电站站控层中心交换机数量少，可与联系紧密的站控层设备合并组柜；站控层分支交换机连接各间隔设备，宜集中组柜；过程层交换机按间隔配置，宜随间隔设备组柜，分散安装于所在间隔或对象保护、测控柜内。

2.5　光/电缆选择及敷设

二次设备室内环境较好，宜使用安装方便、成本较低的屏蔽双绞线。跨房间的连接，特别是距离较长或有一部分路径在户外时，宜采用光缆。对于保护 GOOSE 和采样值信息，由于可靠性要求高，在各种干扰下丢包率应为 0，推荐采用光缆连接。

与双重化保护连接的合并单元、智能终端的装置均按照双套配置，为保证两套保护功能上的独立性，用于 SV 采样、GOOSE 跳闸的通信回路应相互独立，实现冗余配置。两面屏柜间多套装置需实现光纤回路的互联时，在保证双重化保护光纤回路不交叉的前提下，多个装置的光纤回路宜共用一根光缆进行连接，用以减少光缆的数量。

保护通道所用光缆为站间连接，距离一般较远，采用单模光缆。变电站内光缆传输距离相对较短，采用多模光缆。当采用槽盒方式敷设时，可采用无金属、阻燃、加强芯光缆；当采用电缆沟敷设时，可采用铠装光缆。户内柜间推荐采用定制的尾缆，安装快速、方便。

3 继电保护信息

根据 DL/T 1782—2017《变电站继电保护信息规范》，继电保护信息应反映电力系统的运行状态、二次回路的工作状态和装置本身的工作状态；应反映电网故障信息及装置本身的动作信息。继电保护信息宜送出包含保护功能关键逻辑结果、状态量、保护元件的计算模拟量等的中间节点信息。

3.1 继电保护信息表达形式

（1）继电保护输出的信息表达形式应包括信号触点、通信信息和人机界面信息。

信号触点是指保护输出的接点。

通信信息是指通过通信报文传输的信息。

人机界面信息包括装置的液晶显示和面板显示灯。

（2）继电保护信息应支持中文描述，语义清晰明确。电压互感器统称为 TV，电流互感器统称为 TA。数字化接口与采样值相关的描述统称为 SV，与开关量相关的描述统称为 GOOSE。

（3）继电保护开关量输入定义采用正逻辑，即接点闭合为“1”，接点断开为“0”。开关量输入“1”和“0”的定义应统一规定为：“1”肯定所表述的功能，“0”否定所表述的功能。

（4）继电保护功能闭锁数据集信号状态采用正逻辑，“1”肯定所表述的功能；“0”否定所表述的功能。

（5）继电保护与其他设备或系统交互的通信信息包括装置信息（装置硬件信息和装置软件版本信息）、定值区号及定值（运行定值区和非运行定值区）、日志及报告（上送模拟量、开关量、压板状态、自检信息、异常告警信息、保护动作事件和装置日志信息）、模型文件和录波文件等，装置主动上送的信息应包括开关量变位信息、异常告警信息和保护动作事件信息等。如图 3－1 所示。

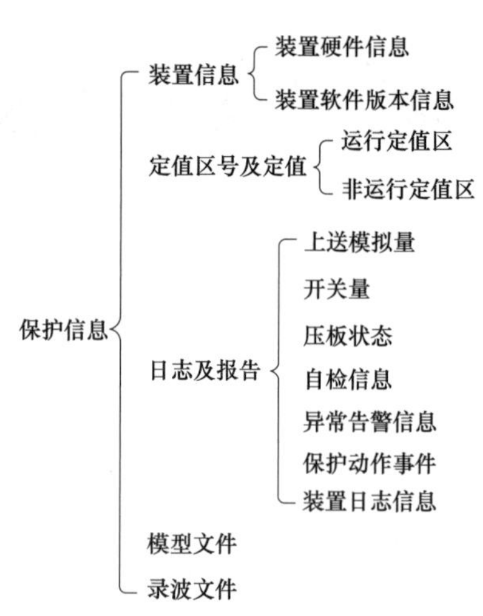

图 3－1　保护信息示意图

3.2 继电保护动作信息

继电保护动作信息是指当装置识别为电力系统故障时输出的保护动作报文、保护动作报告及录波文件，对于分相动作信息，应输出带相别的动作信息。

电网故障时装置应形成保护动作报文和保护动作报告，保护动作报告符合如下要求：

（1）装置的保护动作报告应为中文简述，包括保护启动及动作过程中各相关元件动作行为、动作时序、故障相电压和电流幅值等故障参数、功能压板投退状态、开关量变位状态、保护全部定值等信息。如图3－2所示。

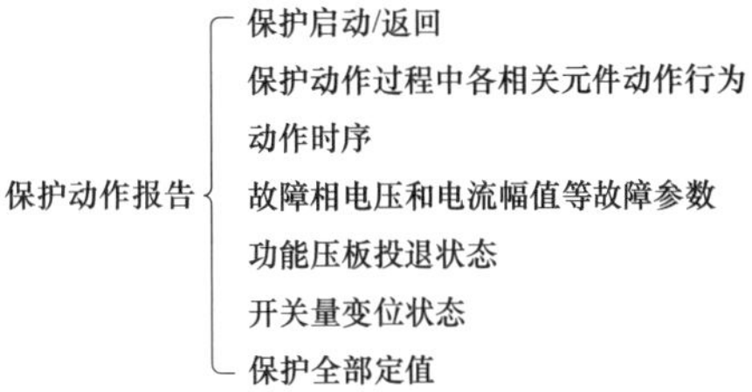

保护动作报告
- 保护启动/返回
- 保护动作过程中各相关元件动作行为
- 动作时序
- 故障相电压和电流幅值等故障参数
- 功能压板投退状态
- 开关量变位状态
- 保护全部定值

图3－2　保护动作报告内容示意图

（2）线路保护的动作报告还宜包含的信息如图3－3所示。如选相相别、跳闸相别、故障测距结果、后加速信息、距离保护动作时的阻抗值（可选）；纵联电流差动保护动作时的故障相差动电流；距离保护应区分接地距离或相间距离动作信息、各段距离信息。

（3）变压器保护的动作报告还宜包含的信息如图3－4所示。如差动保护动作时的差动电流、制动电流（可选），距离保护动作时的阻抗值（可选），复压过电流保护动作电压、动作电流，零序过电流保护动作电流信息，间隙零流保护动作电流信息，间隙零压保护动作电压信息，零序过电压保护动作电压等信息。

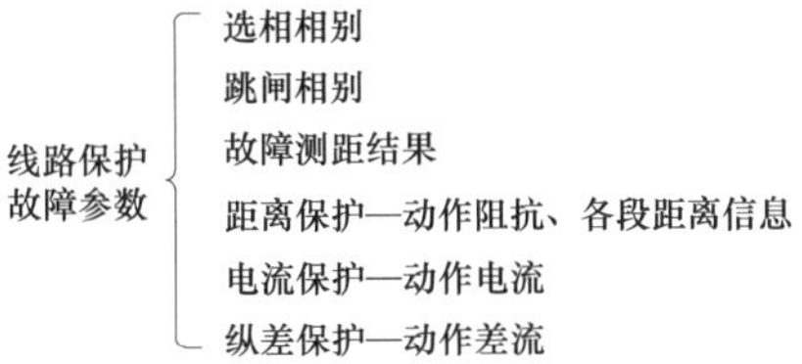

线路保护故障参数
- 选相相别
- 跳闸相别
- 故障测距结果
- 距离保护—动作阻抗、各段距离信息
- 电流保护—动作电流
- 纵差保护—动作差流

图3－3　线路保护故障参数内容示意图

变压器保护故障参数
- 差动保护—动作差流、制动电流
- 距离保护—动作阻抗
- 复压过流保护—动作电压、动作电流
- 零序电流保护—零序电流
- 间隙零流保护—间隙零流
- 间隙零压保护—零序电压
- 零序过电压保护—零序电压

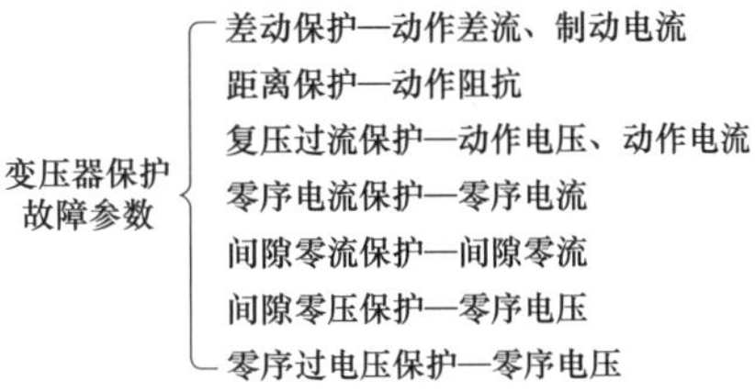

图3－4　变压器保护故障参数内容示意图

（4）母线保护的动作报告还宜包含的信息如图3－5所示。如差动保护应输出差动电流、制动电流（可选）、故障相别、跳闸支路（可选）；母联失灵保护应输出母联电流、跳闸支路（可选）；失灵保护应输出失灵启动支路（可选）、跳闸支路（可选）、失灵联跳等信息。

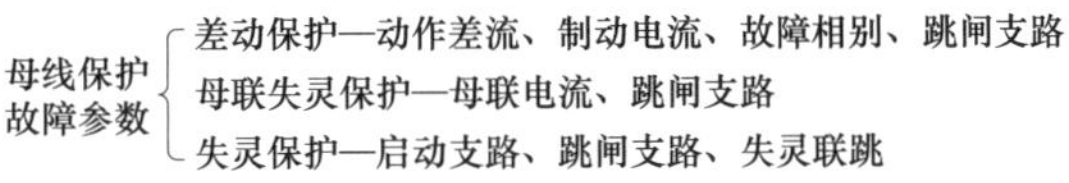

母线保护故障参数
- 差动保护—动作差流、制动电流、故障相别、跳闸支路
- 母联失灵保护—母联电流、跳闸支路
- 失灵保护—启动支路、跳闸支路、失灵联跳

图3－5　母线保护故障参数内容示意图

（5）其他保护类型的动作报告参照以上保护类型执行。

3.3 保护录波文件要求

电网故障时装置应形成录波文件，保护录波文件为 COMTRADE 格式，符合如下要求：

（1）录波文件应包括启动时间、动作信息、故障前后的模拟量信息（含接入的电压、电流量）、开关量信息等；

（2）采用变电站录波文件名称："IED 名_逻辑设备名_故障序号_故障时间_s（表示启动）/f（表示故障）"；

（3）保护装置录波文件 COMTRADE 文件应包含在根目录下的"COMTRADE"文件目录内。COMTRADE 文件包含以 hdr、cfg 和 dat 为后缀的文件；

1）头文件存储补充叙述性信息，帮助使用者更好地理解暂态记录条件，文件后缀为 hdr。根据 GB/T 22386—2008《电力系统暂态数据交换通用格式》和 DL/T 1782—2017《变电站继电保护信息规范》，头文件可能包含的信息如图 3－6 所示。

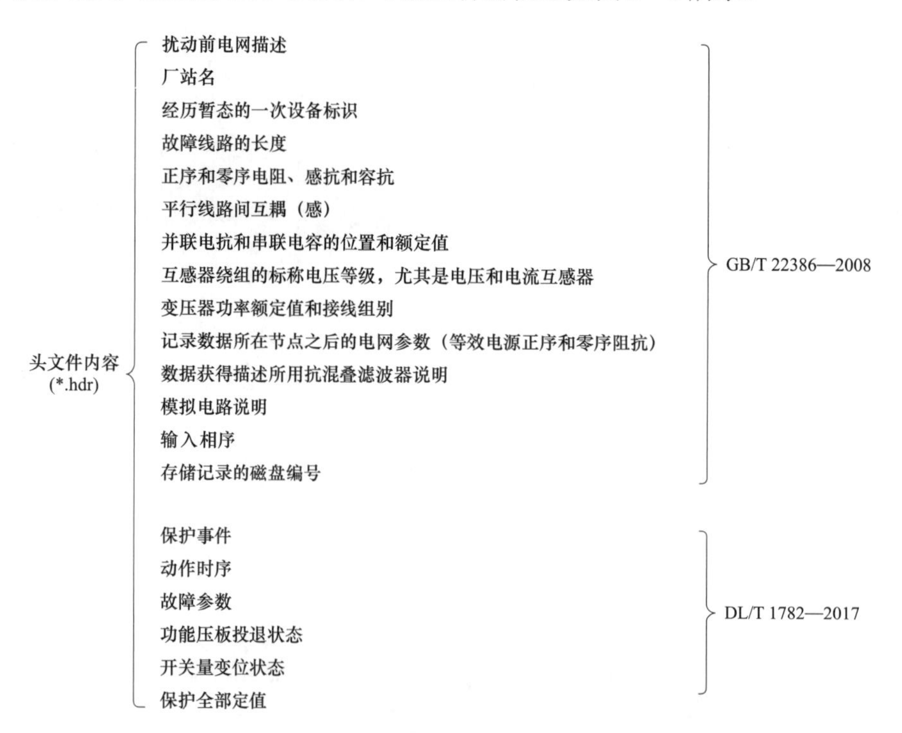

图 3－6 故障录波头文件内容示意图

2）配置文件提供阅读和解释相关数据文件中数据值所必需的信息，文件后缀为 cfg。包含内容如图 3－7 所示。

配置文件内容(*.cfg)
- 厂站名、记录装置标识、COMTRADE标准版本年号
- 通道类型和编号
- 通道名、单位和变换因子
- 电网频率采样率和每一采样率下的采样数
- 第一个数据点的日期和时间
- 触发点的日期和时间
- 数据文件类型
- 时标倍率因子

图 3-7 故障录波配置文件内容示意图

3）数据文件包含被采样暂态事件按比例表示的数据值，文件后缀为 dat。对于数据文件中的每个采样，数据文件包含着每个通道的采样编号，时标和数据值。数据文件中所有数据都为整数格式。每个数据采样记录应包含着排列整数如式（3－1）所示：

$$n,timestatmp, A1, A2, \cdots\ Ak, D1, D2, \cdots\ Dm \quad (3-1)$$

式中　n——采样编号。

timestamp——该数据采样记录的时标，时间的基本单位是微秒（μs）。为从文件中第一个数据采样至该采样数据记录的采样所经过的时间。

A1－Ak——模拟通道数据值。

D1－Dk——状态通道数据值。

3.4 继电保护告警信息

继电保护告警信息是指当装置识别为非正常运行时输出的信息，包括反映被保护对象、外回路以及装置本身故障的信息。

电子式互感器的采集单元（A/D 采样回路）、合并单元、保护装置、光纤连接、智能终端和过程层网络交换机等设备中任一元件损坏时相关设备应告警，除出口继电器外，不应引起保护误动作跳闸。继电保护应具备完善的自检功能，应具有能反应被保护设备各种故障及异常状态的保护功能。

继电保护告警信息应提供反映不健康状况的告警信息、告警时间。

（1）装置硬件告警信息。装置提供的硬件告警信息应反映装置的硬件不健康状况，且宜反映具体的告警硬件信息（如插件号、插件类型、插件名称等），如图 3－8 所示。

（2）装置软件告警信息。装置软件告警信息如图 3－9 所示。

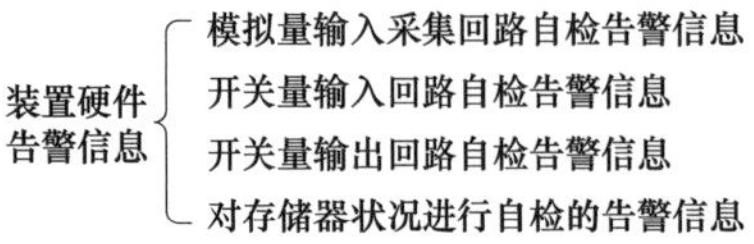

装置硬件告警信息
模拟量输入采集回路自检告警信息
开关量输入回路自检告警信息
开关量输出回路自检告警信息
对存储器状况进行自检的告警信息

图 3－8　装置硬件告警信息示意图

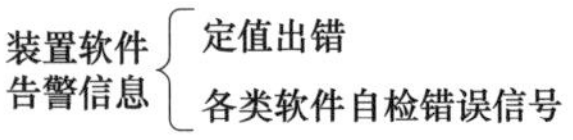

装置软件告警信息
定值出错
各类软件自检错误信号

图 3－9　装置软件告警信息示意图

（3）装置自检信息。应包括硬件损坏、功能异常、与过程层设备通信状况等，如图 3－10 所示。保护装置应能根据过程层通信中断、异常等状态的检测情况，发出告警或闭锁相关保护功能。

1）装置内部自检信息。装置内部自检信息分类如图 3－11 所示。

图 3－10　保护自检信息示意图　　图 3－11　装置内部自检信息示意图

2）装置外部自检信息。装置外部自检信息分类如图 3－12 所示。

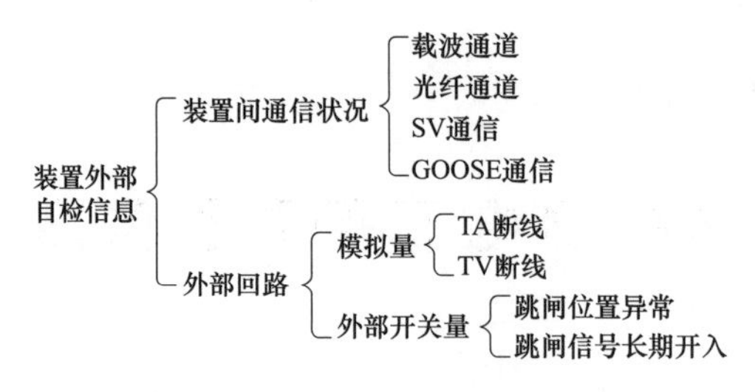

图 3－12　装置外部自检信息示意图

3.5　继电保护在线监测信息

继电保护在线监测信息是指所监测到的设备自身及外回路工作状态的实时信息。装置应提供反映本身健康状态的信息，包括工作环境、硬件工作状况、软件运行状况、通信状况（包括内部通信状况和设备间的通信状况）等。

保护在线监测信息内容如图 3－13 所示。

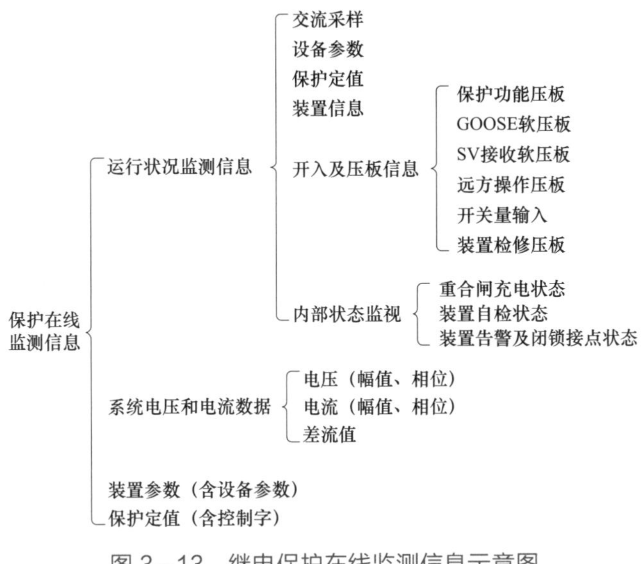

图 3-13　继电保护在线监测信息示意图

3.6　继电保护状态变位信息

装置应进行全过程的状态变位监视，输出变位信息。装置状态变位信息应包括压板投退状态、开关量输入状态、保护功能状态、装置运行状态和远方操作保护功能投退状态等。如图 3-14 所示。

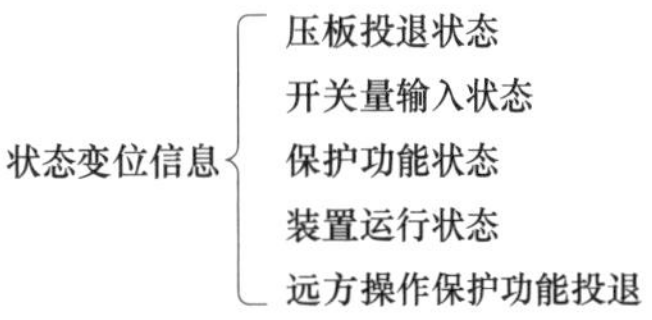

状态变位信息
- 压板投退状态
- 开关量输入状态
- 保护功能状态
- 装置运行状态
- 远方操作保护功能投退

图 3-14　状态变位信息示意图

在正常工况下，装置生成状态信息送出时间延时不应大于 1s。继电保护变位信息为经装置确认的发生变化后的状态。

继电保护功能闭锁数据集信号由保护功能状态数据集信号经本装置功能压板和功能控制字组合形成。任一保护功能失效，且功能压板和功能控制字投入，则对应功能闭锁数据集信号状态置“1”，否则置“0”。如图 3-15 所示。

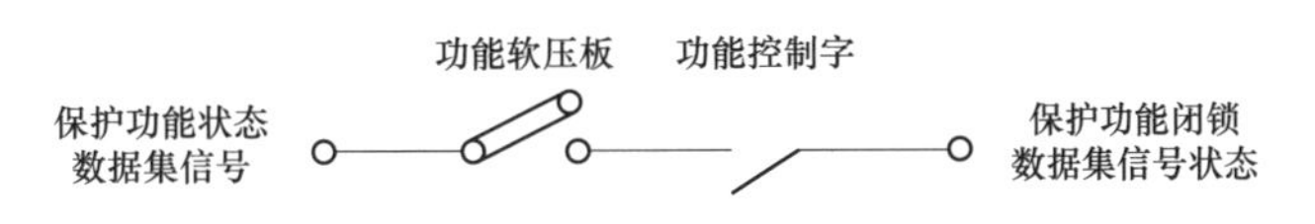

图 3-15　保护功能闭锁数据集信号状态形成示意图

3.7　继电保护中间节点信息

中间节点信息宜满足逻辑图展示要求，逻辑图宜与装置说明书逻辑图一致，以时间为线索，可清晰再现故障过程中各保护功能元件的动作逻辑及先后顺序，并提供各保护元件的计算模拟量作为动作依据。装置宜提供中间节点计算量信息，中间节点计算量信息可选择提供如电流、电压、阻抗、序分量、差动电流和制动电流等计算模拟量，作为中间节点的辅助结果。

中间节点信息应以文件形式保存在 COMTRADE 目录下面。中间节点文件后缀为.mid（中间文件）和.des 文件（描述文件）。装置的中间节点文件时序应与装置的录波文件时序保持一致。继电保护动作信息应和该次故障的保护录波和中间节点信息关联。

以 110kV 智能站典型线路保护、变压器保护和母线保护为例，继电保护装置中间节点信息功能展示符合下列要求：

（1）智能站 110kV 线路保护宜包括的中间节点信息如图 3－16 所示。

（2）智能站 35（10）kV 线路保护宜包括的中间节点信息如图 3－17 所示。

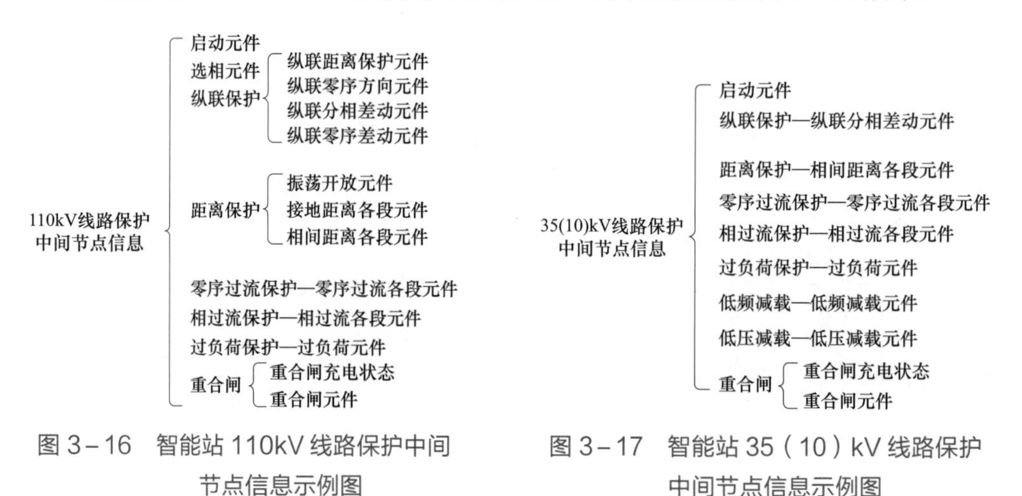

图 3－16　智能站 110kV 线路保护中间节点信息示例图

图 3－17　智能站 35（10）kV 线路保护中间节点信息示例图

（3）智能站 110kV 变压器保护宜包括的中间节点信息如图 3－18 所示。

（4）110kV 母线保护宜包括的中间节点信息如图 3－19 所示。

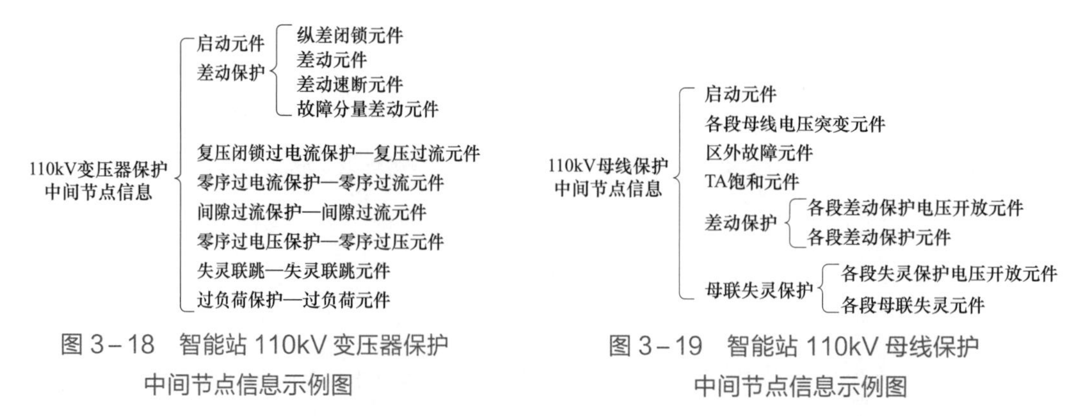

图 3－18　智能站 110kV 变压器保护中间节点信息示例图

图 3－19　智能站 110kV 母线保护中间节点信息示例图

3.8 继电保护日志记录

装置日志中应包含动作、告警和状态变位等信息。装置应掉电存储日志记录，至少存储 1000 条，超出装置记录容量时，应循环覆盖最早的日志记录。装置日志记录可被客户端服务调取。

3.9 继电保护信息时标

装置显示和打印的时标为本时区时间（二十四小时制），格式应为：××××年××月××日××时××分××秒×××毫秒。装置信息的时标需满足如下要求：

（1）装置显示、打印的时标和上送监控的时标应保持一致，其中时标精确到毫秒，按四舍五入处理。

（2）装置的状态变位类信息的时标应为消抖后时标。

（3）保护启动时间为保护启动元件的动作时刻；保护动作时间为保护动作时刻与保护启动时刻的差，时间宜以毫秒为单位。

（4）装置的保护动作的时间应通过保护启动时间、保护动作相对时间二者结合的方式来表现。对于相对时间不能直接表征的，保护元件可用保护启动、保护动作两次动作报告来表征一次故障。

3.10 通信信息的生成、存储和上送

按照 DL/T 860.74—2013 中通信信息的数据类，通信信息分类如下：

（1）实时信息：保护动作报文、告警信息、状态变位信息和在线监测信息。

（2）日志信息：装置日志（包含保护动作、告警和状态变位的 SOE 信息）。

（3）文件信息：中间节点信息、保护动作报告和保护录波文件。

装置应直接获取保护动作、告警、状态变位和在线监测等实时数据信息。日志和文件信息在实时数据的基础上再次处理并存储。装置应对保护动作、告警和状态变位等信息进行实时监测，当有变化时，形成包含新值、旧值和时间信息的记录并存储。录波启动后，按照录波数据时间间隔，记录对应时间断面的模拟量和开关量信息，将已记录的模拟量和开关量信息整理形成对应的波形文件和中间节点文件，进行存储。

3.11 人机界面

根据 DL/T 1782—2017《变电站继电保护信息规范》，装置面板指示灯应反映装置自身状态（如运行、异常）、保护状态（如保护跳闸、重合闸）及回路状态监视（如隔离开关告警、母线互联）等。装置面板指示灯宜分“亮”和“灭”两个状态。指示类信号灯宜为绿色，动作类信号灯及告警类信号灯宜为红色，检修状态灯宜为红色。装置菜单级数不宜超过四级，一级菜单宜按信息查看、运行操作、报告查询、定值整定、调试、打印、装置设定等分类。

110kV 智能站中，主要涉及线路保护、变压器保护、母线保护和母联（分段）保护等装置。人机界面信息如下。

（1）线路保护装置。线路保护面板显示灯如表 3－1 所示。

表 3－1　线路保护面板显示灯

面板显示灯	颜色	状态	含义
运行	绿	非自保持	亮：装置运行 灭：装置故障导致失去所有保护
异常	红	非自保持	亮：任意告警信号动作 灭：运行正常
检修	红	非自保持	亮：检修状态 灭：运行状态
纵联保护闭锁	红	非自保持	亮：纵联保护被闭锁 灭：纵联保护正常
充电完成	绿	非自保持	亮：重合闸充电完成，重合闸允许 灭：不允许重合闸；停用重合闸
保护跳闸	红	自保持	本信号只是保护装置跳闸出口 亮：保护跳闸 灭：保护没有跳闸
重合闸	红	自保持	亮：重合闸动作 灭：重合闸没有动作

（2）变压器保护装置。变压器保护面板显示灯如表 3－2 所示。

表 3-2　　变压器保护面板显示灯

面板显示灯	颜色	状态	含义
运行	绿	非自保持	亮：装置运行 灭：装置故障导致失去所有保护
异常	红	非自保持	亮：任意告警信号动作 灭：运行正常
检修	红	非自保持	亮：检修状态 灭：运行状态
差动保护闭锁	红	非自保持	亮：差动保护被闭锁 灭：所有差动保护正常
保护跳闸	红	自保持	本信号只是保护装置跳闸出口 亮：保护跳闸 灭：保护没有跳闸

（3）母线保护装置。母线保护面板显示灯如表 3-3 所示。

表 3-3　　母线保护面板显示灯

面板显示灯	颜色	状态	含义
运行	绿	非自保持	亮：装置运行 灭：装置故障导致失去所有保护
异常	红	非自保持	亮：任意告警信号动作 灭：运行正常
检修	红	非自保持	亮：检修状态 灭：运行状态
差动保护闭锁	红	非自保持	亮：差动保护被闭锁 灭：差动保护正常
母线互联	绿	非自保持	亮：母线互联 灭：母线非互联
隔离开关告警	红	非自保持	亮： 1. 隔离开关双位置开入异常 2. 通过电流校验发现隔离开关位置错误 灭：隔离开关位置无异常
保护跳闸	红	自保持	本信号只是保护装置跳闸出口 亮：保护跳闸 灭：保护没有跳闸

（4）母联（分段）保护装置。母联（分段）保护面板显示灯如表 3－4 所示。

表 3－4　　母联（分段）保护面板显示灯

面板显示灯	颜色	状态	含义
运行	绿	非自保持	亮：装置运行 灭：装置故障导致失去所有保护
异常	红	非自保持	亮：任意告警信号动作 灭：运行正常
检修	红	非自保持	亮：检修状态 灭：运行状态
保护跳闸	红	自保持	本信号只是保护装置跳闸出口 亮：保护跳闸 灭：保护没有跳闸

（5）菜单统一模板。保护装置菜单统一模板如表 3－5 所示。

表 3－5　　保护装置菜单统一模板

<table>
<tr><th>一级菜单</th><th>二级菜单</th><th>三级菜单</th><th>说明</th></tr>
<tr><td rowspan="14">信息查看</td><td rowspan="8">保护状态</td><td>模拟量</td><td>模拟量的大小及相位</td></tr>
<tr><td>开关量</td><td>显示常规开入、GOOSE 开入（带检修）和开出（可选）的当前状态</td></tr>
<tr><td>SV 状态</td><td>包括采样通道链路延时、品质（包括检修位等）、通信统计（SV 板卡号、SV 板光口号）</td></tr>
<tr><td>GOOSE 状态</td><td>过程层 GOOSE、间隔层 GOOSE</td></tr>
<tr><td>状态监测</td><td>电压、装置温度、光强等</td></tr>
<tr><td>通道信息</td><td>通道一（二）的通道延时、通道误码和丢帧数统计（适用于光纤纵联保护）</td></tr>
<tr><td>告警信息</td><td>软、硬件自检信息：告警状态；保护功能闭锁状态</td></tr>
<tr><td>保护功能状态</td><td>/</td></tr>
<tr><td rowspan="2">查看定值</td><td>设备参数定值</td><td>/</td></tr>
<tr><td>保护定值</td><td>/</td></tr>
<tr><td rowspan="4">压板状态</td><td>功能压板</td><td>/</td></tr>
<tr><td>SV 接收软压板</td><td>/</td></tr>
<tr><td>间隔接收软压板</td><td>/</td></tr>
<tr><td>GOOSE 发送软压板</td><td>/</td></tr>
</table>

续表

一级菜单	二级菜单	三级菜单	说明
信息查看	压板状态	GOOSE 接收软压板	/
		隔离开关强制软压板	可选
	版本信息		装置识别代码、程序版本（型号、程序版本、检验码、生成时间）、虚端子校验码（装置自动生成的配置文件检验码）
	装置设置	对时方式	/
		通信参数	通信规约、通信地址等
运行操作	压板投退	功能软压板	/
		SV 接收软压板	/
		间隔接收软压板	适用于非母线保护
		GOOSE 发送软压板	适用于母线保护
		GOOSE 接收软压板	/
		隔离刀闸强制软压板	/
	切换定值区		/
报告查询	动作报告		/
	告警报告		/
	变位报告		/
	操作报告		定值固化、压板投退等
定值整定	设备参数		/
	保护定值		/
	分区复制		复制定值功能
调试菜单	开出传动		/
	通信对点		/
	厂家调试		可选，与“运行操作”“定值整定”“调试菜单”“装置设定”项权限不同
打印（可选）	保护定值		设备参数、保护定值、保护控制字，可以选择定值区号打印
	软压板		软压板状态
	保护状态		模拟量、开关量、压板状态、版本信息等
	报告		动作报告、告警报告、变位报告、操作报告、采样值波形等
	装置设定		/
装置设定	修改时钟		/
	对时方式		/
	通信参数		包含打印设置
	其他设置		包含模拟量显示（选择显示二次值或一次值）等

4

110kV 智能变电站保护系统原理解析

与传统站相比，110kV 智能变电站的保护原理区别在于由于采样控制方式的变化增加了远方操作、对时、过程层采样控制、数据处理等环节的处理。

4.1 远 方 操 作

4.1.1 远方修改定值

“远方操作”硬压板与“远方修改定值”软压板均投入，保护允许“远方修改定值”，否则不执行“远方修改定值”功能，如图 4-1 所示。

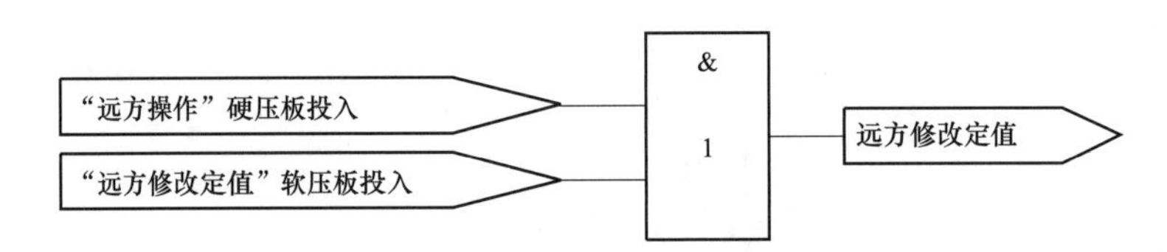

图 4-1 远方修改定值示意图

4.1.2 远方切换定值区

“远方操作”硬压板与“远方切换定值”软压板均投入，保护允许“远方切换定值区”，否则不执行“远方切换定值区”功能，如图 4-2 所示。

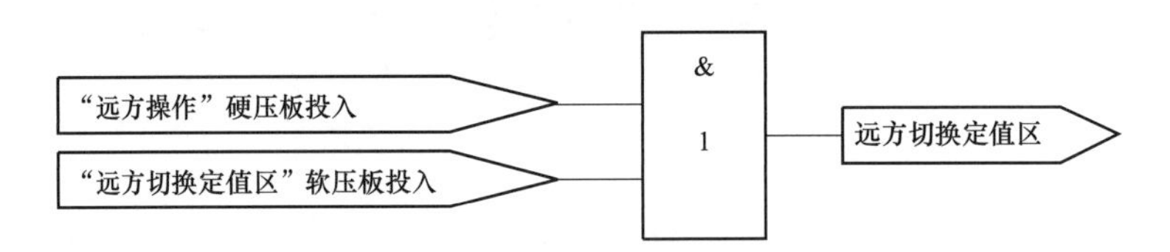

图 4-2 远方切换定值区示意图

4.1.3 远方投退压板

“远方操作”硬压板与“远方投退压板”软压板均投入，保护允许“远方投退压板”，否则不执行“远方投退压板”功能，如图 4-3 所示。

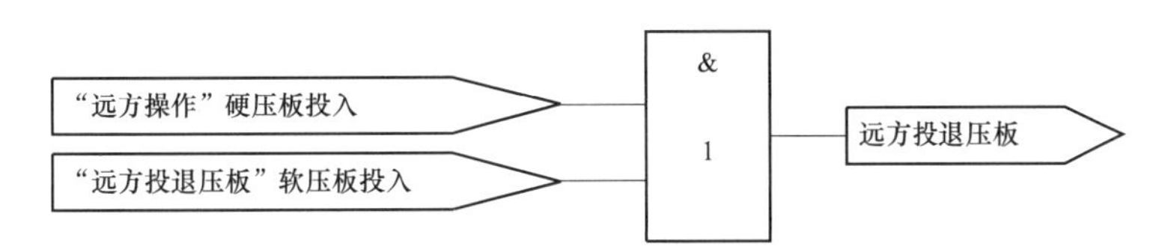

图 4-3 远方投退压板示意图

4.2 对时异常

装置未收到对时信号报文，发“对时异常”告警信号，如图 4-4 所示。应检查对时信号的源端是否发出对时信号以及对时的硬连接信号的连接是否中断。对时异常功能不影响保护功能实现。

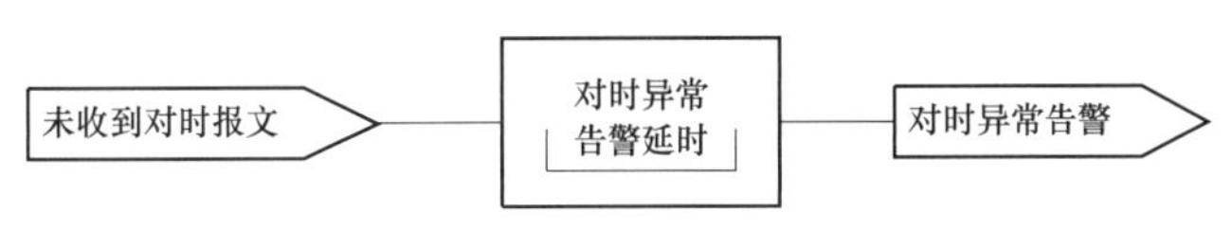

图 4-4 对时异常告警示意图

4.3 SV 检修不一致

接收到 SV 报文中的检修状态和保护装置的检修状态不一致，保护装置发出“SV 检修不一致”告警，如图 4-5 所示。此时与该 SV 报文有关的数据均不参与保护逻辑计算，显示相关的保护功能闭锁。

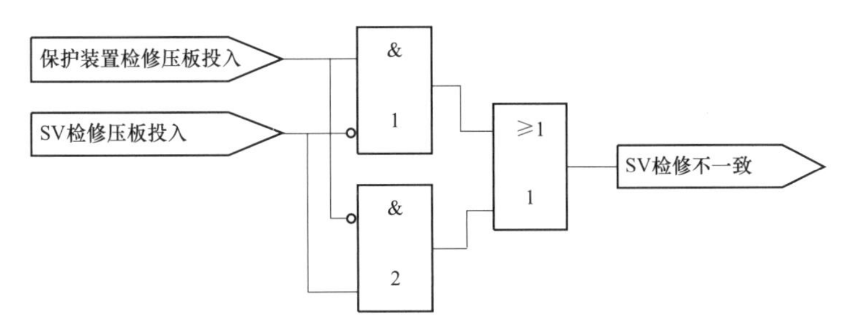

图 4-5 SV 检修不一致告警示意图

4.4 SV 总告警

“SV 总告警”为装置所有 SV 异常的总报警。在检出“SV 采样数据异常”以及“SV 采样链路中断”中任意异常后，发布“SV 总告警”异常告警信息，如图 4－6 所示。待上述异常均消失后，“SV 总告警”异常告警信息返回。

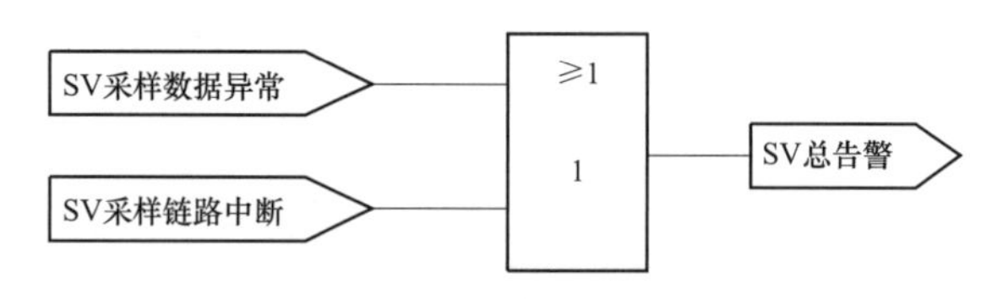

图 4－6　SV 总告警示意图

4.4.1 SV 采样数据异常

“SV 采样数据异常”汇集保护装置所有接收到的 SV 数据的异常检测结果，如图 4－7 所示。包括“SV 数据报文丢帧”“SV 报文间隔时间超出 10μs”“SV 数据错误”“SV 报文延时异常”“SV 采样失步”和“SV 数据无效”等，其中“SV 数据错误”和“SV 数据无效”按数据采集通道判断，可诊断出每个通道数据的异常。“SV 数据报文丢帧”“SV 报文间隔时间超出 10μs”和“SV 数据错误”是由 SV 报文接收方检出的异常。

根据所有 SV 异常情况，推理出“SV 采样 x 通道异常总告警”，x 指代通道序号或通道名称。

（1）“SV 数据报文丢帧”指 SV 数据报文的包号不连续或在固定时间内发送报文数量不满足要求；

（2）“SV 报文间隔时间超出 10μs”指顺序接收到的 SV 报文间隔时间超出 10μs 要求；

（3）通道“SV 数据错误”指接收到的 SV 报文中模拟量数据出现超限值的异常大数或者保护电压电流双通道校验错误等不合理数值。

“SV 报文延时异常”“SV 采样失步”“SV 数据无效”为 SV 报文发送方检出的异常信息。

（1）“SV 报文延时异常”指 SV 报文中“额定延时时间”的值出现异常；

（2）“SV 采样失步”和“SV 数据无效”为 SV 报文中状态字所包含的状态信息。

在检出 SV 采样数据异常后瞬时闭锁异常通道相关保护，SV 采样数据正常后延时开放相关保护。

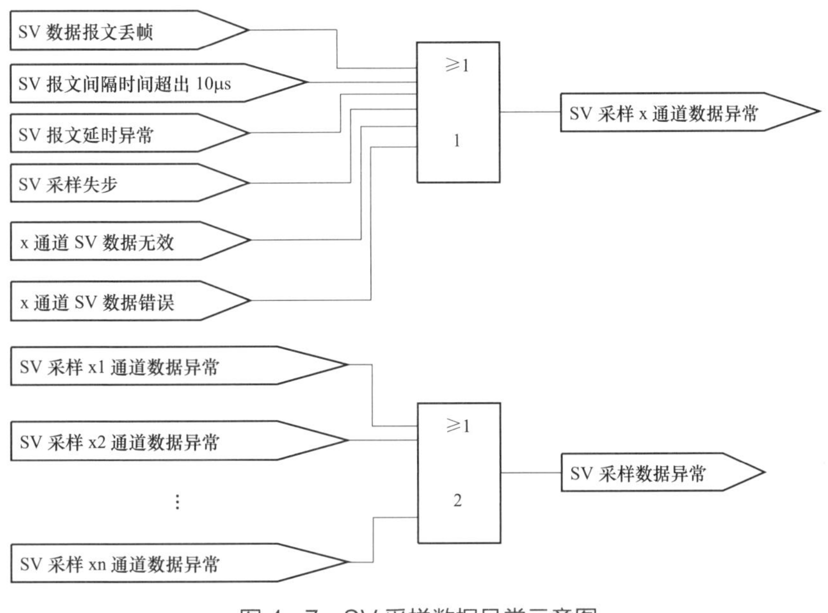

图 4－7　SV 采样数据异常示意图

任意通道 SV 采样数据异常告警，均判断为保护“SV 采样数据异常”，所有 SV 通道数据均无异常，可判断当前状态为未发生 SV 采样数据异常告警。

4.4.2　SV 采样链路中断

保护检出未收到 SV 通信报文时瞬时告警，并闭锁所有和本通道数据相关保护，如图 4－8 所示。此时需检查 SV 发送源端设备和链路设备是否正常，在 SV 采样链路恢复后延时开放相关保护。

图 4－8　SV 采样链路中断示意图

示例图 4－9 为“SV 采样链路中断”后发布的告警信息。SV 采样链路中断时同时发 TA 断线和 TV 断线告警。

2023年2月13日14:43:15:883	长安变	长唐Ⅰ线保护接收长唐Ⅰ线合并单元SV断链	动作（SOE）
2023年2月13日14:43:15:883	长安变	长唐Ⅰ线保护TA断线	动作（SOE）
2023年2月13日14:43:15:883	长安变	长唐Ⅰ线保护装置异常	动作（SOE）
2023年2月13日14:43:15:893	长安变	长唐Ⅰ线保护TV断线	动作（SOE）

图 4－9　SV 采样链路中断监控系统告警信息示意图

4.4.3　A/B/C 相保护 TA 断线

在保护逻辑判断中，智能站的保护相电流失效相当于发生保护电流 TA 断线，如图 4－10 所示。任一相保护 TA 断线均闭锁与该保护电流有关的保护。出现异常后瞬时发出保护“TA 断线”告警，异常消失后经延时解除该保护 TA 断线告警。

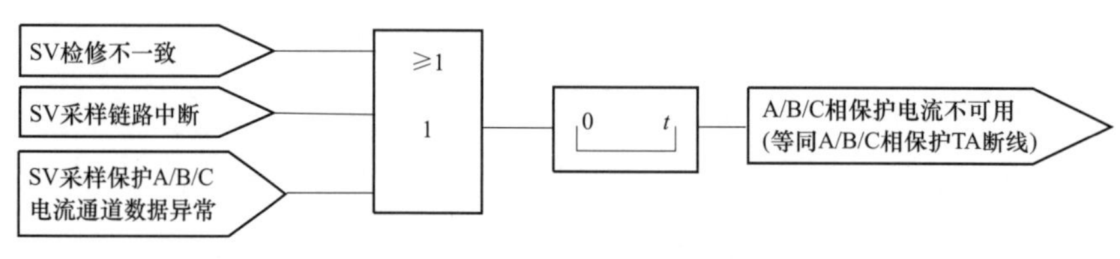

图 4－10　相电流失效示意图

4.4.4　A/B/C 相保护 TV 断线

在保护逻辑判断中，智能站保护的相电压不可用，相当于发生电压 TV 断线，如图 4－11 所示。任一相 TV 断线均退出与该电压有关的保护或重合闸。出现异常后瞬时告警“TV 断线”，异常消失后经延时解除该保护 TV 断线告警。

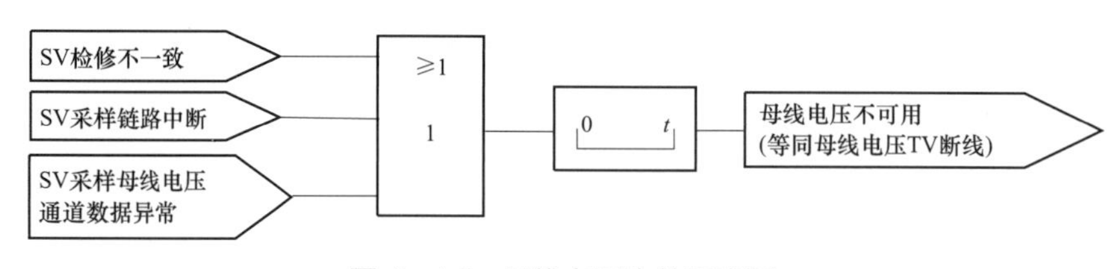

图 4－11　母线电压失效示意图

4.4.5　同期电压 TV 断线

同期电压用于重合闸，重合闸投入检同期功能后，发生同期电压不可用，相当于发生同期 TV 断线，如图 4－12 所示，则退出检同期重合闸。同期电压出现异常后瞬时告警“同期 TV 断线”，异常返回后经延时解除该同期电压 TV 断线告警。

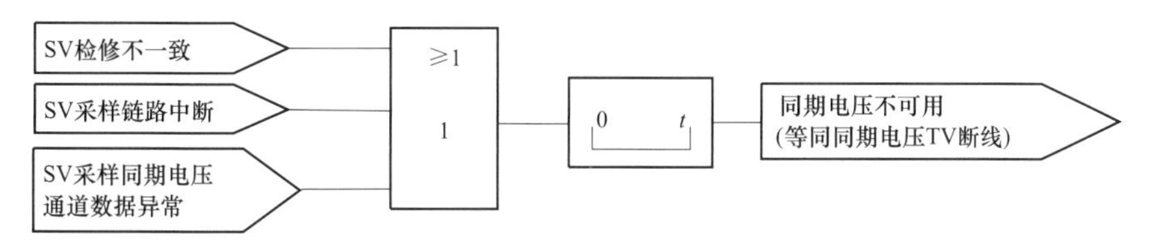

图 4-12　同期电压失效示意图

4.5　GOOSE 检修不一致

接收到的 GOOSE 报文中的检修状态和保护装置的检修状态不一致，保护发布“GOOSE 检修不一致”异常告警信息，如图 4-13 所示。待检修状态一致后，“GOOSE 检修不一致”告警返回。

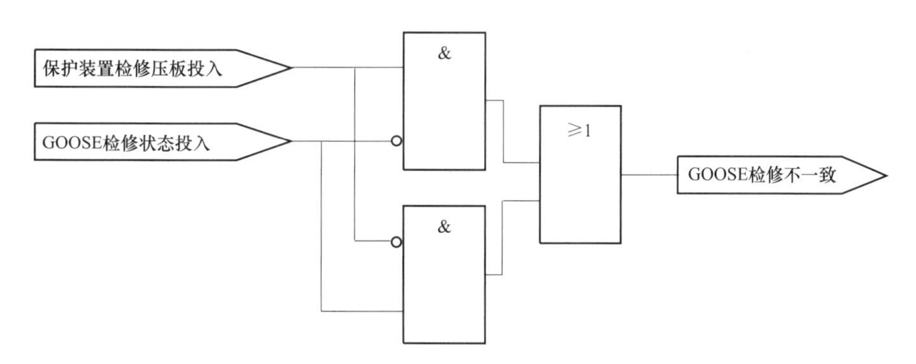

图 4-13　GOOSE 检修不一致示意图

4.6　GOOSE 总 告 警

“GOOSE 总告警”为装置所有 GOOSE 异常的总报警。当装置检出任意 GOOSE 报文存在 “GOOSE 数据异常”和“GOOSE 链路中断”后，发布“GOOSE 总告警”信息，如图 4-14 所示。待上述异常都消失后，“GOOSE 总告警”状态返回。

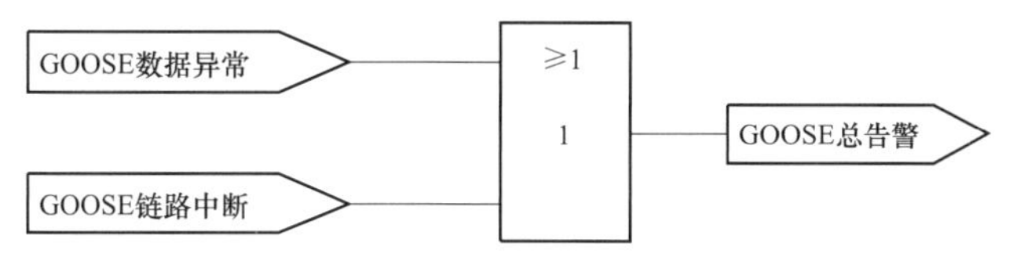

图 4-14　GOOSE 总告警示意图

4.6.1 GOOSE 数据异常

根据 GOOSE 报文的语法以及 stNum，sqNum 以及报文内容可以判断报文丢失、重复或数据错误。GOOSE 报文 SqNum、StNum 序号与对应的 GOOSE 传送的状态数据异常分析如表 4－1 所示。

表 4－1　　GOOSE 序号异常分析

序号	现象	分析
1	新接收 GOOSE 报文的 StNum 与上一帧 GOOSE 报文的 StNum 不相等。	状态变化报文
2	新接收 GOOSE 报文的 StNum 与上一帧 GOOSE 报文的 StNum 相等，但 SqNum 不大于上一帧的 SqNum。	重复报文
3	新接收 GOOSE 报文的 StNum 与上一帧 GOOSE 报文的 StNum 相等，但 SqNum 大于上一帧的 SqNum。	丢失报文或报文数据错误

“GOOSE 数据异常”告警产生如图 4－15 所示。在检出“GOOSE 报文丢失”“GOOSE 报文重复”或“GOOSE 数据错误”后，发布“GOOSE 数据异常”告警，待上述告警均消失后，“GOOSE 数据异常”告警返回。

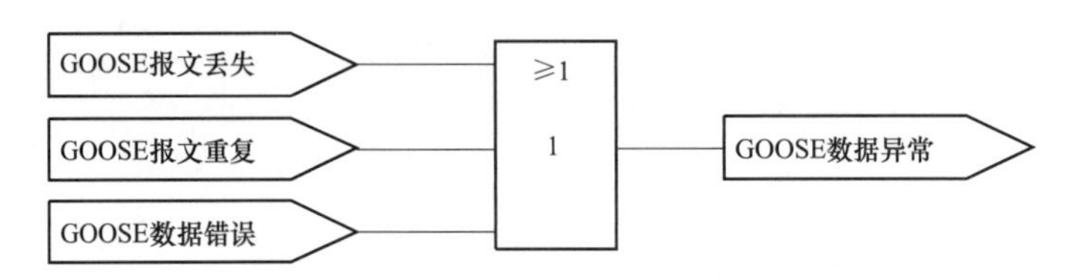

图 4－15　GOOSE 数据异常示意图

4.6.2 GOOSE 链路中断

在接收报文允许生存时间的 2 倍时间内没有收到下一帧 GOOSE 报文时，判断为 GOOSE 报文中断，发“GOOSE 链路中断”告警信息，收到 GOOSE 报文后告警返回，如图 4－16 所示。

图 4－16　GOOSE 链路中断示意图

4.6.3 开关位置异常

智能站开关装置双点位置信息为“00”或者“11”时，确认传送的开关位置为无效状态，经 t_1 延时后发出“开关位置异常”告警。双点位置信息恢复为“01”或者“10”后，告警经延时 t_2 返回，如图 4－17 所示。

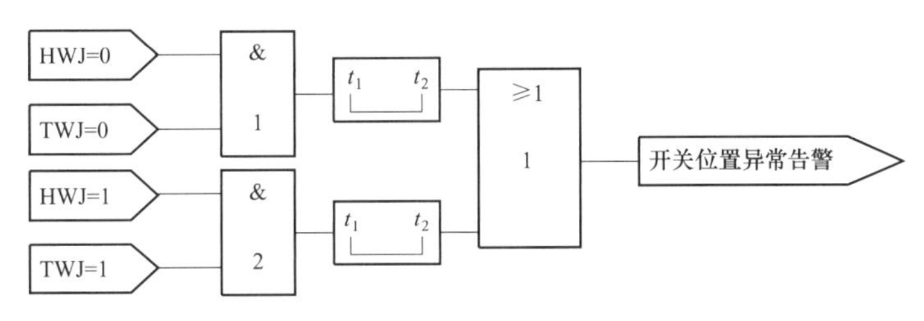

图 4－17 开关位置异常示意图

4.7 光强越限告警

光纤接口包括纵联通信接口以及过程层接口等，保护、合并单元、智能终端以及过程层交换机等设备实时监视光纤接口接收及发送光信号强度，光强不满足限值时告警。

根据 DL/T 2384—2021《智能变电站二次回路性能测试规范》，GOOSE 回路和 SV 回路设备接口光功率要求如下：

（1）光波长 1310nm 光纤：光纤发送功率：－20～－14dBm；光接收灵敏度：－31～－14dBm；

（2）光波长 850nm 光纤：光纤发送功率：－19～－10dBm；光接收灵敏度：－24～－10dBm；

（3）1310nm 光纤和 850nm 光纤回路（包括光纤熔接盒）的衰耗不大于 0.5dB。

4.8 保护功能有效

表示保护功能状态是否闭锁，如对应的保护功能闭锁，则该保护功能无效，如对应的保护功能为开放状态，则该保护可正常运行直至出口。

保护检测出检修压板不一致、SV 接收压板退出和 SV 数据异常等影响保护功能正常执行的异常时，闭锁保护逻辑，关联的保护功能失效。

保护功能有效首先需检测保护采用的 SV 数据是否异常，以线路保护为例，线路保护 SV 数据有效涉及的保护电压电流、同期电压等有效的判断处理如图 4-18 所示。

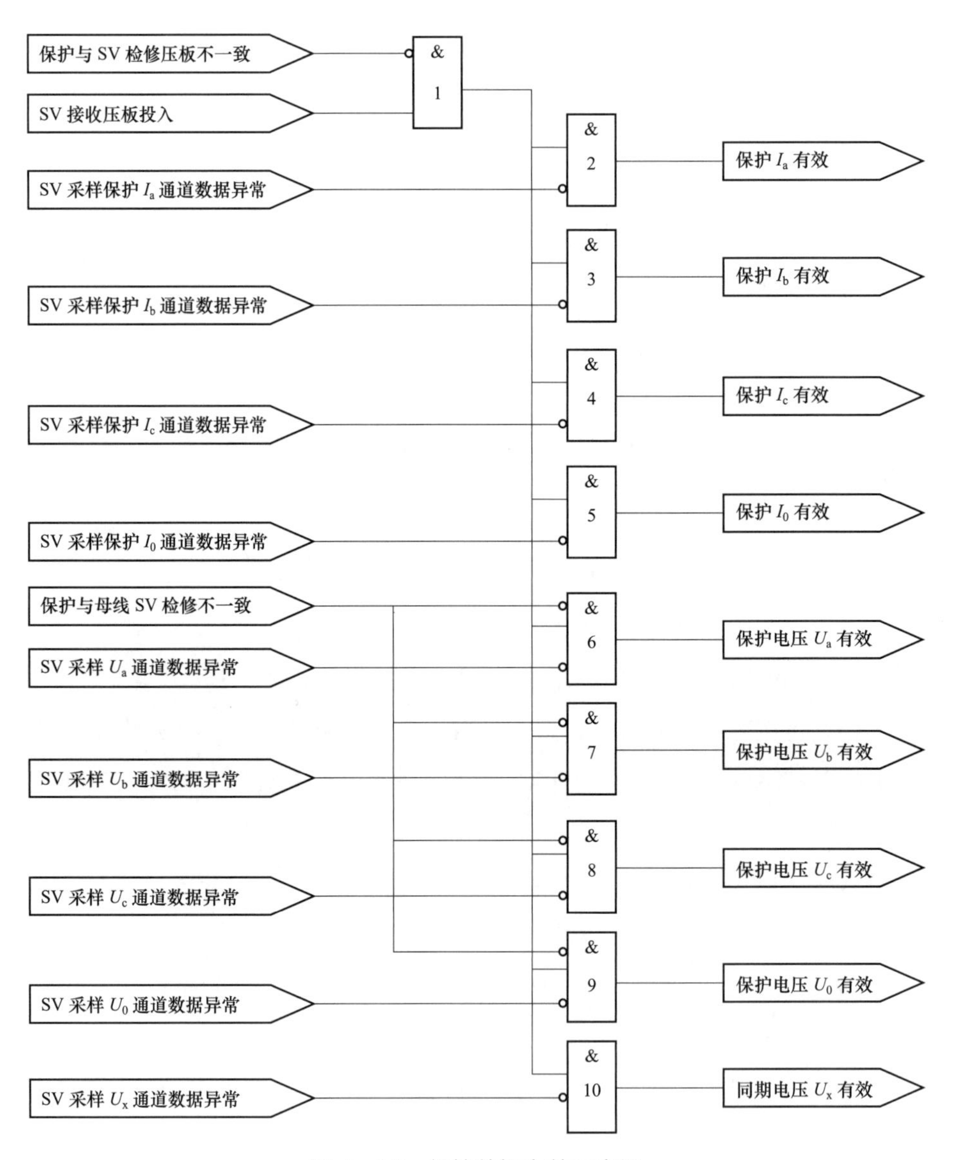

图 4-18 保护数据有效示意图

保护功能闭锁信号由保护功能状态信号经本装置功能压板和功能控制字组合形成。任一保护功能失效，且功能压板和功能控制字投入，则对应的保护功能闭锁信号状态置“1”，否则置“0”。

以差动保护为例，“保护功能有效”的判断处理如图 4-19 所示。

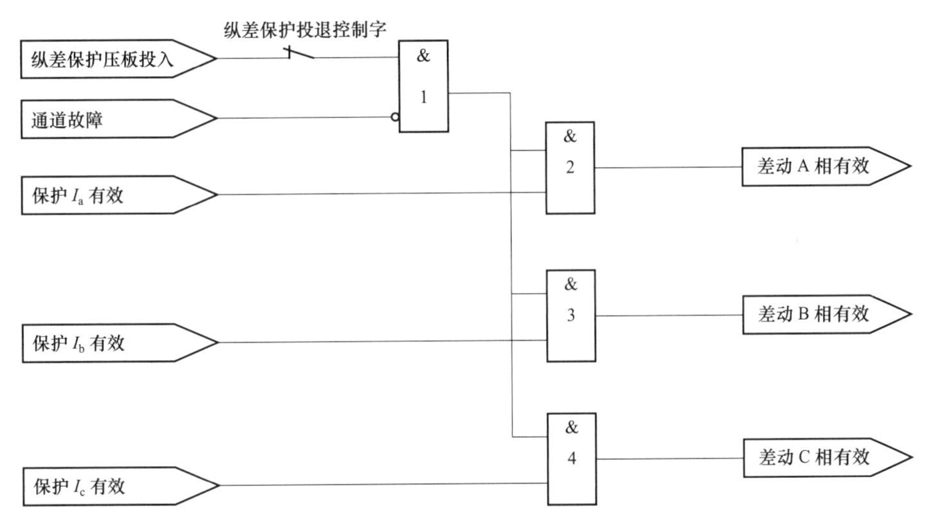

图 4-19 保护功能有效判断处理示意图

4.9 110kV 线 路 保 护

4.9.1 功能配置

110kV 智能变电站的 110kV 线路保护典型功能配置如表 4-2 所示。

表 4-2 110kV 线路保护典型功能配置表

序号	功能描述	段数及时限
1	纵联电流差动保护	/
2	相间距离保护	Ⅰ段 1 时限，固定带方向 Ⅱ段 1 时限，固定带方向 Ⅲ段 1 时限
3	接地距离保护	Ⅰ段 1 时限，固定带方向 Ⅱ段 1 时限，固定带方向 Ⅲ段 1 时限
4	零序过流保护	Ⅰ段 1 时限，方向可投退 Ⅱ段 1 时限，方向可投退 Ⅲ段 1 时限，方向可投退 Ⅳ段 1 时限
5	零序过流加速保护	Ⅰ段 1 时限
6	过流加速保护	Ⅰ段 1 时限

续表

序号	功能描述	段数及时限
7	TV 断线相过流保护	Ⅰ段 1 时限
8	TV 断线零序过流保护	Ⅰ段 1 时限
9	过负荷告警	Ⅰ段 1 时限
10	三相一次重合闸	/

4.9.2 过程层配置

110kV 线路保护的过程层二次回路主要由线路保护、线路合并单元、线路智能终端、母线合并单元以及这些装置之间的逻辑和物理连接构成。110kV 线路保护过程层配置根据过程层设备是否采用集成装置，可分为两类方案。

（1）方案 1：过程层直采直跳，选用合并单元智能终端一体化装置。

智能站典型 110kV 线路保护的过程层设备配置示例如图 4－20 所示。图 4－20 中，线路保护直接采样、直接跳闸，过程层设备采用合并单元智能终端一体化装置。

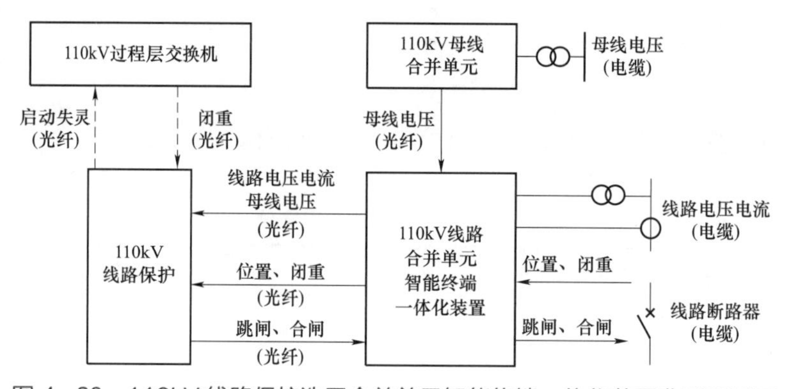

图 4－20　110kV 线路保护选用合并单元智能终端一体化装置典型配置图

线路合并单元智能终端一体化装置采集线路侧电压（电缆）、线路电流（电缆）和来自母线合并单元的母线电压（光纤），整合后将采样值传输给 110kV 线路保护（光纤）。线路合并单元智能终端一体化装置采集线路刀闸位置及闭锁重合闸等状态量（电缆），传输给 110kV 线路保护（光纤），接收来自 110kV 线路保护的跳合闸指令（光纤），转换为出口跳合闸控制信号发给断路器（电缆）。线路保护与其他间隔保护装置交换的闭锁重合闸和启动失灵信息经过程层交换机转发（光纤），也可采用点对点光纤传输（光纤）。

110kV 线路保护主要二次回路有：

1）母线 TV 到母线合并单元，和母线合并单元到线路合并单元智能终端一体化装置的母线电压采集回路；

2）线路断路器到线路合并单元智能终端一体化装置，和线路合并单元智能终端一体化装置到线路保护的闭锁重合闸采集回路、线路开关刀闸位置采集回路和断路器的跳合闸控制回路；

3）线路电压电流互感器到线路合并单元智能终端一体化装置，和线路合并单元智能终端一体化装置到线路保护的交流电压电流采集回路；

4）线路保护启动失灵和闭锁重合闸等 GOOSE 信息交换回路。

（2）方案 2：过程层直采直跳，选用智能终端合并单元独立装置。

图 4－21 中，过程层设备采用智能终端和合并单元各自独立的装置。线路保护直接采样、直接跳闸。线路合并单元采集线路侧电压（电缆）、线路电流（电缆）以及来自母线合并单元的母线电压（光纤），整合后将采样值传输给 110kV 线路保护（光纤）。线路智能终端采集线路断路器位置及闭锁重合闸等状态量（电缆），传输给 110kV 线路保护（光纤），并接收来自 110kV 线路保护的跳闸和重合闸指令（光纤），转换为出口跳闸控制信号发送给断路器（电缆）。线路保护与其他间隔保护装置交换信息如闭锁重合闸和启动失灵信息，经过程层交换机网络转发（光纤），也可采用点对点光纤传输（光纤）。

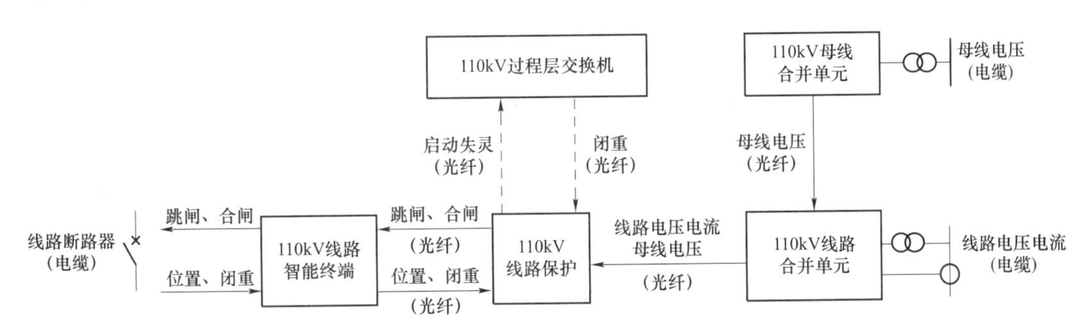

图 4－21　110kV 线路保护选用智能终端及合并单元独立装置典型配置图

110kV 线路保护主要二次回路有：

1）母线 TV 到母线合并单元，母线合并单元到线路合并单元的母线电压采集回路。

2）线路断路器到线路智能终端，线路智能终端到线路保护的闭锁重合闸采集回路、线路开关刀闸位置采集回路和断路器的跳合闸控制回路。

3）线路电压电流互感器到线路合并单元，线路合并单元到线路保护的交流电压电流采集回路。

4）线路保护启动失灵和闭锁重合闸等 GOOSE 信息交换回路。

4.9.3 压板

110kV 线路保护典型压板如表 4－3 所示。

表 4－3　　110kV 线路保护典型压板配置表

序号	分类	名称
1	软压板	纵联差动保护软压板
2		光纤通道一软压板（通道 A 软压板）
3		光纤通道二软压板（通道 B 软压板）
4		距离保护软压板
5		零序（方向）过流保护软压板
6		过流保护软压板
7		停用重合闸软压板
8		远方投退软压板
9		远方切换定值区软压板
10		远方修改定值软压板
11		SV 接收软压板
12		保护跳闸软压板
13		合闸开出软压板
14		闭锁重合闸开出软压板
15	硬压板	保护远方操作硬压板
16		检修状态硬压板

4.9.4 异常告警

智能站 110kV 线路保护的异常告警与传统站相比，主要是在采样控制数据采集、接收和发送环节的异常。

4.9.4.1 SV 异常

线路保护 SV 采样数据异常告警信息产生原理如图 4－22 所示。图 4－22 以 SV 采样双通道中的其中一个通道为例进行说明。

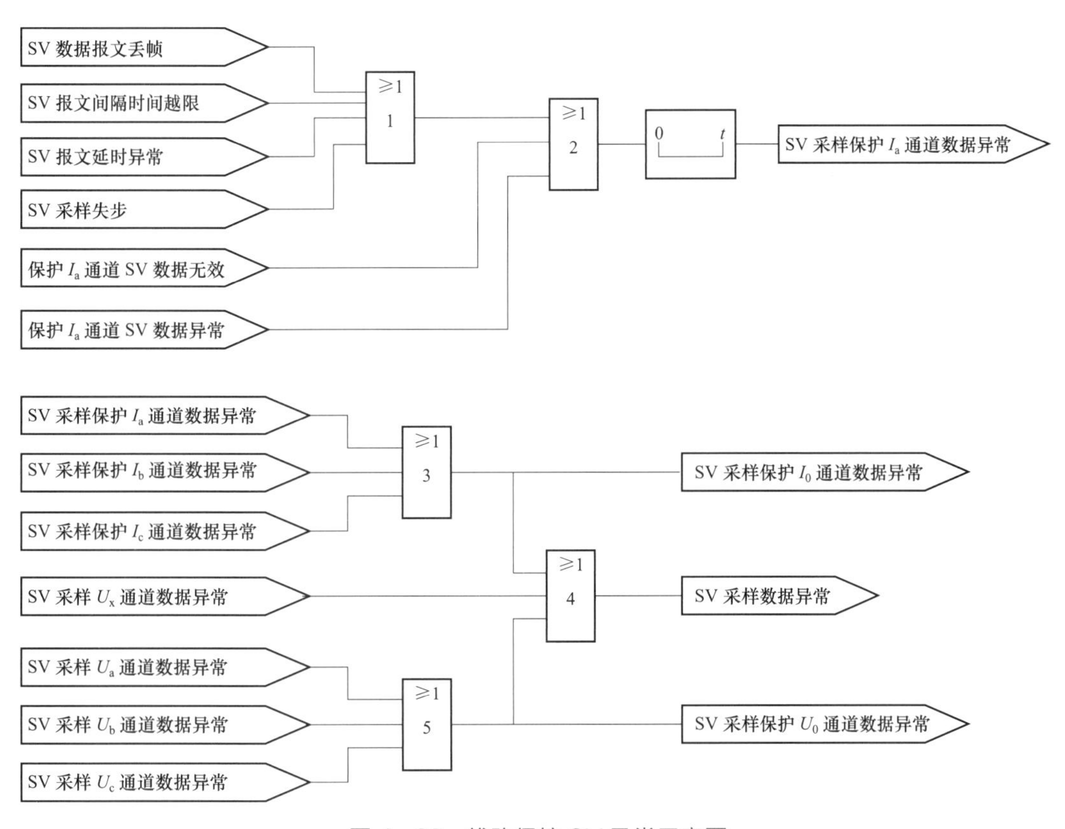

图 4－22 线路保护 SV 异常示意图

SV 采样数据异常和 SV 采样链路中断时，按照出现异常的 SV 关联的电压电流量闭锁相关的保护元件。如为某通道数据异常，则相关通道的模拟量关联的保护或逻辑元件进行闭锁处理。

（1）保护电流 SV 采样数据异常，处理等同于保护 TA 断线，闭锁与电流异常通道相关的保护（如差动、距离、零序过流、过负荷）。

（2）保护电压 SV 采样数据异常，处理等同于保护 TV 断线。

（3）同期电压 SV 采样数据异常不闭锁保护，当重合闸检定方式与同期电压无关时（如不检重合），不报同期电压数据无效。当同期电压数据无效时，闭锁与同期电压相关的重合检定方式（如检同期）。即处理方式等同于同期 TV 断线。

（4）启动电流 SV 采样数据异常，闭锁与电流异常通道相关的电流启动元件。

4.9.4.2 开关位置异常

线路有电流但 TWJ 动作，经 10s 延时报“跳闸位置异常”。TWJ 恢复正常后，经 10s 展宽，“跳闸位置异常”告警返回。

4.9.4.3 控制回路断线

对于智能站保护装置，当收到智能终端发送的“控制回路断线”或存在“开关位置异常告警”，瞬时报“控制回路断线”；当控制回路恢复正常后，经 t_2 延时后，“控制回路断线”告警返回，如图 4－23 所示。

控制回路断线告警时重合闸放电。

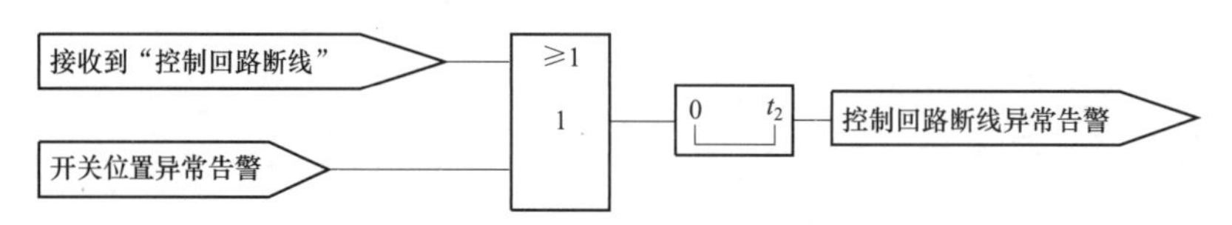

图 4－23　线路保护控制回路断线告警示意图

4.9.4.4 TV 断线

线路保护的 TV 断线包括母线电压 TV 断线和同期电压 TV 断线。当重合闸投入且重合闸用到同期电压时，需要进行同期电压 TV 断线检测。

（1）母线电压 TV 断线。母线电压 TV 断线可分为对称断线和不对称断线。可采用以下判据实现 TV 断线判断。

发生不对称断线后，母线三相电压向量和大于 TV 断线电压限值，延时发“TV 断线”异常信号；

对称断线造成三相失压，母线正序电压小于三相失压电压限值，或任一相电压均小于三相失压电压限值，且任一相有流元件动作或线路断路器 TWJ 不动作时，延时发“TV 断线”异常信号。

电压正常后，经延时保护“TV 断线”信号复归。TV 断线闭锁逻辑返回延时不大于 2s。

（2）同期电压 TV 断线。线路断路器 TWJ 不动作，或线路有流时检查输入的同期电压小于同期电压 TV 断线门槛限值，经延时报“同期电压异常”。同期电压正常后，经延时复归同期电压异常信号。

4.9.4.5 TA 断线

TA 断线诊断在正常运行时进行。可采用无故障时，保护检出零负序电流且无零负序电压实现，如：智能站有自产零序电流而无零序电压，且至少有一相无流，则延时发“TA 断线”异常信号。

Q/GDW 10766—2015《10kV～110（66）kV 线路保护及辅助装置标准化设计规范》中，线路保护电流互感器二次回路断线的处理原则如表 4－4 所示。

表 4－4　110（66）kV 线路保护电流互感器二次回路断线的处理原则

序号	保护元件		处理方式
1	零序保护	零序Ⅰ段	不闭锁零序Ⅰ段
		零序Ⅱ段	不闭锁零序Ⅱ段
		零序Ⅲ段	闭锁零序Ⅲ段
		零序Ⅳ段	闭锁零序Ⅳ段
2	距离保护	距离Ⅰ段	不闭锁距离Ⅰ段
		距离Ⅱ段	不闭锁距离Ⅱ段
		距离Ⅲ段	不闭锁距离Ⅲ段
3	纵差保护	控制字投入	闭锁分相差动保护、零序差动保护
		控制字退出	闭锁零序差动保护，分相差动保护抬高断线相定值
4	非断线侧告警		长期有差流、对侧 TA 断线
5	差流越限告警后		TA 断线导致的差流越限，处理同 TA 断线
6	TA 断线逻辑		自动复归
7	TA 断线后分相差定值		固定的整定定值

4.9.5 差动保护

纵差保护用光纤作为通信信道，只反应电流量，保护简单可靠。纵联光纤差动保护的原理以基尔霍夫电流定律 KCL 为基础，如果不考虑输电线分布电容、分布电导、并联电抗器以及电流互感器传变特性等因素，则电流差动保护原理对任何故障都是适用的。

4.9.5.1 差动投退不一致

纵联电流差动保护在两侧差动保护压板状态不一致时发告警信号，如图 4－24 所示。线路差动保护控制字及软压板投入状态下，差动保护因其他原因退出后，两侧均有相关告警。

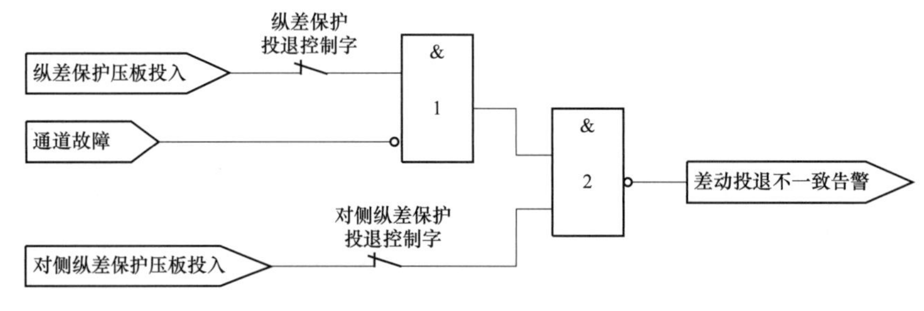

图 4－24 线路保护差动投退不一致告警示意图

4.9.5.2 通道故障

纵联通道故障可反应纵差保护通信过程中的通信无有效帧或者识别码错、丢帧、错误帧等事件，包括以下情况，如图 4－25 所示。

（1）纵联通道在设定时间内收不到对侧有效数据，判断为纵联纵差通道无有效帧；

（2）纵联通道识别码错告警。保护装置将本侧的识别码定值包含在向对侧发送的数据帧中传送给对侧保护装置，当保护装置接收到的识别码与定值整定的对侧识别码不一致时，判断为纵联通道识别码错；

（3）当纵联通道误码率超过设定值，判断为纵联通道误码；

上述任一种情况发生，保护装置发“通道故障”异常告警，闭锁差动保护。

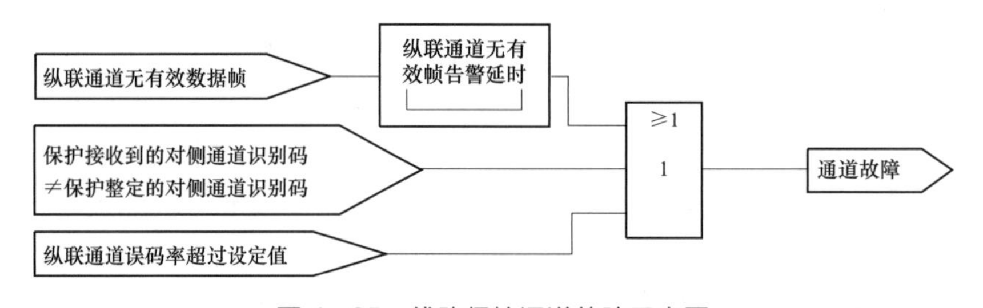

图 4－25 线路保护通道故障示意图

4.9.5.3 长期有差流

实际差流超过 0.8 倍差动保护定值，延时 10s 发“长期有差流”告警信号，如图 4－26 所示。检查本侧或对侧 TA 回路，TA 变比等是否正确。

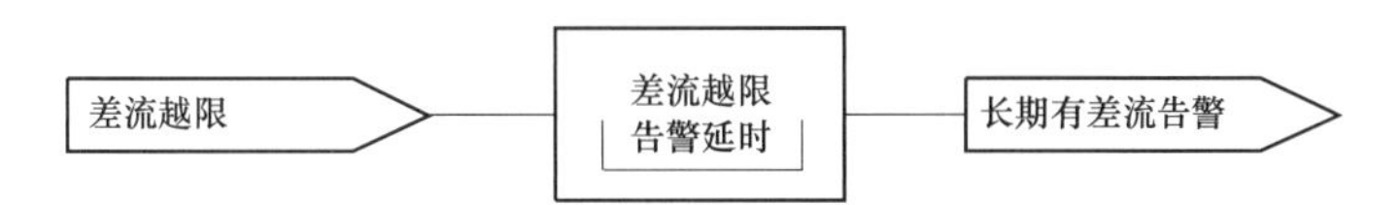

图 4-26　线路保护长期有差流告警示意图

4.9.5.4　纵联差动保护动作

纵差保护原理如图 4-27 所示。对于经高过渡电阻接地故障，采用零序差动继电器具有较高的灵敏度。分相差动动作和零序差动动作可分开输出，也可合并为纵联差动保护动作。

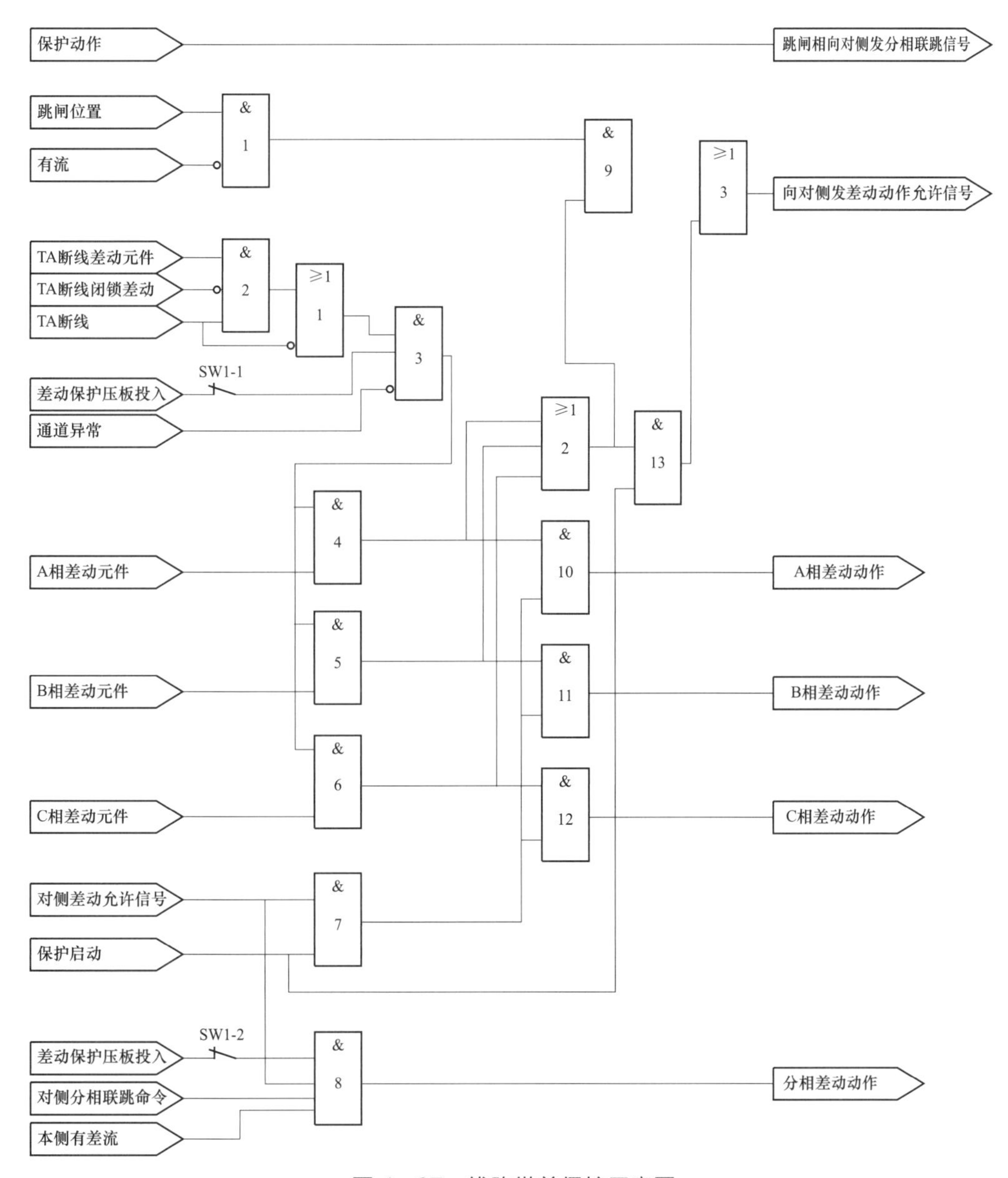

图 4-27　线路纵差保护示意图

4.9.5.5 差动联跳动作

部分故障情况下，近故障侧线路保护能立即启动，远故障侧线路保护可能故障量不明显而不能启动，差动保护不能快速动作，导致故障线路不能迅速全线切除。差动联跳功能在一侧任何保护动作元件动作（如距离保护、零序保护等）后立即发对应相的联跳信号给对侧，如图 4-28 所示。对侧收到联跳信号后，启动保护装置，并结合差动允许信号联跳对应相。

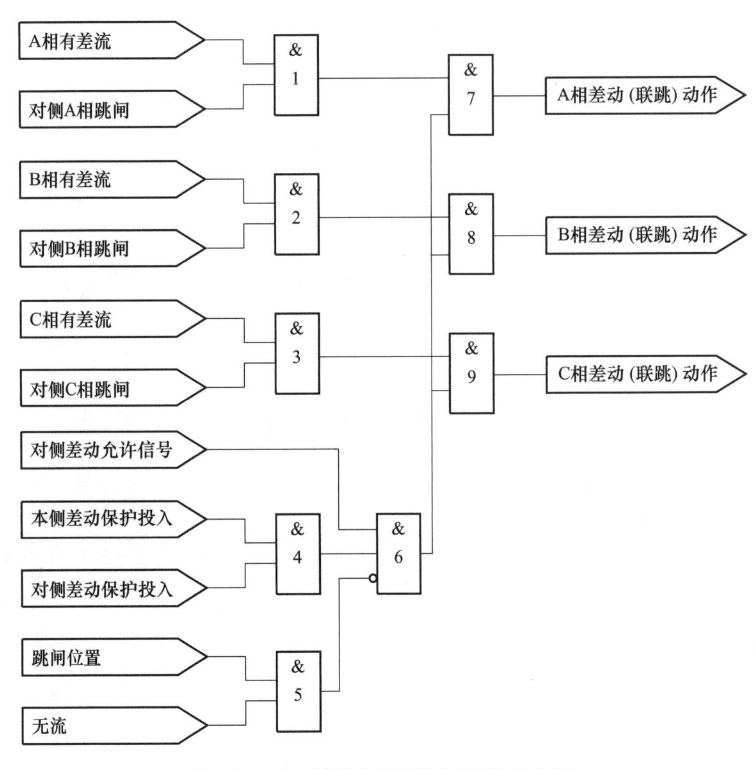

图 4-28 线路保护差动联跳示意图

4.9.6 远方其他保护动作

在线路发生区内三相故障时，弱电源侧电流启动元件可能不动作。

当本侧收到对侧的“远方其他保护动作信号”且定值中“远方跳闸是否经启动元件闭锁”置“1”时，此时若收到对侧的差动保护允许信号，则判别差动继电器动作相关相、相间电压，若小于设定门槛电压如 65%额定电压，则辅助电压启动元件动作，按固定时间开放出口。

当本侧收到对侧的“远方其他保护动作信号”且定值中“远方跳闸是否经启动元件闭锁”置“0”时，按固定时间开放出口。

线路保护远方跳闸原理如图 4－29 所示。

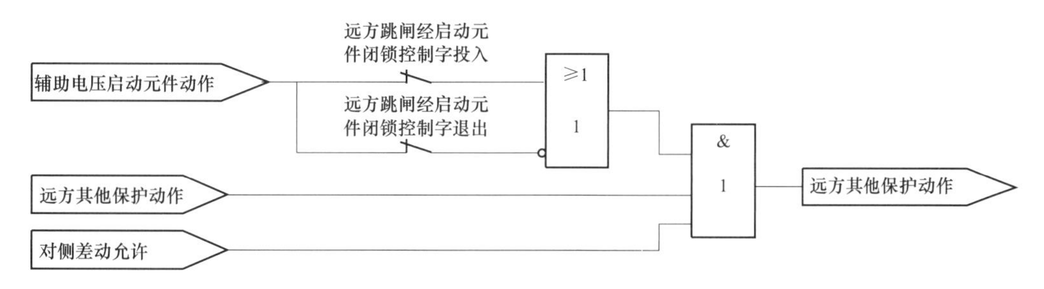

图 4－29　线路保护远方跳闸示意图

4.9.7　距离保护

包括相间（接地）距离Ⅰ段、相间（接地）距离Ⅱ段、相间（接地）距离Ⅲ段、距离手合加速、距离Ⅱ段加速和距离Ⅲ段加速等。距离手合加速动作和距离Ⅱ、Ⅲ段加速动作可分开输出也可合并为距离加速动作。重合闸后加速距离保护固定加速方向距离Ⅱ段，是否加速Ⅲ段可通过控制字投退；距离保护Ⅰ、Ⅱ段固定带方向；距离保护Ⅰ、Ⅱ段是否经振荡闭锁受“振荡闭锁元件”控制字控制。

4.9.8　零序过电流保护

包括零序过流Ⅰ段动作、零序过流Ⅱ段动作、零序过流Ⅲ段动作、零序过流Ⅳ段动作和零序过流加速动作等。线路零序过电流保护原理如图 4－30 所示。

（1）零序Ⅰ、Ⅱ、Ⅲ段是否带方向可通过控制字选择。当零序Ⅰ、Ⅱ、Ⅲ段带方向时，零序电压大于死区电压门槛后可以判别方向；当零序Ⅰ、Ⅱ、Ⅲ段不带方向时，在不投入电压闭锁时为纯零序过流保护。零序Ⅳ段不带方向，为纯零序过流保护；

（2）设置不大于 100ms 短延时的加速零序过流保护，加速零序过流定值可整定，固定不带方向。在手动合闸或自动重合时投入，该功能受“零序过流保护”压板控制。

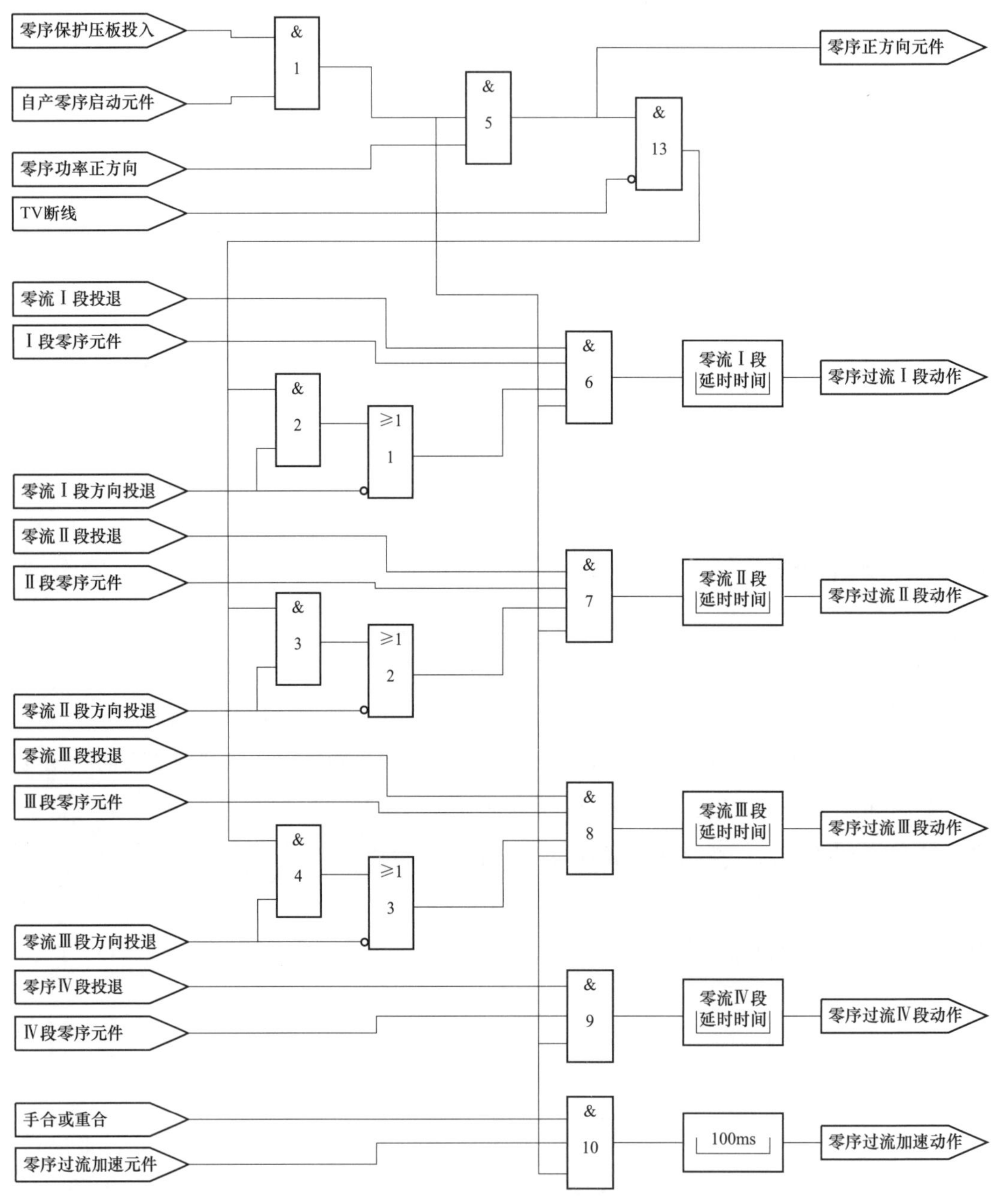

图 4－30　线路零序过流保护示意图

4.9.9　TV 断线后过流保护

TV 断线后投入的过流保护原理如图 4－31 所示，应满足以下原则：

（1）TV 断线自动退出与电压相关的保护，如使用电压的距离保护、带方向的零序过流保护、带方向的过流保护；并自动投入 TV 断线相过流和 TV 断线零序过流保护，不带方向的零序过流保护和过流保护不退出。

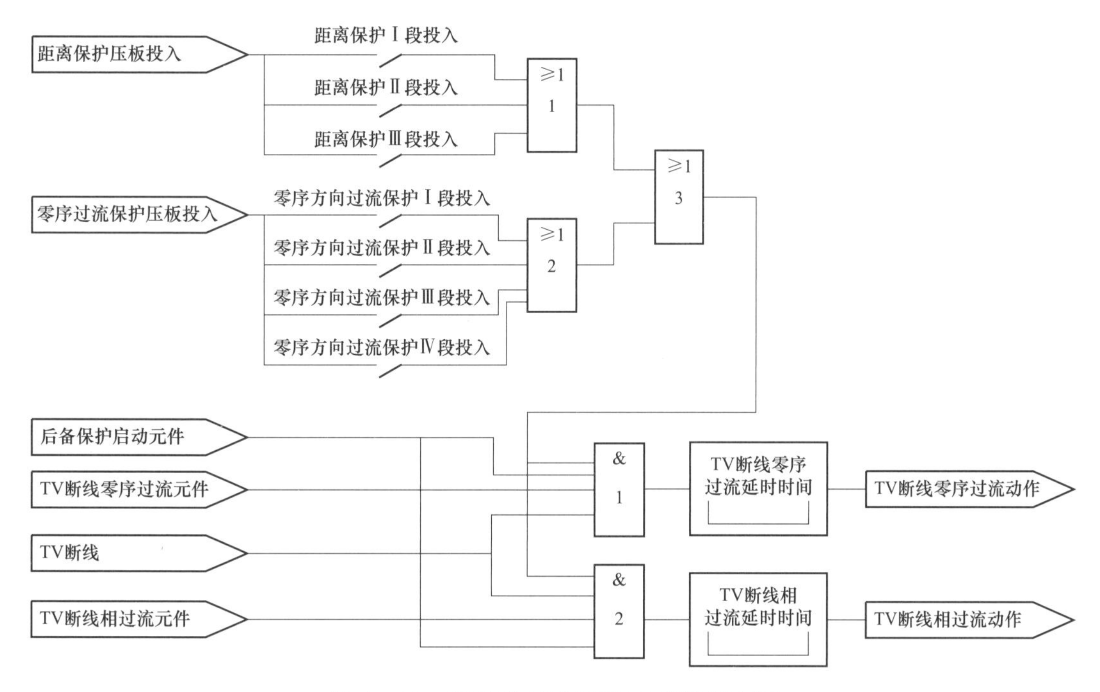

图 4－31　线路 TV 断线后过流保护示意图

（2）TV 断线相过流保护受距离保护、带方向的过流保护功能投入“或门”控制。当上述保护功能全部退出后，该保护不起作用。

（3）TV 断线零序过流保护受距离保护、零序方向过流保护功能投入“或门”控制。当上述保护全部功能退出后，该保护不起作用。

4.9.10　重合闸

4.9.10.1　重合闸充电完成

在如下条件满足时，模仿重合闸的充电功能，充电开始，原理如图 4－32 所示。

（1）断路器在“合闸”位置，即接入保护装置的跳闸位置继电器 TWJ 不动作；

（2）重合闸启动回路不动作；

（3）放电条件均不满足。

经延时后，充电完成，重合闸充电动作。

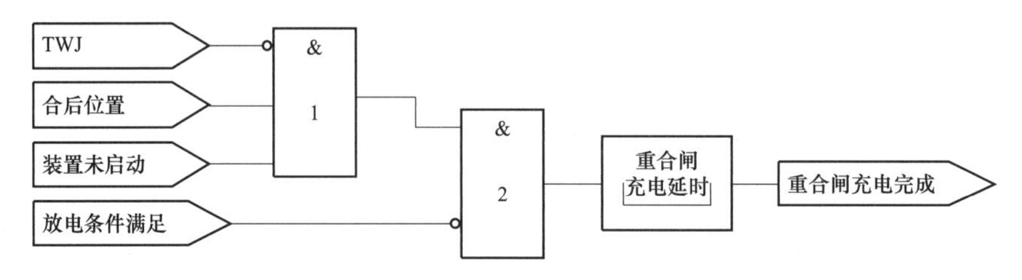

图 4－32　线路保护重合闸充电示意图

4.9.10.2　重合闸放电

重合闸放电条件。重合闸放电条件如下，原理如图 4－33 所示。

1）停用重合闸条件满足；

2）有“外部闭锁重合闸”输入；

3）保护内部闭锁重合闸条件满足；

4）合闸压力低闭锁重合闸条件满足；

5）三相一次重合闸时，重合闸已经动作；

6）“控制回路断线”告警；

7）TV 断线闭锁重合闸条件满足。

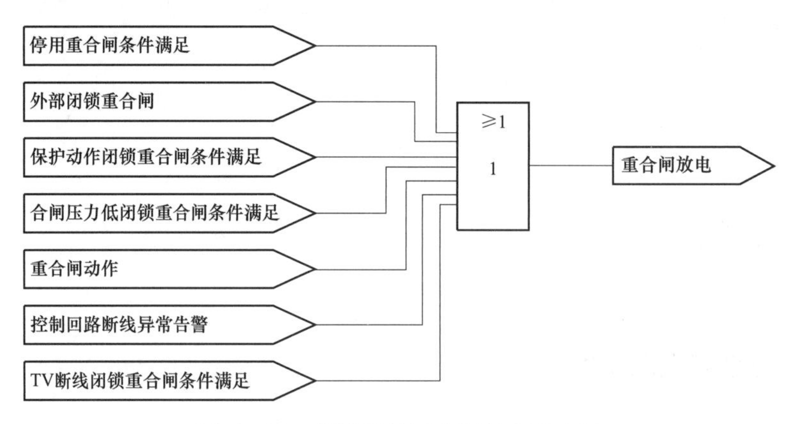

图 4－33　线路保护重合闸放电示意图

上述任意条件满足，重合闸瞬时放电，充电计数器清零。各条件的判断原理如下：

1）停用重合闸条件满足。线路保护的“停用重合闸”采用控制字、软压板和硬压板三者为“或门”逻辑，原理如图 4－34 所示。压板和控制字均未投入“停用重合闸”，才开放重合闸功能，否则停用重合闸。

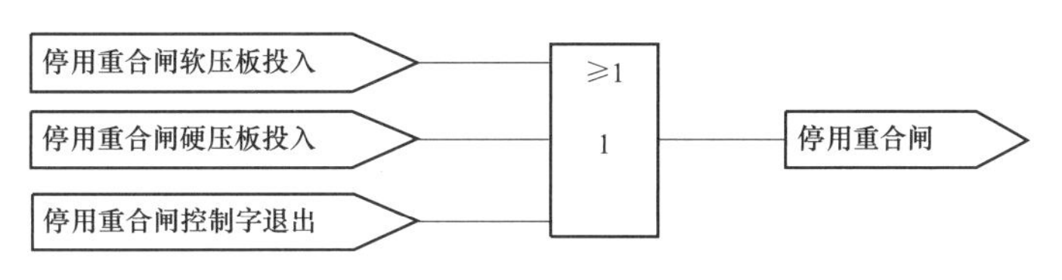

图 4－34 线路保护停用重合闸示意图

2）收到外部闭锁重合闸信号。任何时候收到外部开入闭锁重合闸信号，重合闸立即放电；

外部闭锁信号包括断路器智能终端发出的闭锁重合闸信号和低压减载、低频减载等装置发出的闭锁重合闸信号。当发生遥合（手合）、遥跳（手跳）、启动失灵等需要闭锁该断路器合闸的事件，智能终端输出闭锁重合闸信号给关联保护。低压减载、低频减载等装置可通过站内网络或控制回路发送闭锁重合闸信号。

3）保护内部闭锁重合闸条件满足。保护在三段及以上保护动作、多相故障和 TV 断线等情况下，可设置是否投退闭锁重合闸，实施闭锁重合闸指令。在加速保护动作后，闭锁重合闸。保护动作闭锁重合闸原理如图 4－35 所示。

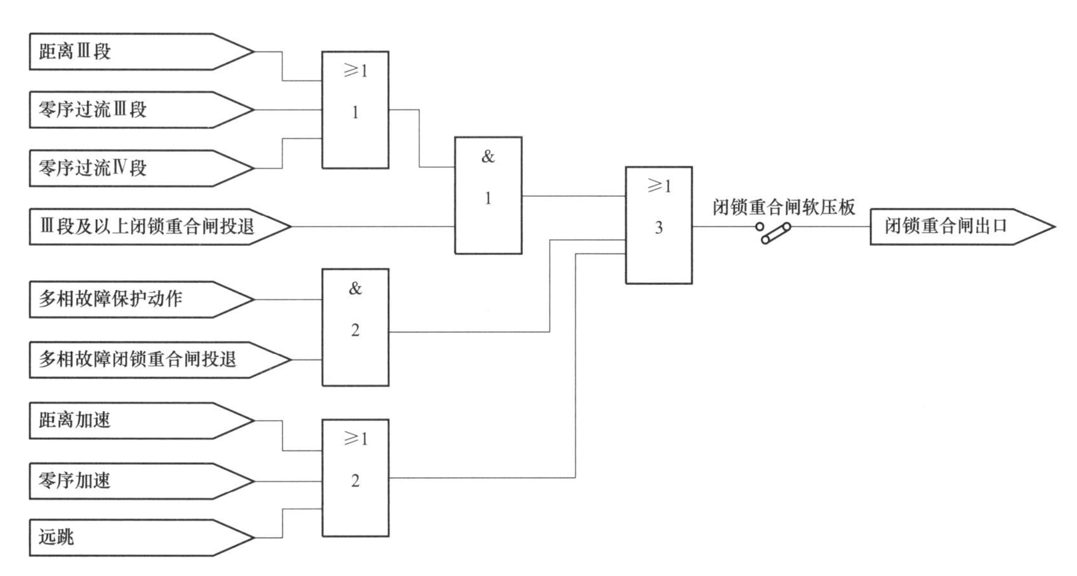

图 4－35 线路保护闭锁重合闸示意图

4）合闸压力低闭锁重合闸条件满足。对于合闸压力闭锁信号，重合闸启动前，收到合闸压力闭锁重合闸信号，经延时后满足合闸压力低闭锁重合闸条件，瞬时放电（可实现跳闸过程中，压力暂时降低不闭锁重合闸的功能）。保护跳闸后跳开断路器，三相无流，此时进入重合闸启动状态，在重合闸启动后收到该闭锁信号，重合闸不放电。合闸压力闭锁重合闸原理如图 4－36 所示。

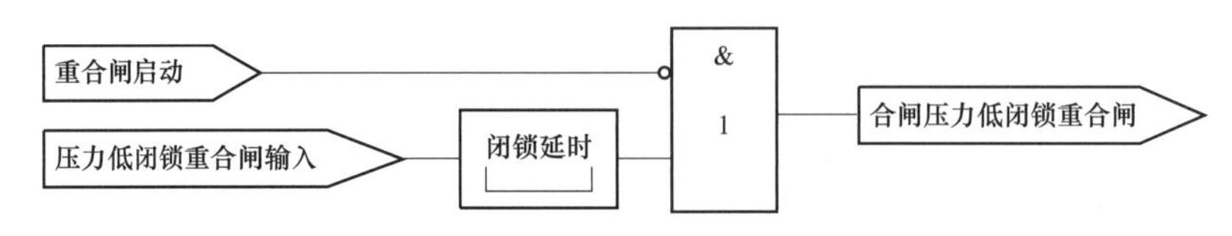

图 4－36　线路保护合闸压力低闭锁重合闸示意图

5）三相一次重合闸的重合闸动作命令发出的同时重合闸“放电”。

6）控制回路断线异常告警后重合闸放电。

7）TV 断线闭锁重合闸条件满足。TV 断线是否闭锁重合闸受重合闸方式控制，如重合闸与此电压有关则闭锁，否则不闭锁。当重合闸不使用母线侧电压时，母线电压 TV 断线不闭锁重合闸；不使用同期电压时，线路侧同期电压 TV 断线不闭锁重合闸。如 TV 断线闭锁重合闸条件满足，则瞬时放电。原理如图 4－37 所示。

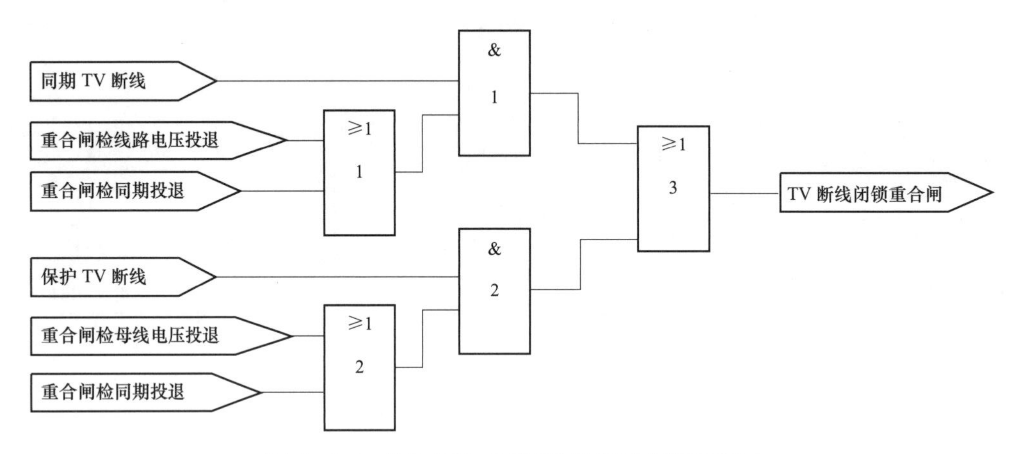

图 4－37　线路保护 TV 断线闭锁重合闸示意图

4.9.10.3　重合闸启动

重合闸启动可采用两种方式：

（1）保护跳开断路器；

（2）通过控制字选择 TWJ 是否启动重合闸，若 TWJ 启动重合闸控制字置“1”时，在判断开关位置与合后位置不对应时，发出启动重合闸命令。

重合闸启动原理如图 4－38 所示。

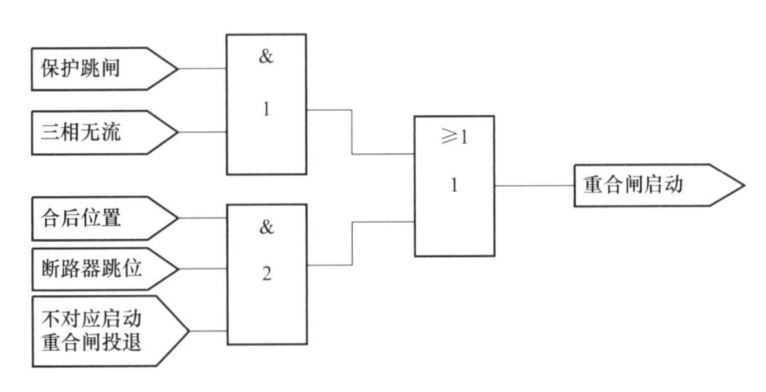

图 4－38 线路保护重合闸启动示意图

4.9.10.4 重合闸

重合闸具有检线路无压母线有压、检线路有压母线无压、检线路无压母线无压和检同期方式，如表 4－5 所示。四种方式可组合使用，检无压方式不含检同期功能，当这四种方式均不选择时，采取不检而直接重合闸方式。

表 4－5　　重 合 闸 控 制 字

序号	重合闸方式	整定方式	备注
1	检线路无压母线有压	0，1	/
2	检线路有压母线无压	0，1	/
3	检线路无压母线无压	0，1	/
4	检同期	0，1	/
5	停用重合闸	0，1	既放电，又闭锁重合闸

注　1. 第 1、2、3、4 项多项置“1”，为投入对应的多种重合闸方式；
仅当第 1、3 项同时置“1”时，为“检线路无压”方式；
仅当第 2、3 项同时置“1”时，为“检母线无压”方式。
2. 当第 1～4 项同时置“0”时，为“非同期重合闸”方式。

检线无压母有压时，检查同期电压无压且无同期电压断线，同时三相保护电压均有压时，检线无压母有压条件满足，而不管同期电压用的是相电压还是相间电压；

检线有压母无压时，检查三相保护电压均无压且无保护 TV 断线，同时同期电压有压时，检线有压母无压条件满足；

检线无压母无压时，检查三相保护电压无压且无保护 TV 断线，同时同期电压无压且无同期电压断线时，检线无压母无压条件满足；

检同期时，检查同期电压和三相保护电压均有压且同期电压和保护电压间的相位在整定范围内时，检同期条件满足。

重合闸条件满足后，经整定的重合闸延时，发重合闸脉冲，脉冲可展宽 150ms。重合闸启动后，可设置最长等待时间为 10 分钟，超过最长等待时间后，终止重合闸。

线路保护重合闸动作原理如图 4－39 所示。

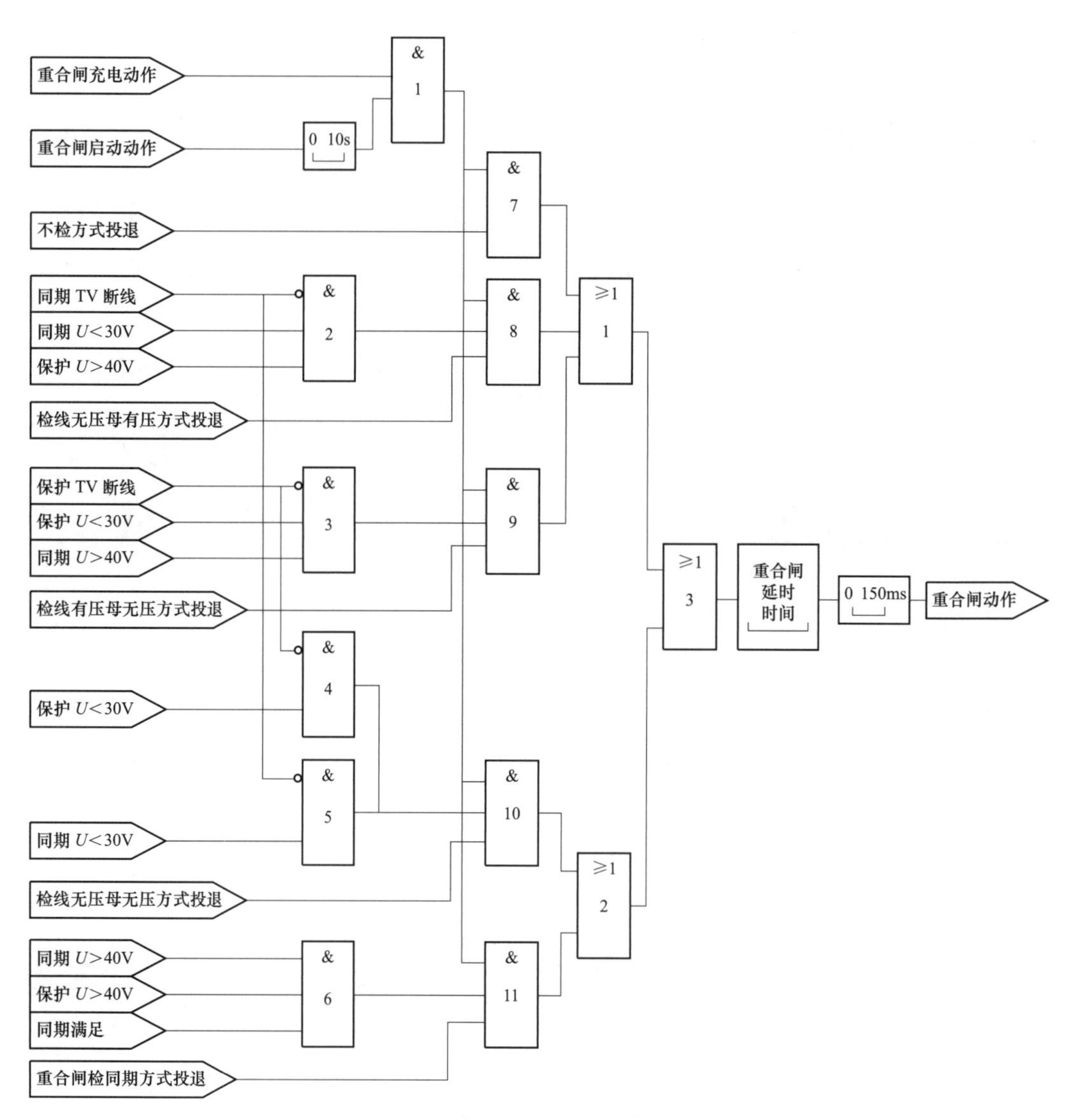

图 4－39　线路保护重合闸动作原理图

4.9.11 不对称故障相继动作

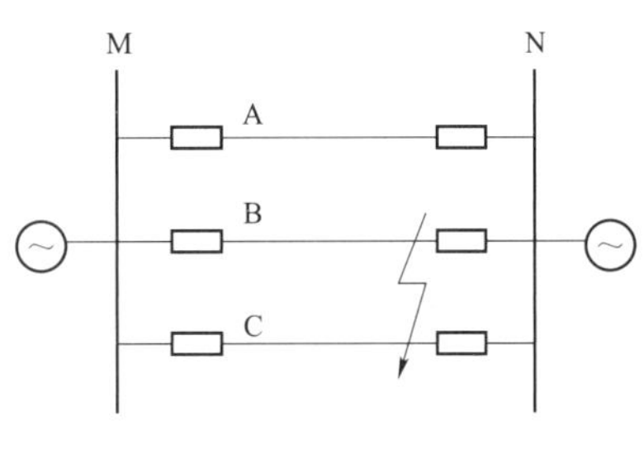

图 4－40 线路故障示意图

线路发生不对称故障时，利用近故障侧切除后负荷电流的消失，可以实现不对称故障时远故障侧相继跳闸。如图 4－40 所示，当线路末端不对称故障时，N 侧Ⅰ段动作快速切除故障，由于三相跳闸，非故障相电流同时被切除，M 侧保护测量到任一相负荷电流突然消失，而Ⅱ段距离元件连续动作不返回时，将 M 侧开关不经Ⅱ段延时即跳闸，将故障切除。原理如图 4－41 所示。

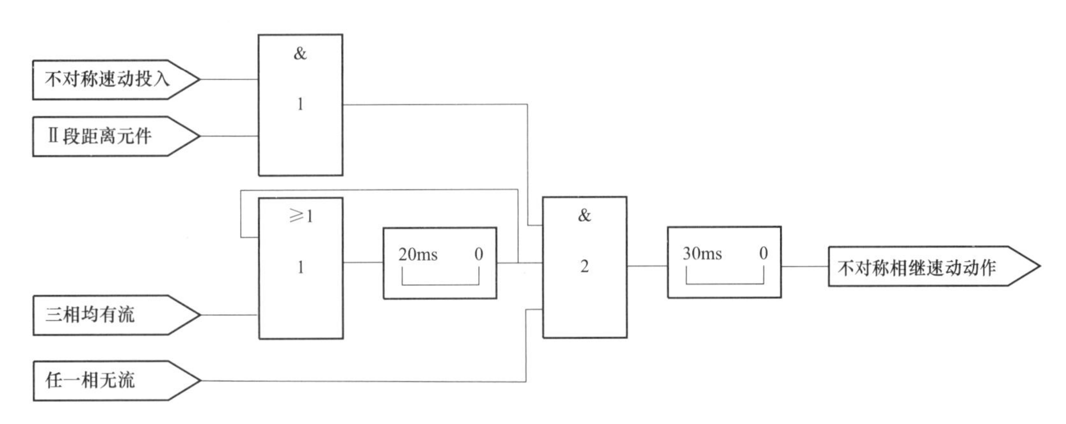

图 4－41 线路保护不对称故障相继动作示意图

4.9.12 过负荷保护

负荷电流大于过负荷电流定值后发出异常告警，不影响保护功能。过负荷电流恢复正常后过负荷告警自动恢复正常。原理如图 4－42 所示。

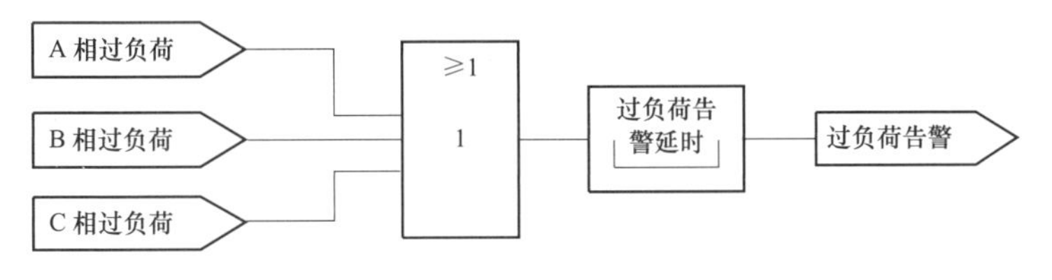

图 4－42 线路保护过负荷告警示意图

4.9.13 跳闸逻辑

110kV 线路保护跳闸时跳三相。跳闸逻辑原理如图 4－43 所示。两相及以上故障跳闸时可由用户经控制字“多相故障闭锁重合闸”选择是否闭锁重合闸；零序Ⅲ段、Ⅳ段跳闸、距离Ⅲ段跳闸可由用户经控制字“Ⅲ段及以上闭锁重合闸”选择是否闭锁重合闸。跳闸出口经跳闸压板控制。

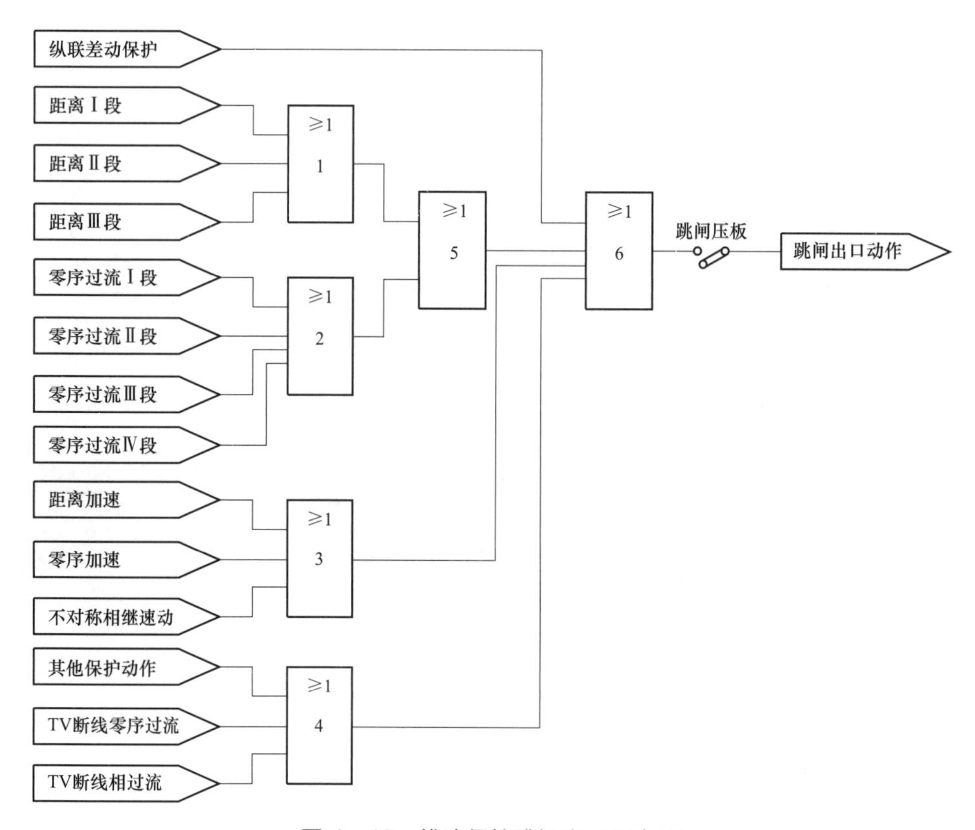

图 4－43　线路保护跳闸出口示意图

4.9.14 合闸逻辑

重合闸动作后，经合闸压板发出合闸出口动作指令，原理如图 4－44 所示。

图 4－44　线路保护合闸出口示意图

4.10 110kV 变压器保护

4.10.1 功能配置

变压器保护装置可分为主保护和后备保护。

主保护配置比率差动、差动速断保护和非电量保护。主保护动作后跳各侧开关。

非电量保护包括本体重瓦斯、本体轻瓦斯、油温、油位异常、压力释放、冷却器全停等。非电量保护（除需经保护装置延时的信号外）直接启动装置跳闸回路。

变压器短路故障后备保护主要作为相邻元件及变压器内部故障的后备保护。主电源侧的变压器相间短路后备保护主要作为变压器内部故障的后备保护，其他各侧的变压器后备保护主要作为本侧引线、本侧母线和相邻线路的后备保护，并尽可能当变压器内部故障时起后备作用。

变压器零序过流过压保护为接地故障的后备保护。以较短的时限动作于缩小故障影响范围，以较长的时限动作于断开变压器各侧断路器。

变压器保护典型功能配置如表 4－6 所示。

表 4－6　　110kV 变压器保护典型功能配置表

<table>
<tr><th>类别</th><th>序号</th><th>保护类型</th><th>段数及时限</th><th>说明</th></tr>
<tr><td rowspan="2">主保护</td><td>1</td><td>差动速断保护</td><td>/</td><td>/</td></tr>
<tr><td>2</td><td>纵差差动保护</td><td>/</td><td>/</td></tr>
<tr><td rowspan="8">高后备保护</td><td>3</td><td>复压过流保护</td><td>Ⅰ段 3 时限
Ⅱ段 3 时限
Ⅲ段 2 时限</td><td>Ⅰ、Ⅱ段复压可投退，方向可投退，方向指向可整定；Ⅲ段复压可投退，不带方向</td></tr>
<tr><td>4</td><td>零序过流保护</td><td>Ⅰ段 3 时限
Ⅱ段 3 时限
Ⅲ段 2 时限</td><td>Ⅰ、Ⅱ段方向可投退，方向指向可整定，Ⅲ段不带方向</td></tr>
<tr><td>5</td><td>间隙过流保护</td><td>Ⅰ段 2 时限</td><td rowspan="2">间隙过流、零序电压可以“或”方式出口</td></tr>
<tr><td>6</td><td>零序过压保护</td><td>Ⅰ段 2 时限</td></tr>
<tr><td>7</td><td>失灵联跳</td><td>Ⅰ段 1 时限</td><td>/</td></tr>
<tr><td>8</td><td>过负荷保护</td><td>Ⅰ段 1 时限</td><td>固定投入</td></tr>
<tr><td>9</td><td>启动风冷</td><td>Ⅰ段 1 时限</td><td>/</td></tr>
<tr><td>10</td><td>闭锁调压</td><td>Ⅰ段 1 时限</td><td>/</td></tr>
</table>

续表

类别	序号	保护类型	段数及时限	说明
中后备保护	11	复压过流保护	Ⅰ段 3 时限 Ⅱ段 3 时限 Ⅲ段 2 时限	Ⅰ、Ⅱ段复压可投退，方向可投退，方向指向可整定；Ⅲ段复压可投退，不带方向
	12	零序过流保护	Ⅰ段 3 时限 Ⅱ段 3 时限	/
	13	过负荷保护	Ⅰ段 1 时限	固定投入
	14	零序过压告警	Ⅰ段 1 时限	/
低后备保护	15	复压过流保护	Ⅰ段 3 时限 Ⅱ段 3 时限 Ⅲ段 2 时限	Ⅰ、Ⅱ段复压可投退，方向可投退，方向指向可整定；Ⅲ段复压可投退，不带方向
	16	零序过流保护	Ⅰ段 3 时限 Ⅱ段 3 时限	/
	17	过负荷保护	Ⅰ段 1 时限	固定投入
	18	零序过压告警	Ⅰ段 1 时限	/
低压侧中性点	19	零序过流保护	Ⅰ段 3 时限	/

4.10.2 过程层配置

110kV 变压器保护的二次回路主要由变压器保护、各侧合并单元、各侧智能终端、母线合并单元以及这些装置之间的逻辑和物理连接构成。图 4－45 为通用的 110kV 智能站变压器保护过程层配置，适用于 110kV 侧采用桥接线、单母线接线以及线变组接线等多种形式的主接线。

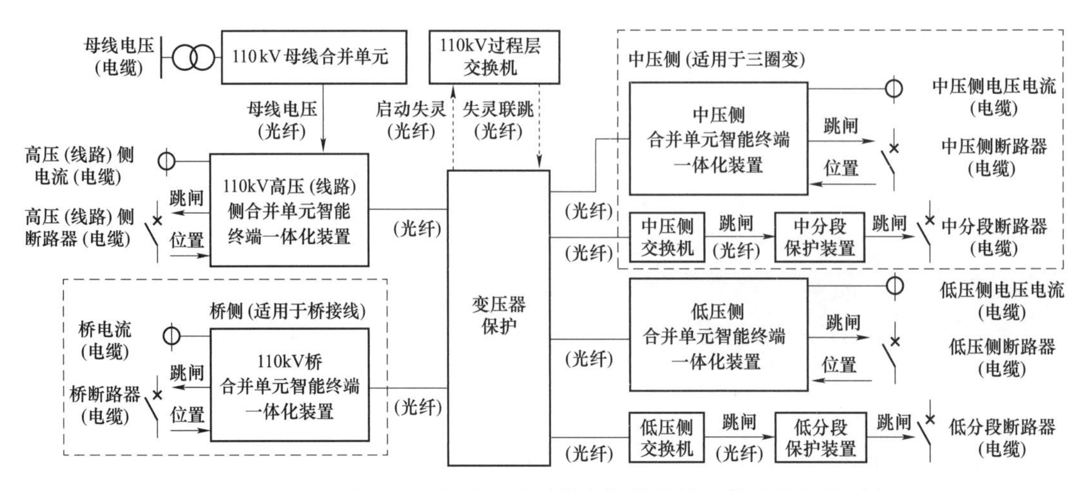

图 4－45 110kV 变压器保护选用合并单元智能终端一体化装置典型配置图

（1）方案 1：过程层直采直跳，选用合并单元智能终端一体化装置。过程层设备配置示例如图 4－45 所示。图中，变压器保护直接采样、直接跳闸，过程层设备采用合并单元智能终端一体化装置。

变压器各侧合并单元智能终端一体化装置采集变压器各侧电压电流（电缆）以及来自母线合并单元的母线电压（光纤），将采样值传输给 110kV 变压器保护（光纤）。变压器各侧合并单元智能终端一体化装置接收来自 110kV 变压器保护的跳闸指令(光纤)，转换为出口跳闸控制信号发给断路器（电缆）。变压器保护与其他间隔保护装置交换的启动失灵、失灵联跳信息经过程层交换机转发（光纤），也可采用点对点光纤传输（光纤）。

110kV 变压器保护主要二次回路有：

1）母线 TV 到母线合并单元，和母线合并单元到 110kV 高压（线路）合并单元智能终端一体化装置的母线电压采集回路；

2）变压器各侧断路器到合并单元智能终端一体化装置，和各侧合并单元智能终端一体化装置到变压器保护的开关刀闸位置采集回路和断路器跳闸控制回路；

3）各侧电压电流互感器到合并单元智能终端一体化装置，和各侧合并单元智能终端一体化装置到变压器保护的交流电压电流采集回路；

4）变压器保护的启动失灵，失灵联跳等 GOOSE 信息交换回路。

（2）方案 2：过程层直采直跳，选用智能终端合并单元独立装置。过程层设备配置示例如图 4－46 所示。图中，变压器各侧合并单元采集变压器各侧电压电流（电缆）以及来自母线合并单元的母线电压（光纤），将采样值传输给 110kV 变压器保护（光纤）。变压器各侧智能终端接收来自 110kV 变压器保护的跳闸指令（光纤），转换为出口跳闸控制信号发给断路器（电缆）。变压器保护与其他间隔保护装置交换的启动失灵、失灵联跳信息经过程层交换机转发（光纤），也可采用点对点光纤传输（光纤）。

110kV 变压器保护主要二次回路有：

1）母线 TV 到母线合并单元，和母线合并单元到 110kV 高压（线路）合并单元的母线电压采集回路；

2）变压器各侧断路器到智能终端，和各侧智能终端到变压器保护的开关刀闸位置采集回路和断路器跳闸控制回路；

3）各侧电压电流互感器到合并单元，和各侧合并单元到变压器保护的交流电压电流采集回路；

4）变压器保护的启动失灵，失灵联跳等 GOOSE 信息交换回路。

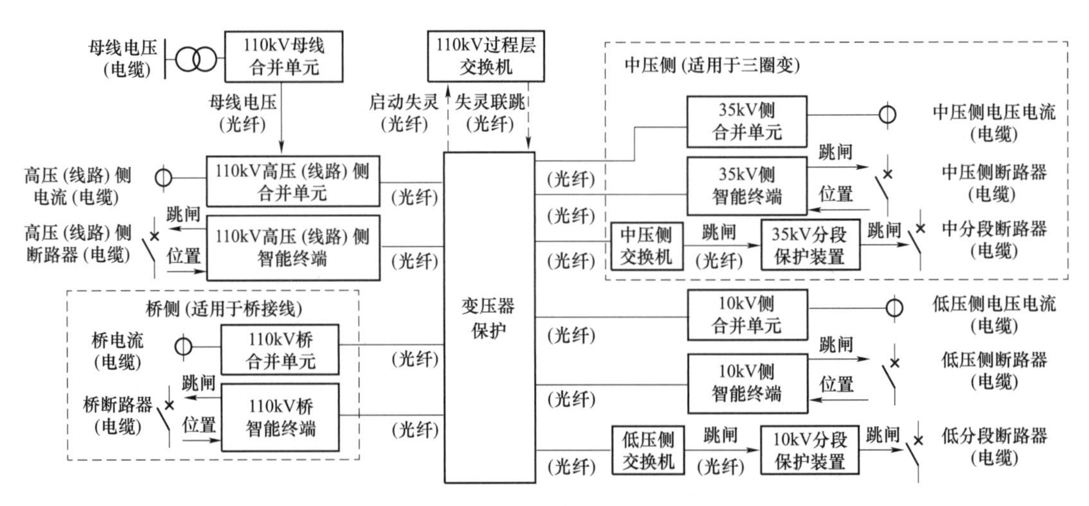

图 4-46　110kV 变压器保护选用智能终端及合并单元独立装置典型配置图

4.10.3　压板

4.10.3.1　变压器电量保护压板

变压器电量保护的典型压板如表 4-7 所示。硬压板只设“保护远方操作”和“检修状态”硬压板，保护功能投退不设硬压板。

变压器保护装置应按 MU 设置“SV 接收”软压板，除失灵联跳开入接收端设 GOOSE 接收软压板外，其余 GOOSE 接收端不设 GOOSE 接收软压板。

表 4-7　　110kV 变压器保护典型压板配置表

序号	分类	名称
1	软压板	主保护软压板
2		高压侧后备保护软压板
3		高压侧电压软压板
4		中压侧后备保护软压板
5		中压侧电压软压板
6		低压 1 分支后备保护软压板
7		低压 1 分支电压软压板
8		低压 2 分支后备保护软压板
9		低压 2 分支电压软压板

续表

序号	分类	名称
10	软压板	低压侧中性点保护软压板
11		远方投退软压板
12		远方切换定值区软压板
13		远方修改定值软压板
14		高压侧电压 SV 接收软压板
15		高压侧电流 SV 接收软压板
16		高压桥电流 SV 接收软压板
17		高压桥 2 电流 SV 接收软压板
18		高压侧中性点 SV 接收软压板
19		中压侧 SV 接收软压板
20		低压 1 分支 SV 接收软压板
21		低压 2 分支 SV 接收软压板
22		低压侧中性点 SV 接收软压板
23		跳高压侧断路器软压板
24		启动高压侧失灵软压板
25		跳高压桥断路器软压板
26		跳中压侧断路器软压板
27		跳中压侧分段软压板
28		跳低压 1 分支断路器软压板
29		跳低压 1 分支分段软压板
30		跳低压 2 分支断路器软压板
31		跳低压 2 分支分段软压板
32		联跳地区电源并网线 1 软压板
33		联跳地区电源并网线 2 软压板
34		联跳地区电源并网线 3 软压板
35		联跳地区电源并网线 4 软压板
36		闭锁高压侧备自投软压板
37		闭锁中压侧备自投软压板
38		闭锁低压 1 分支备自投软压板
39		闭锁低压 2 分支备自投软压板
40		高压侧失灵联跳开入软压板
41	硬压板	高压侧失灵联跳开入
42		保护远方操作硬压板
43		检修状态硬压板

4.10.3.2 变压器保护电压压板

变压器保护的各侧“电压压板”设软压板；“电压压板”投入表示本侧（或本分支）电压投入，“电压压板”退出表示本侧（或本分支）电压退出。

对于电压压板，正常运行时固定投入，当某侧 TV 处于检修等电压不正常状态时，可退出该侧电压压板。当退出电压压板时，保护装置不再判别 TV 断线（不发 TV 断线告警信号），但保护逻辑按照该侧 TV 断线时处理。

（1）退出电压压板时，各侧保护将退出对该侧电压的复压判别（仍然可通过其他复压选取侧电压判复压），并退出该侧保护的方向元件。当退出电压压板时，复压闭锁方向过流保护的方向元件退出，对于高后备单元，复压元件由其他侧开放，本侧复压不再开放其他侧；零序方向过流保护的方向元件退出。

（2）当退出电压压板时，根据“TV 断线退复压闭锁”控制字来选择处理方式。当“TV 断线退复压闭锁”控制字设定为“退出”时，退出复压元件，低压侧复压过流默认为纯过流；当“TV 断线退复压闭锁”控制字设定为“不退出”时，退出本侧复压元件，本侧复合电压过流保护由其他侧复合电压开放。

（3）如果各侧电压压板都退出，则退出保护的复压元件和方向元件，各侧复压闭锁过流（方向）保护变为纯过流保护。

4.10.3.3 非电量保护压板

非电量保护压板设置如下：

（1）出口压板：跳各侧断路器；

（2）功能压板：设置作用于跳闸的各非电量保护投/退功能硬压板、远方操作投/退硬压板、检修状态投/退硬压板。

4.10.4 异常告警

4.10.4.1 SV 异常

SV 采样数据异常和 SV 采样链路中断时，按照出现异常的 SV 关联的电压电流量闭锁相关的保护元件。如为某通道数据异常，则相关通道的模拟量关联的保护或逻辑元件进行闭锁处理。对于交流电流通道的 SV 异常，处理等同于传统站的 TA 断线，对于交流电压通道的 SV 异常，处理等同于传统站的 TV 断线。

电流数据异常对保护的影响如下：

（1）差动保护。对于交流通道的电流数据异常，瞬时闭锁相关差动保护，当数据异常返回后经短延时开放相关差动保护。

（2）后备保护。根据出现数据异常侧，闭锁相关后备保护功能。如：

1）当三相电流中任意一相电流数据异常时，闭锁本侧的复压闭锁方向过流、复压闭锁过流、零序过流取自产的保护等。

2）当外接零序电流数据异常时，闭锁取外接的零序电流保护。

3）当间隙电流数据异常时，闭锁间隙过流保护中的间隙电流判据，但不闭锁零序过压判据。

4）当间隙零序电压数据异常时，闭锁间隙零序过压保护。

电压数据异常时，根据出现电压数据异常侧，按照该侧 TV 断线的保护逻辑处理。

任意一侧电流数据同步异常时，只闭锁相关的差动保护，后备保护不做处理。如果该侧电压同步异常，不做处理。

4.10.4.2 差流越限

差动保护投入时监测差流是否越限可防止异常引起的差动保护误动作。正常情况下监视各相差流异常，可用于检查是否发生 TA 断线、极性接反、变比等参数错误等引起差流的异常运行工况。原理如图 4－47 所示。

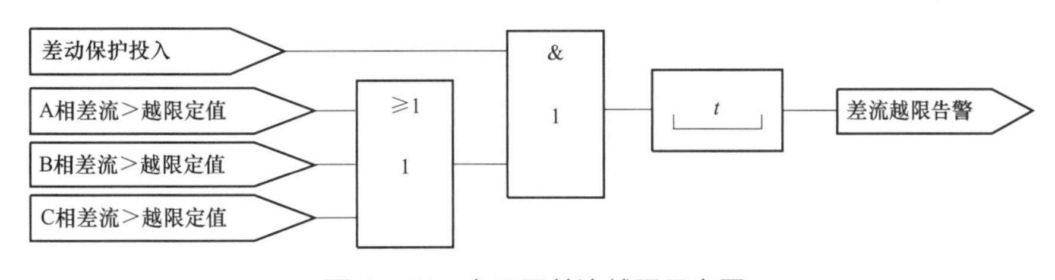

图 4－47 变压器差流越限示意图

4.10.4.3 TV 断线

TV 断线元件仅在保护正常运行时投入；当保护启动后，退出本元件。TV 断线可分为对称断线和不对称断线。

发生不对称断线后，三相电压向量和大于 TV 断线电压限值，延时发“TV 断线”

异常信号。

对称断线将造成三相失压，如正序电压小于三相失压电压限值，或任一相电压均小于三相失压电压限值，且任一相有流元件动作或线路断路器 TWJ 不动作时，延时发"TV 断线"异常信号。

电压正常后，经延时保护"TV 断线"信号复归。TV 断线闭锁逻辑返回延时不大于 2s。

4.10.4.4 TA 断线

TA 断线用于判别 TA 回路状况，发现异常情况发告警信号，并可由控制字投退来决定是否闭锁差动保护。可应用 TA 断线前后的电流幅值由大变小、差流越限或某侧出现不平衡电流（零、负序电流）越限等原理检出。如：

动作判据可采用：

（1）$|\Delta i_{\phi}| \geqslant 0.1I_{n}$ 且 $|I_{H}| < |I_{Q}|$；

（2）相电流 $\leqslant I_{WI}$ 且 $I_{D} \geqslant I_{WI}$；

（3）本侧 $|I_{a}+I_{b}+I_{c}| \geqslant I_{WI}$（仅对 TA 为 Y 形接线方式）；

（4）max（I_{da}，I_{db}，I_{dc}）$> I_{WI}$

（5）max（I_{da}，I_{db}，I_{dc}）$> 0.577I_{cd}$

其中：Δi_{ϕ} 为相电流突变量，I_{H} 和 I_{Q} 分别为 TA 断线后的相电流和 TA 断线前的相电流；

I_{a}、I_{b}、I_{c} 分别为本侧三相电流；

I_{D} 为无流相的差动电流；

I_{WI} 为电流无电流门槛值，可取 0.04 倍的 TA 额定电流；

I_{da}、I_{db}、I_{dc} 分别为 A、B、C 三相差流值；

I_{cd} 为差动保护电流定值；

以上条件同时满足（1）、（2）、（3）、（4）判 TA 断线，仅条件（5）满足，判为差流越限。

4.10.5 差动保护

配置纵差差动保护、差动速断保护；可配置不需整定的零序分量、负序分量或变化量等反映轻微故障的故障分量差动保护。

差动保护应取各侧外附 TA 电流；差动保护高压侧电流应取进线及桥断路器 TA 电流，中、低压侧电流宜取自开关柜内 TA 电流。

变压器差动保护具有防止励磁涌流引起保护误动的功能，具有防止区外故障保护误动的制动特性；具有差动速断功能；电流采用“Y 形接线”接入保护装置，其相位和电流补偿应由保护装置软件实现；内桥接线的各组 TA 应分别接入保护装置；具有 TA 断线告警功能，并可通过控制字选择 TA 断线是否闭锁比率差动保护，当选择闭锁差动保护时，为有条件闭锁，即差动电流大于 1.2 倍额定电流时差动保护应出口跳闸。

4.10.5.1 差动速断保护

差动速断保护是为了在变压器区内严重性故障时快速跳开变压器各侧开关，可以快速切除内部严重故障，防止由于电流互感器饱和引起的纵差保护延时动作。差动速断的定值大于差动保护。原理如图 4－48 所示。

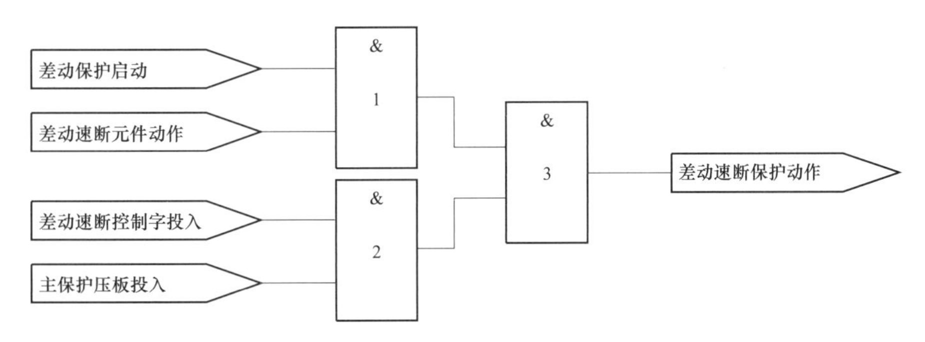

图 4－48 变压器差动速断保护示意图

4.10.5.2 二次谐波制动元件

由于空投二次谐波含量高，利用二次谐波元件在变压器空投时防止励磁涌流引起差动保护误动。实际应用中，A/B/C 相中任一相二次谐波开放元件都可能不动作，因此三相二次谐波均不超过定值时，二次谐波元件开放差动保护。原理如图 4－49 所示。

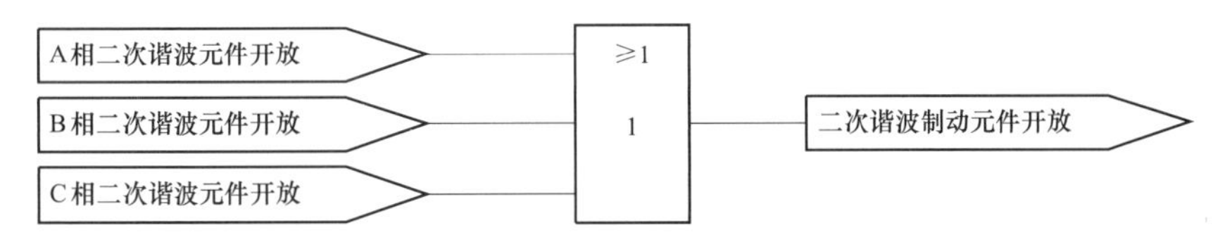

图 4－49 变压器保护二次谐波制动元件示意图

4.10.5.3 五次谐波制动元件

变压器内部故障发生后，发生饱和时五次谐波含量高，五次谐波闭锁用于在变压器过励磁时防止差动保护误动。三相五次谐波均不超过定值，五次谐波元件开放差动保护。原理如图 4－50 所示。

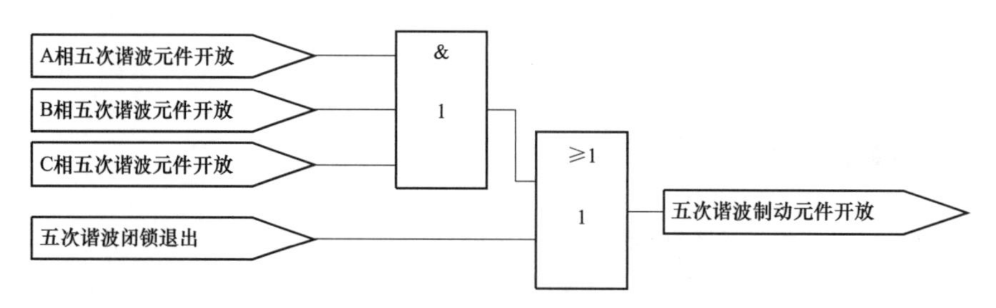

图 4－50 变压器保护五次谐波制动元件示意图

4.10.5.4 二次谐波闭锁原理的差动保护

采用二次谐波、五次谐波元件的变压器比率差动保护原理如图 4－51 所示。比率差动元件在变压器区外故障时差动保护有可靠的制动作用，同时在内部故障时有较高的灵敏度。

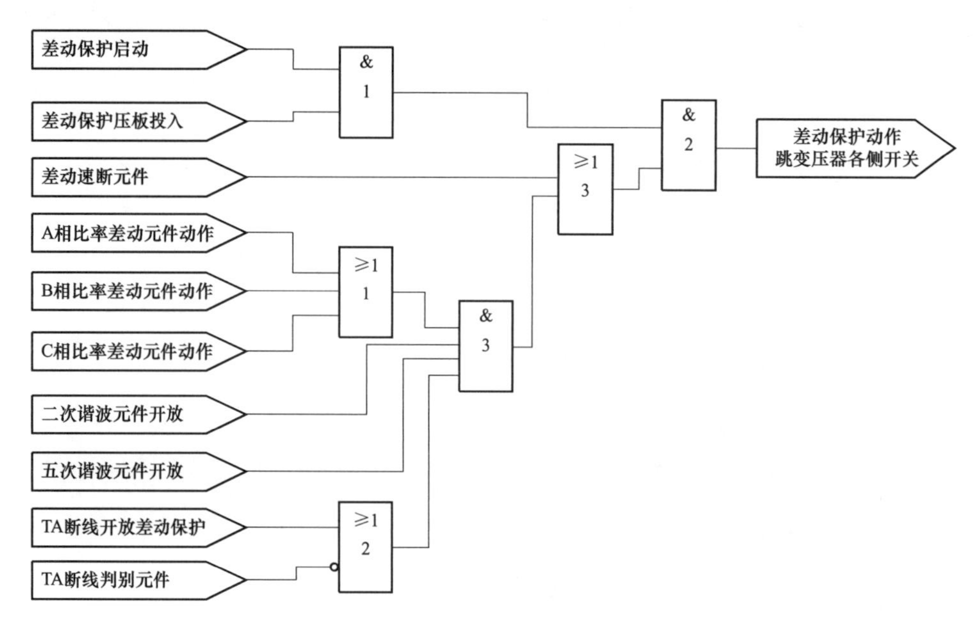

图 4－51 变压器差动保护示意图

4.10.6 变压器非电量保护

非电量保护完全独立于电气保护，仅反应变压器本体开关量输入信号，驱动相应的出口继电器和信号继电器，为非电量保护提供跳闸功能和信号指示。

保护包括：本体重瓦斯、调压重瓦斯、压力释放、本体轻瓦斯、调压轻瓦斯、冷却器故障、油温高、本体油位异常、风冷消失、绕组温度高和调压油位异常等。

变压器非电量保护动作应有动作报告；本体重瓦斯、调压重瓦斯等非电量作用于跳闸，其余非电量宜作用于信号；作用于跳闸的非电量保护设置功能硬压板；变压器的非电量保护装置至少包括以下非电量输入：

（1）本体重瓦斯；

（2）本体压力释放；

（3）本体轻瓦斯；

（4）本体油位高；

（5）本体油位低；

（6）油温高发信；

（7）调压重瓦斯；

（8）调压轻瓦斯；

（9）调压油位高；

（10）调压油位低。

智能站非电量保护和常规站非电量保护原理一致，如图 4－52 所示。外部接点接入本体非电量触点信号，当非电量外部接点闭合，触发非电量保护动作，同时发出动作信号。

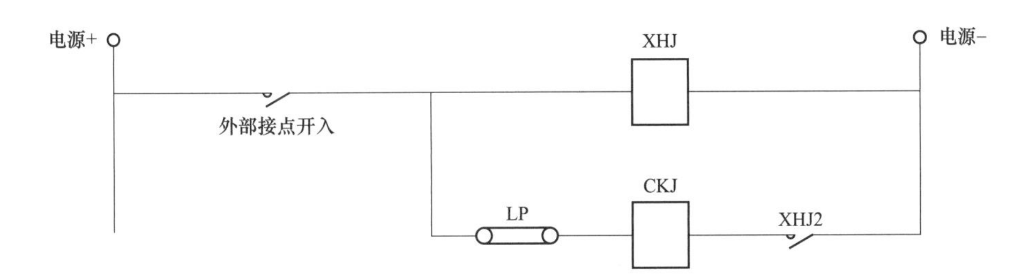

图 4－52　变压器非电量保护示意图

4.10.7 复压过流保护

复合电压过电流保护反应相间短路故障，本侧 TV 断线时，保护的方向元件退出。TV 断线后若电压恢复正常，保护也随之恢复正常。

高压侧复压过流保护，采用高压侧、高压桥（如有）和电流。高中低各侧复压过流保护均设置三段，Ⅰ、Ⅱ段复压可投退，方向可投退，方向指向可整定，每段设 3 个时限；Ⅲ段复压可投退，不带方向，设 2 个时限。

4.10.7.1 电压压板

本侧电压压板退出后，复压过流保护退出方向元件，同时应取消本侧复压元件对其他侧复压过流保护的复压开放作用。

当复压元件仅取本侧电压，本侧电压压板退出后，复压过流保护变为纯过流。

当复压元件由各侧电压经“或门”构成，本侧电压压板退出后，复压过流保护受其他侧复压元件控制。当各侧电压压板均退出后，各侧复压过流保护变为纯过流；本侧电压压板退出时，不发本侧 TV 断线告警信号。

4.10.7.2 复压元件

复压元件可经控制字选择由各侧电压经“或门”构成，或者仅取本侧（或本分支）电压，原理如图 4－53 所示。

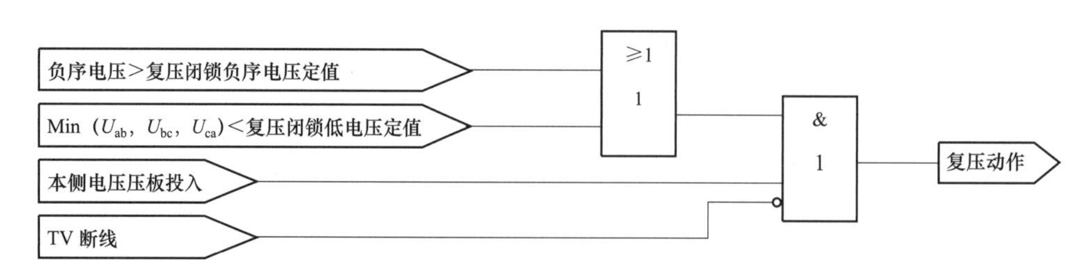

图 4－53　变压器复压过流保护复压元件示意图

高、中压侧后备保护，当某侧发生 TV 断线时，只退出对断线侧电压的复压判别，保护仍然可通过其他侧电压判复压。当各侧全部发生 TV 断线时，退出保护的复压元件，保护变为纯过流保护。

低压侧后备保护，当本侧（或本分支）发生 TV 断线时，退出保护的复压元件，保护变为纯过流保护。其他侧发生 TV 断线对本侧保护没影响。

各侧复压动作逻辑如图 4－54 所示。

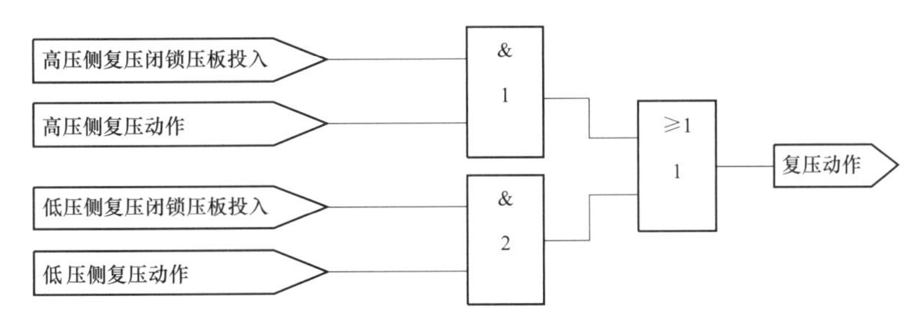

图 4－54 变压器复压过流保护各侧复压动作示意图

4.10.7.3 方向元件

为适应变压器后备保护的保护范围和灵敏度要求，可通过控制字选择方向元件指向母线或指向变压器。方向元件指向变压器用于对变压器内部故障和对侧母线故障的后备保护；方向元件指向本侧母线用于对本侧母线故障的后备保护。方向元件取本侧电压，灵敏角固定不变，具备电压记忆功能。

当某侧发生 TV 断线时，退出该侧保护的方向元件。

变压器复压过流保护方向元件动作原理如图 4－55 所示。

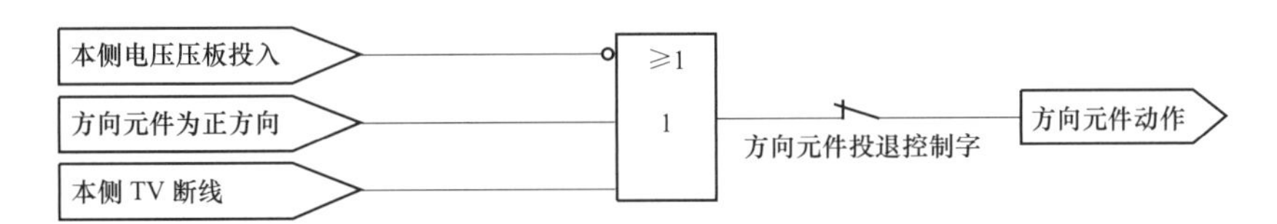

图 4－55 变压器复压过流保护方向元件动作示意图

4.10.7.4 复压方向过流保护

以高压侧为例，复压闭锁方向过流保护原理如图 4－56 所示，复压闭锁方向过流保护设置 3 个时限。复压闭锁方向过流保护投入且后备保护启动后，开始复压闭锁方向过流保护逻辑判断。复压开放、方向和过流条件均满足后，按各时限保护投入情况，经延时后根据整定的跳闸矩阵向出口断路器发出跳闸指令。

图 4－56 为典型设置，第一时限跳本侧母联或分段断路器，第二时限跳本侧断路器，第三时限跳各侧断路器。

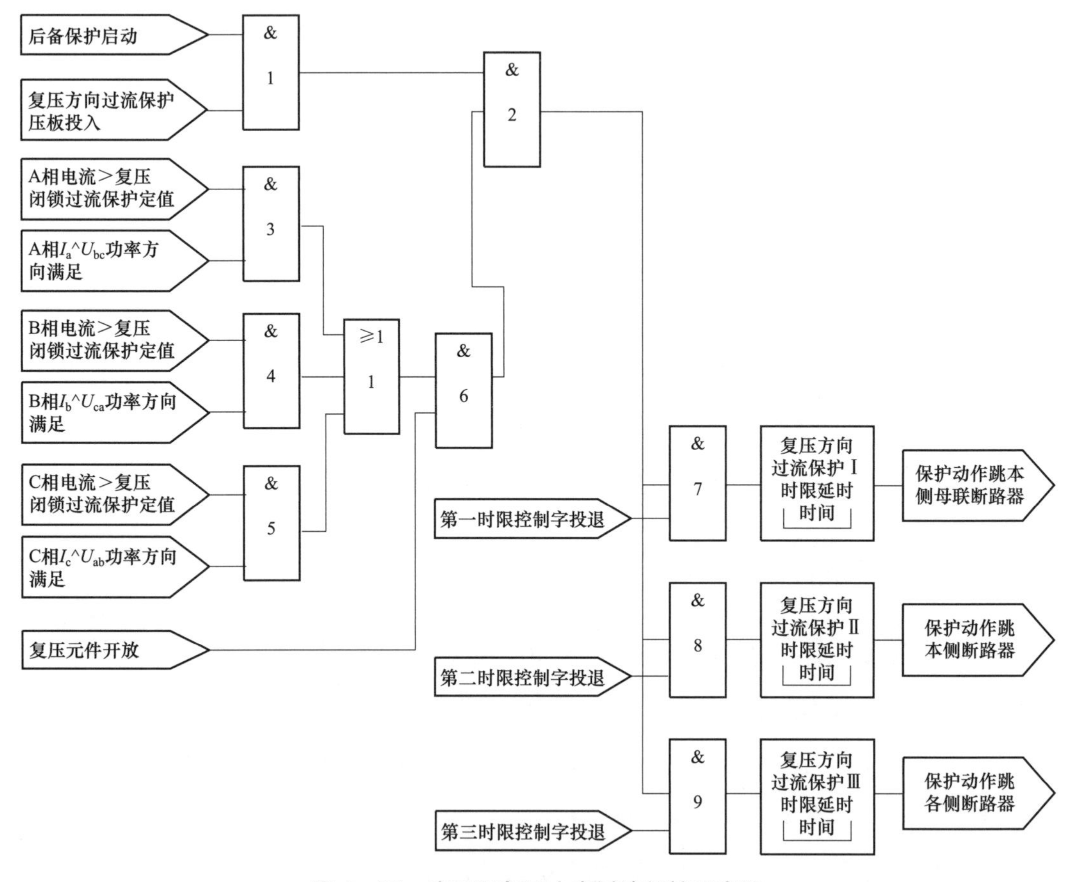

图 4-56　变压器复压方向过流保护示意图

4.10.7.5　复压过流保护

复压过流保护原理如图 4-57 所示，复压过流保护设置 2 个时限。复压过流保护投入且后备保护启动后，开始复压过流保护逻辑判断。复压开放、过流条件均满足后，按各时限保护投入情况，经延时后根据整定的跳闸矩阵向出口断路器发出跳闸指令。图 4-57 为具备两时限的复压过流保护典型设置，第一时限跳本侧断路器，第二时限跳各侧断路器。

4.10.8　零序过流保护

高压侧零序过流保护，零序电流可选自产或外接，可设置三段，Ⅰ、Ⅱ段方向可投退，方向指向可整定，每段设 3 个时限；Ⅲ段不带方向，设 2 个时限；

中压侧零序过流保护，零序电流可选自产或外接，设置二段，每段设 3 个时限；

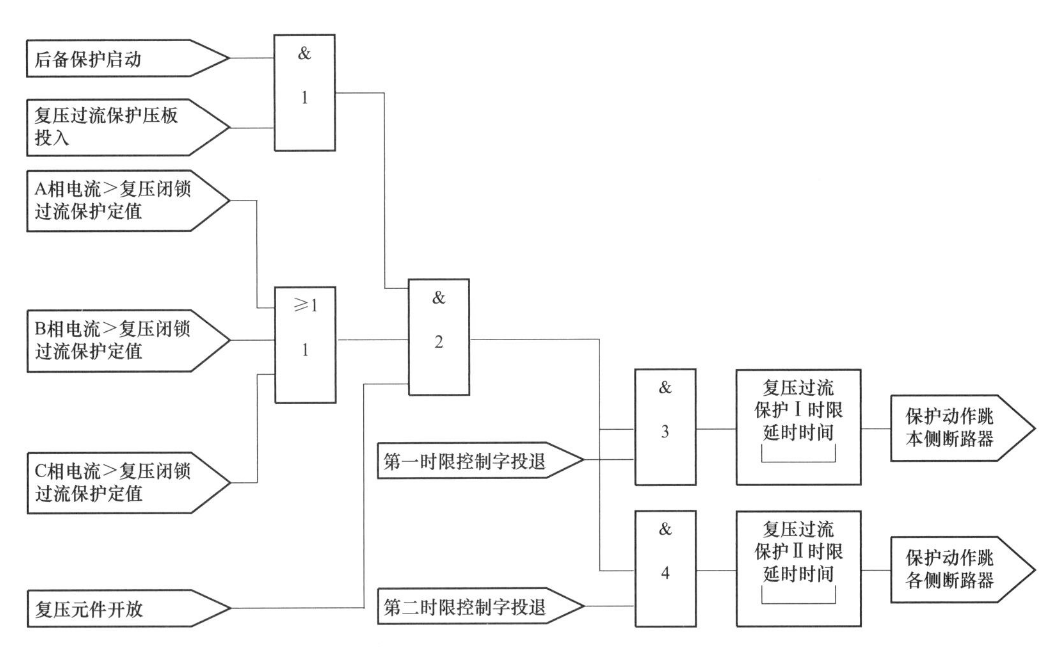

图 4－57　变压器复压过流保护示意图

低压侧零序过流保护，固定取自产零序电流，设置一段 3 时限；

高压侧零序过流保护的方向元件采用本侧自产零序电压和自产零序电流，过流元件宜采用中性点 TA 的零序电流；高压侧 TV 断线或电压退出后，本侧零序过流保护退出方向元件。

4.10.8.1　零序方向元件

本侧 TV 断线以及本侧电压压板退出后，退出保护的方向元件，零序过流（方向）保护变为纯零序过流保护。

其他侧发生 TV 断线，对本侧保护没有影响。

零序方向元件动作原理如图 4－58 所示。

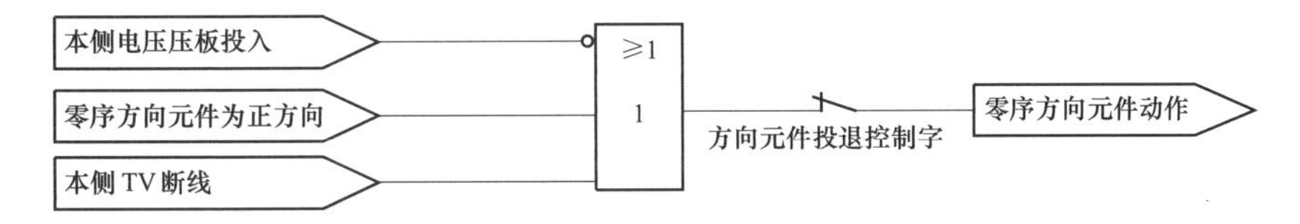

图 4－58　变压器零序方向过流保护零序方向元件示意图

4.10.8.2　零序方向过流保护

零序方向过流保护原理如图 4－59 所示，保护设置 3 个时限。零序方向过流保护投入且后备保护启动后，开始零序方向过流保护逻辑判断。零序方向和过流条件均满足后，按各时限保护投入情况，经延时后根据整定的跳闸矩阵向出口断路器发出跳闸指令。典型设置为第一时限跳本侧母联或分段断路器，第二时限跳本侧断路器，第三时限跳各侧断路器。

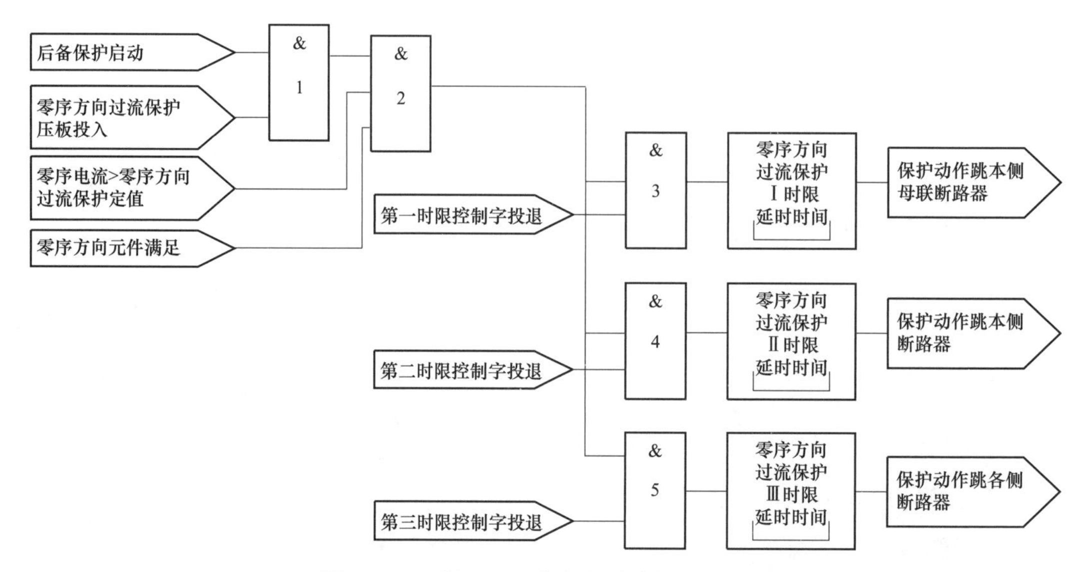

图 4－59　变压器零序方向过流保护示意图

4.10.8.3　零序过流保护

零序过流保护原理如图 4－60 所示，保护设置 2 个时限。零序过流保护投入且后备保护启动后，开始零序过流保护逻辑判断。零序过流条件均满足后，按各时限保护投入情况，经延时后根据整定的跳闸矩阵向出口断路器发出跳闸指令。典型设置为第一时限跳本侧断路器，第二时限跳各侧断路器。

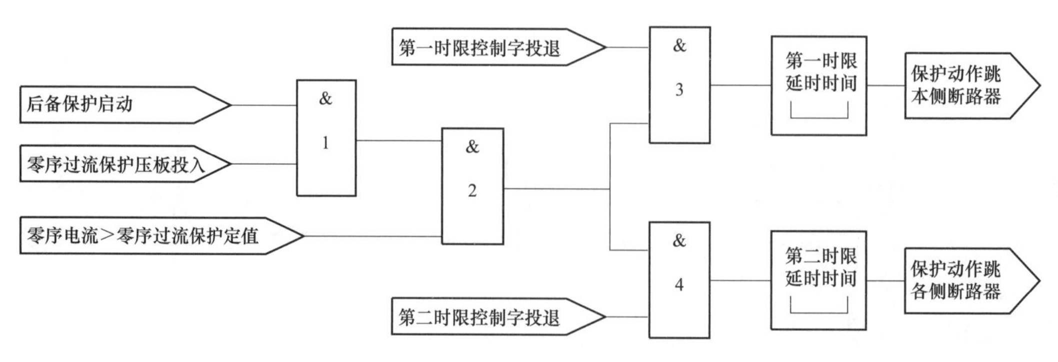

图 4－60　变压器零序过流保护示意图

4.10.9 中性点间隙接地保护

间隙保护包括零序过压保护和间隙过流保护。高压侧间隙接地保护原理示例如图4－61所示。本侧断路器与地区电源相连，第一时限跳本侧断路器，第二时限跳各侧断路器。

各侧电压压板退出或发生TV断线后，闭锁该侧零压保护及零压告警功能。

高压侧间隙过流和零序过压二者构成“或”逻辑，设置一段2时限；高压侧零序过压保护，零序电压可选自产或外接，设置一段2时限；间隙过流保护动作电流取自变压器经间隙接地回路的间隙零序TA的电流，智能站保护零序电压宜取自产电压；间隙电流和零序电压二者构成“或门”延时跳闸。

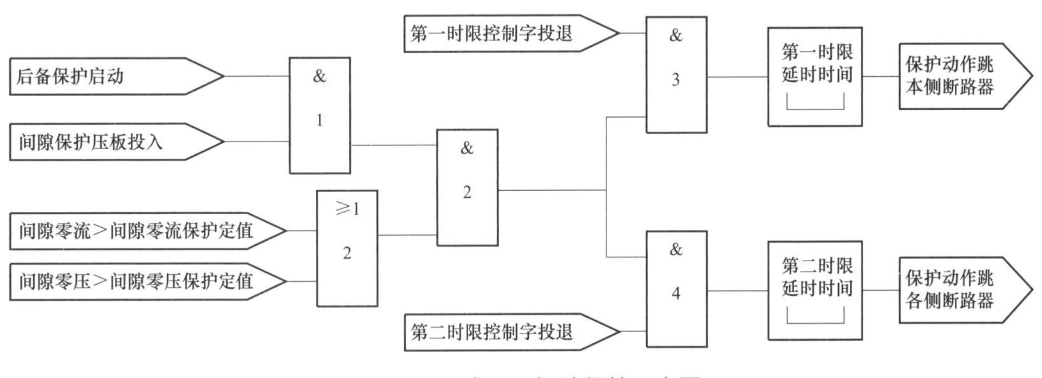

图4－61 变压器间隙保护示意图

4.10.10 零压告警

零序过压告警作为变压器小电流接地系统侧接地故障的后备保护，只发相应告警信息。

中压侧零序过压告警，设置一段1时限，固定取自产零序电压，延时动作于信号。

低压侧零序过压告警，固定取自产零序电压，设置一段1时限，延时动作于信号。

各侧电压压板退出或发生TV断线后，闭锁本侧零压保护及零压告警功能。

零序过压告警原理如图4－62所示。

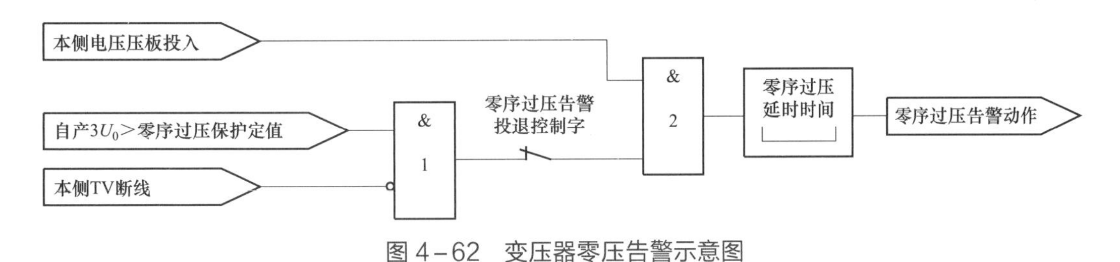

图4－62 变压器零压告警示意图

4.10.11 失灵联跳功能

高压侧失灵联跳设置一段 1 时限，用于母差保护跳高压开关断路器失灵时，变压器保护联跳变压器各侧断路器。高压侧失灵联跳开入引自高压侧母线保护的断路器失灵保护动作开入，经灵敏的、不需整定的电流过流元件并带 50ms 延时后，跳开变压器各侧断路器；

电流过流元件设置有相电流、负序电流和零序电流元件，为避免正常时相电流元件恒满足时误开放失灵联跳，设置有突变启动元件来短时开放相电流元件，即当电流突变时，展宽开放相电流过流元件。

失灵联跳变压器各侧断路器保护开入设有硬开入及 GOOSE 开入，当任一开入长期存在时，延时告警，并闭锁失灵联跳变压器保护。

变压器保护失灵联跳原理示例如图 4－63 所示。

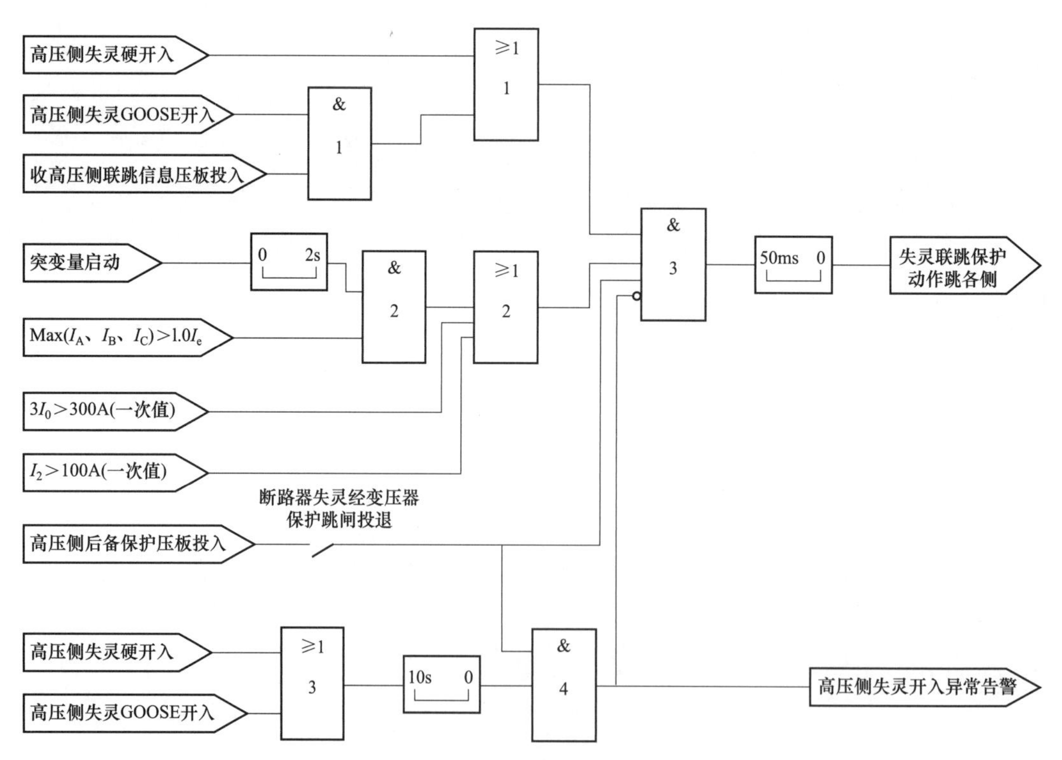

图 4－63 变压器保护失灵联跳示意图

4.10.12 过负荷保护

高压侧过负荷保护，设置一段1时限，定值固定为本侧额定电流的1.1倍，延时10s，动作于信号；高压侧启动风冷，设置一段1时限，返回系数固定为0.7；高压侧闭锁调压，设置一段1时限。

中、低压侧过负荷保护，设置一段1时限，定值固定为本侧额定电流的1.1倍，延时 10s，动作于信号。

变压器过负荷保护如图4－64所示。

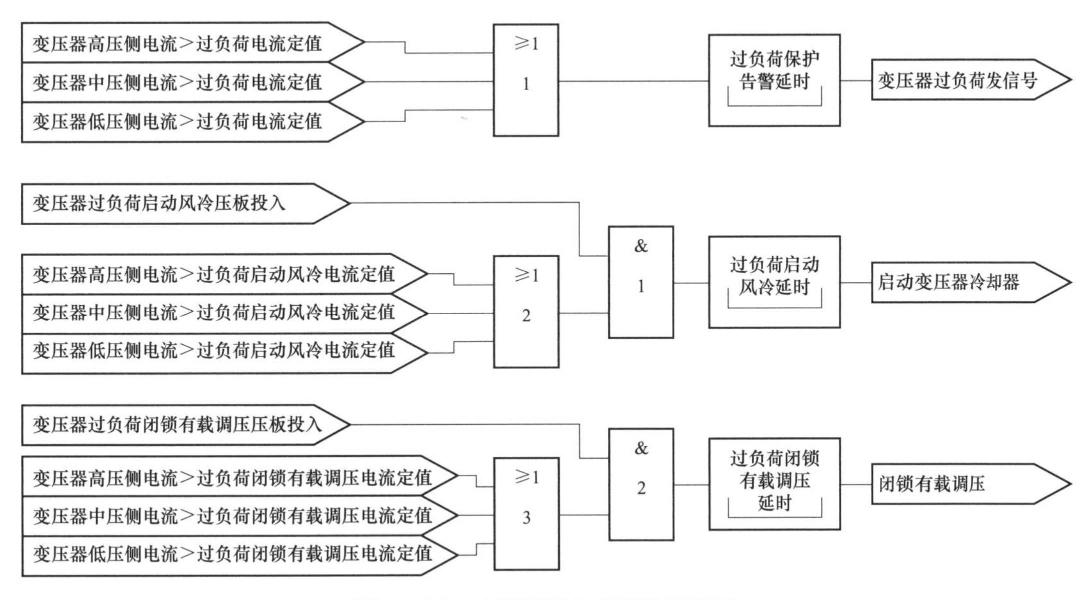

图4－64 变压器过负荷保护示意图

4.10.13 出口逻辑

主变差动保护和非电量保护作为反应变压器内部和引出线的故障的保护，动作后瞬间跳开各侧断路器。

内桥接线方式的变压器保护动作、非电量保护动作跳桥断路器同时应闭锁桥备自投；中、低压侧后备保护动作，跳本侧（或分支）断路器的同时闭锁本侧（或分支）备自投。

主变后备保护可灵活的整定保护方向和保护范围，具备多段多时限，出口逻辑相对复杂。跳闸出口除跳各侧断路器外，还有启动高压侧失灵、闭锁各侧备自投、启动风冷和闭锁调压等出口。为了区分不同的故障类型以跳开对应的断路器切除故障，避免更大的负荷损失和对设备的伤害，可利用出口矩阵整定不同保护的出口控制逻辑，选择保护动作后所控制断路器的动作时序。以高压侧零序过流Ⅰ段1时限保护和高压侧零序过压Ⅰ段1时限保护为例，经出口矩阵控制开出的原理如图4－65所示。

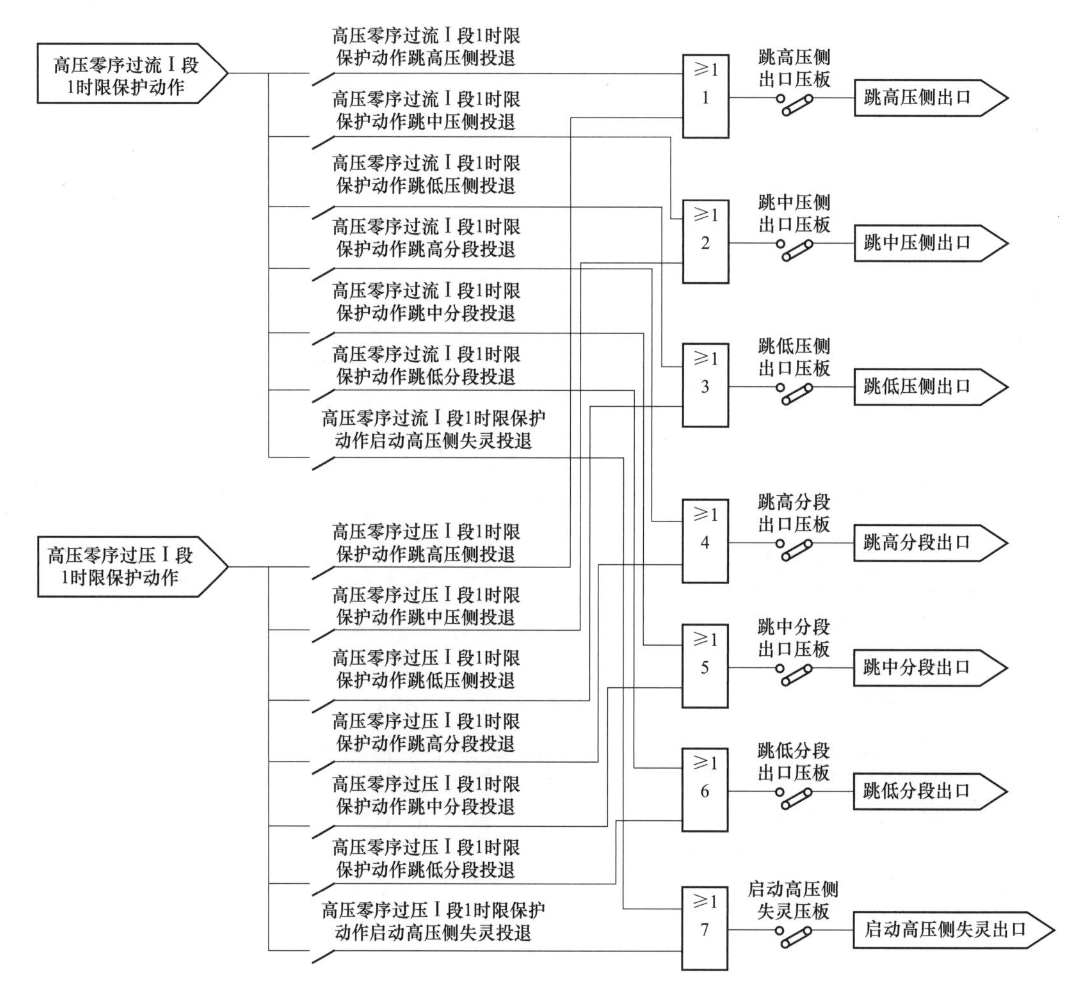

图4－65　变压器高零序保护出口逻辑示意图

4.11　110kV 母线保护

4.11.1　功能配置

110kV 母线保护配置差动保护和充电保护，并与断路器失灵保护共用母差保护出口，具备母线故障后变压器断路器失灵联跳变压器各侧断路器的功能。双母线接线的差动保护设有大差元件和小差元件；大差用于判别母线区内和区外故障，小差用于故障母线的选择。母线保护能自动识别母联（分段）的充电状态，不误切除运行母线。母线保护典型功能配置如表 4－8 所示。

表 4－8　　110kV 母线保护典型功能配置表

序号	功能描述	段数及时限
1	差动保护	/
2	死区保护	/
3	母联（分段）失灵保护	/

4.11.2　过程层配置

母线保护二次回路分布在母线连接的各个线路间隔、变压器间隔及母联（分段）间隔。110kV 母线保护的过程层二次回路主要由母线保护、母线连接间隔的合并单元和智能终端、母线合并单元以及这些装置之间的逻辑和物理连接构成。母线保护与各间隔启动失灵接点以及母线保护失灵联跳出口等信息可通过过程层交换机进行信息交互，也可采用点对点光纤传输。

母线保护主要二次回路包括：电压电流采集回路、刀闸位置开入采集回路和跳闸回路。

（1）方案 1：过程层直采直跳，选用合并单元智能终端一体化装置。

典型 110kV 智能站母线保护的过程层设备配置示例如图 4－66 所示。图中，母线保

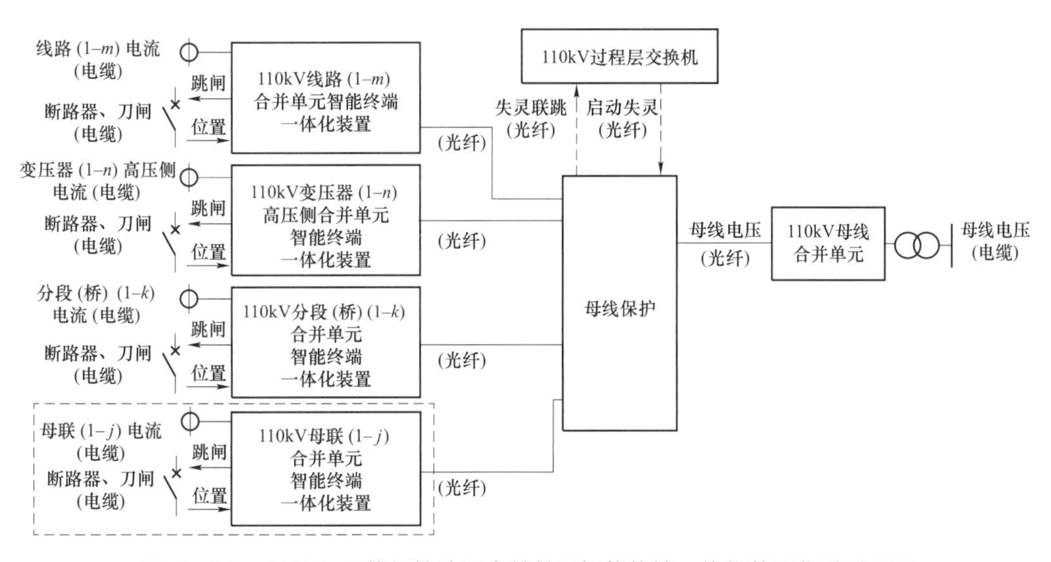

图 4－66　110kV 母线保护选用合并单元智能终端一体化装置典型配置图

护连接 *m* 条线路、*n* 台变压器、*k* 个分段断路器（母线分段接线配置）或者 *j* 个母联断路器（双母线接线配置）。母线保护直接采样、直接跳闸，过程层设备采用合并单元智能终端一体化装置。

110kV 母线连接的线路、变压器、110kV 分段和母联的合并单元智能终端一体化装置采集各自间隔的电流和开关刀闸位置信号（电缆），110kV 母线合并单元采集母线电压（电缆），分别将采样值和信号量传输给 110kV 母线保护（光纤）。母线连接的线路、变压器、分段和母联的合并单元智能终端一体化装置接收来自 110kV 母线保护的跳闸指令（光纤），转换为出口跳闸控制信号发给断路器（电缆）。母线保护与其他间隔保护装置交换的启动失灵、失灵联跳信息经过程层交换机转发（光纤），也可采用点对点光纤传输（光纤）。

110kV 母线保护主要二次回路有：

1）母线 TV 到母线合并单元和母线合并单元到 110kV 母线保护的母线电压采集回路；

2）母线连接的线路、变压器、分段和母联的断路器、刀闸到各自间隔的合并单元智能终端一体化装置，和各合并单元智能终端一体化装置到母线保护的开关刀闸位置采集回路和断路器跳闸控制回路；

3）母线连接的线路、变压器、分段和母联的电流互感器到各自间隔的合并单元智能终端一体化装置，和各合并单元智能终端一体化装置到母线保护的交流电流采样回路；

4）母线保护启动失灵、失灵联跳等 GOOSE 信息交换回路。

（2）方案 2：过程层直采直跳，选用智能终端合并单元独立装置。

智能站典型 110kV 母线保护的过程层设备配置示例如图 4－67 所示。图中，母线保护连接 *m* 条线路、*n* 台变压器、*k* 个分段断路器（母线分段接线配置）或 *j* 个母联断路

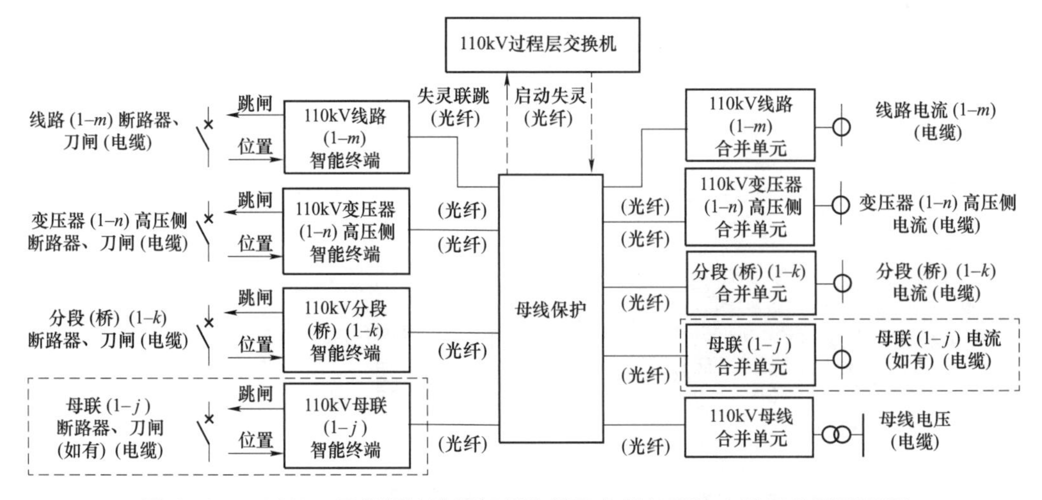

图 4－67　110kV 母线保护选用智能终端及合并单元独立装置典型配置图

器（双母线接线配置）。母线保护直接采样、直接跳闸，过程层设备采用智能终端和合并单元各自独立的装置。

110kV 母线连接的线路、变压器、分段和母联的合并单元采集各自间隔的电流（电缆），母线连接的线路、变压器、分段和母联的智能终端采集各自间隔的开关刀闸位置信号（电缆），110kV 母线合并单元采集母线电压（光纤），分别将采样值和信号量传输给 110kV 母线保护（光纤）。母线连接的线路、变压器、分段和母联的智能终端接收来自 110kV 母线保护的跳闸指令（光纤），转换为出口跳闸控制信号发送给断路器（电缆）。母线保护与其他间隔保护装置交换的启动失灵、失灵联跳信息经过程层交换机转发（光纤），也可采用点对点光纤传输（光纤）。

110kV 母线保护主要二次回路有：

1）母线 TV 到母线合并单元，和母线合并单元到 110kV 母线保护的母线电压采集回路；

2）母线连接的线路、变压器、分段和母联的断路器、刀闸到各自间隔的智能终端，和各智能终端到母线保护的开关刀闸位置采集回路和断路器跳闸控制回路；

3）母线连接的线路、变压器、分段和母联的电流互感器到各自间隔的合并单元，和各合并单元到母线保护的交流电流采样回路；

4）母线保护启动失灵、失灵联跳等 GOOSE 信息交换回路。

4.11.3 压板配置

母线保护的典型压板如表 4－9 所示。硬压板只设“保护远方操作”和“检修状态”硬压板，保护功能投退不设硬压板。

母线保护装置按间隔设置 SV 接收软压板和跳闸软压板，按母线连接的断路器设置启动失灵开入软压板，设置分段（分段接线）启动失灵发送软压板，设置独立于母联（双母线接线）跳闸位置、分段跳闸位置的母联、分段互联和分列运行压板。

表 4－9　　110kV 母线保护典型压板配置表

序号	分类		名称
1	软压板	功能压板	差动保护软压板
2			失灵保护软压板
3			母联 1 互联软压板

续表

序号	分类		名称
4	软压板	功能压板	母联 2 互联软压板
5			分段互联软压板
6			母联 1 分列软压板
7			母联 2 分列软压板
8			分段分列软压板
9		接收压板	电压间隔接收软压板
10			支路 x 间隔接收软压板
11			母联间隔接收软压板
12			分段 x 间隔接收软压板
13			主变 x 间隔接收软压板
14		出口压板	母联保护跳闸软压板
15			分段 x 保护跳闸软压板
16			支路 x 保护跳闸软压板
17			主变 x 保护跳闸软压板
18			启动分段 x 指令发送软压板
19		开入压板	母联启动失灵开入软压板
20			分段 x 启动失灵开入软压板
21			支路 x 启动失灵开入软压板
22			主变 x 启动失灵开入软压板
23		隔离刀闸强制软压板	支路 n_强制使能软压板
24			支路 n_1G 强制合软压板
25			支路 n_2G 强制合软压板
26			支路 n_1G 强制合软压板
27			支路 n_1G 强制分软压板
28			支路 n_2G 强制合软压板
29			支路 n_2G 强制分软压板
30		远方操作压板	远方投退软压板
31			远方切换定值区软压板
32			远方修改定值软压板
33	硬压板		保护远方操作硬压板
34			检修状态硬压板

表中，对于单母三分段接线，分段 1、分段 2 相关软压板分别使用母联 1、母联 2 相关软压板。隔离刀闸强制软压板用于强制设置支路是否接入母线，支路 n 为主变和线路支路，不含母联、分段支路，“x”表示序号。

4.11.4 异常告警

4.11.4.1 SV 异常

SV 采样数据异常和 SV 采样链路中断时，按照出现异常的 SV 关联的电压电流量闭锁相关的保护元件。如为某通道数据异常，则相关通道的模拟量关联的保护或逻辑元件进行闭锁处理。对于交流电流通道的 SV 异常，处理等同于传统站的 TA 断线，对于交流电压通道的 SV 异常，处理等同于传统站的 TV 断线。

数据异常对保护的影响如下：

（1）差动保护。对于交流通道的电流 SV 采样数据异常、SV 采样链路中断等电流 SV 数据无效异常和电流 SV 同步异常，根据出现异常的电流通道，区分母联（分段）异常和其余支路异常，按 TA 断线处理。

（2）电压闭锁。电压数据异常时，根据出现电压数据异常侧，按照该侧 TV 断线的保护逻辑处理。电压同步异常，不做处理。

4.11.4.2 开入异常告警

双母线运行时，各连接元件经常在两段母线之间切换。母差保护需要正确跟随母线运行方式的变化，才能保证母线保护的正确动作。

母线保护可引入隔离刀闸、联络开关等开关刀闸的辅助接点实现对母线运行方式的自适应。同时用各支路电流、母联（分段）电流来校验刀闸辅助接点的正确性。

各线路（变压器）支路电流校验发现刀闸位置错误时，发出“支路刀闸位置异常”告警信号。

当发现母联（分段）开关跳位与分列压板状态不一致，或开关跳位时母联（分段）有流，或开关位置为 00/11 时，即发出“母联（分段）跳位异常”告警信号。

当仅有一个支路隔离刀闸辅助触点异常，且该支路有电流时，保护装置仍应具有选择故障母线的功能。此时可采取的判断方法示例如下：

（1）当某条支路有电流而无刀闸位置时，保护能够记忆原来的刀闸位置，并根据当前系统的电流分布情况，校验该支路刀闸位置的正确性，该刀闸位置异常不影响保护功能；

（2）因刀闸位置错误产生小差电流时，保会根据当前系统的电流分布情况计算出该支路的正确刀闸位置。

4.11.4.3 TV 断线

某一段非空母线失去电压、相序错误等，延时发 TV 断线告警信号。恢复后延时解除 TV 断线告警。TV 断线判断可采用正常运行时检测零负序电压实现。如：

（1）母线负序电压大于 $0.3U_n$（相电压额定值），延时 1.25s 报该母线 TV 断线。

（2）母线三相电压幅值之和（$|U_a|+|U_b|+|U_c|$）小于 U_n，且母联或任一出线的任一相有电流大于 $0.04I_n$（相电流额定值），延时 1.25s 延时报该母线 TV 断线。

（3）三相电压恢复正常后，经延时后全部恢复正常运行。

（4）保护启动后不进行 TV 断线的检测，以防止故障时误判。

母线保护 TV 断线实现示例如图 4－68 所示。

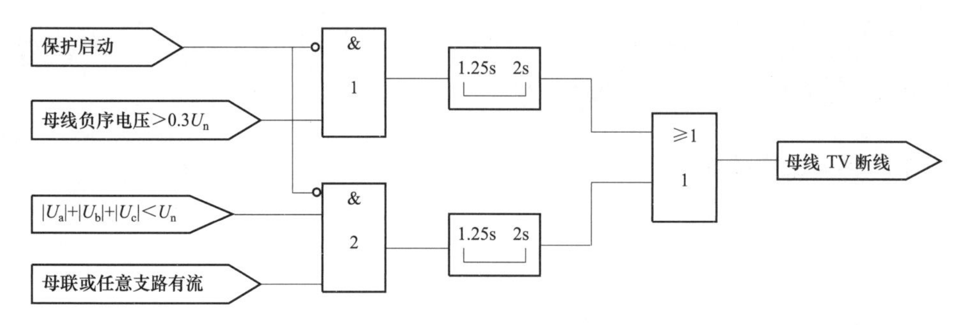

图 4－68 母线保护 TV 断线示意图

4.11.4.4 TA 断线

TA 断线检测用于检测支路和母联（分段）的 TA 断线、极性接反、变比等参数错误等可能引起母线保护误动作的异常运行工况。

TA 断线检测可通过各支路零序电流检测和母线保护接入的差流检测实现。如图 4－69 所示。

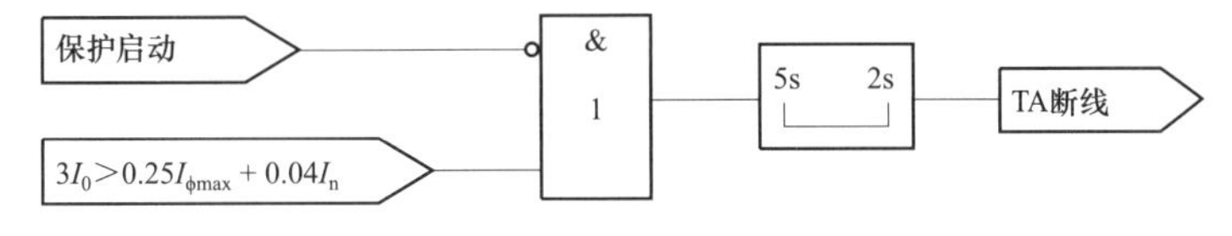

图 4-69 母线保护支路 TA 断线示意图

图中，$3I_0$ 为 3 倍零序电流的有效值，$I_{\phi max}$ 为三相电流中的最大相电流有效值，I_n 为相电流额定值。保护未启动状态下，如任一支路 $3I_0 > 0.25I_{\phi max} + 0.04I_n$ 时，延时 5s 发 TA 断线报警信号；异常返回后持续 2s，TA 断线告警返回。

（1）差流异常告警。正常情况下母线保护监视各相差流是否异常，用于检查是否发生 TA 断线、极性接反、变比等参数错误等引起差流的异常运行工况。差电流大于越限定值，延时发 TA 断线告警信号，同时闭锁母差保护。电流回路正常后，母差保护延时自动恢复正常运行。

检出支路 TA 断线后，可按检出内容发出支路 TA 断线或母联（分段）TA 断线告警信息。

（2）母联（分段）电流回路断线。除母联、分段（双母双分接线的分段除外）TA 断线不闭锁差动保护外，其余支路 TA 断线后固定闭锁差动保护；母联、分段（双母双分接线的分段除外）TA 断线后相关母线断线相发生区内故障，母差先跳 TA 断线的母联、分段，如果母联、分段发跳闸指令一段时间后故障依然存在，再跳故障母线；母联、分段（双母双分接线的分段除外）TA 断线后相关母线非断线相发生区内故障，直接跳故障母线。电流回路正常后，经延时后自动恢复正常运行。

母联（分段）电流回路断线，并不会影响保护对区内、区外故障的判别，只是会失去对故障母线的选择性。因此，联络开关电流回路断线不需闭锁差动保护，只需转入母线互联（单母方式）即可。母联（分段）电流回路正常后，需手动复归恢复正常运行。由于联络开关的电流不计入大差，母联（分段）电流回路断线时上一判据并不会满足。而此时与该联络开关相连的两段母线小差电流都会越限，且大小相等、方向相反。联络断路器 TA 断线实现示例如图 4-70 所示。

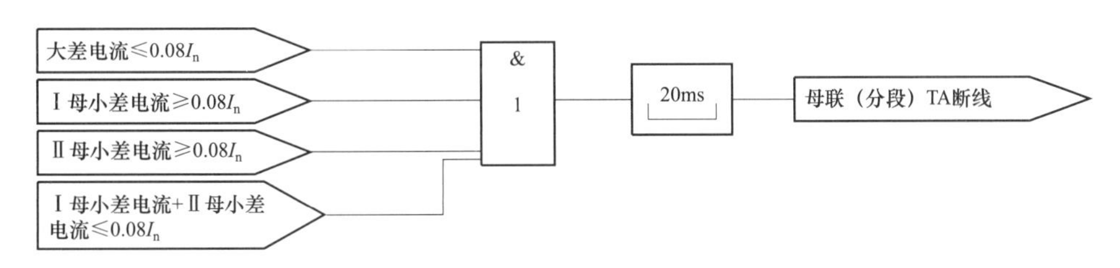

图 4-70 母线保护母联（分段）TA 断线示意图

4.11.5 母差保护

4.11.5.1 TA 饱和元件

母线发生区外故障而导致 TA 严重饱和时，差电流会大于动作门槛，同时与制动电流之比也会超过比率制动系数整定值，常规电流比率差动保护会误动。应用 TA 饱和判别元件可防止区外故障导致 TA 饱和时母差保护的误动作。母线保护具有可靠的 TA 饱和判别功能，区外故障 TA 饱和时不误动。根据 TA 饱和发生的机理、以及 TA 饱和后二次电流波形的特点可采用阻抗检测、谐波检测、波形检测等不同原理的 TA 饱和检测元件，用来判别差电流的产生是否由区外故障 TA 饱和引起。

4.11.5.2 母线互联方式

母线上的连接元件倒闸过程中，两条母线经刀闸相连时（母线互联），装置自动转入“母线互联方式”（“非选择方式”），此时不进行故障母线的选择，一旦发生故障同时切除两段母线。当运行方式需要时，如母联操作回路失电，也可以设定保护控制字中的“强制母线互联”软压板，强制保护进入互联方式。

4.11.5.3 死区故障保护

对于双母线或单母线分段，在母联（分段）单元上只安装一组 TA 情况下，母联（分段）TA 与母联（分段）断路器之间的故障，差动保护存在死区。母线并列运行，当死区故障时，一侧母线段跳闸出口无法切除该故障，而另一侧母线段的小差元件不会动作，这种情况称之为死区故障。此时，母差保护已动作于一段母线，大差电流元件不返回，母联（分段）开关已跳开而母联（分段）电流互感器仍有电流，死区保护应经母线差动复合电压闭锁后有选择地切除故障母线。

死区故障保护原理如图 4－71 所示。

4.11.5.4 启动母联（分段）失灵保护

在双母线或单母线分段接线中，母联（分段）开关作为联络开关，设置母联（分段）失灵保护。母联（分段）断路器失灵保护的作用是，当某一段母线发生故障或充电于故障情况下，保护动作而母联（分段）断路器拒动时，作为后备保护向两段母线上的所有断路器发送跳闸命令，切除故障。

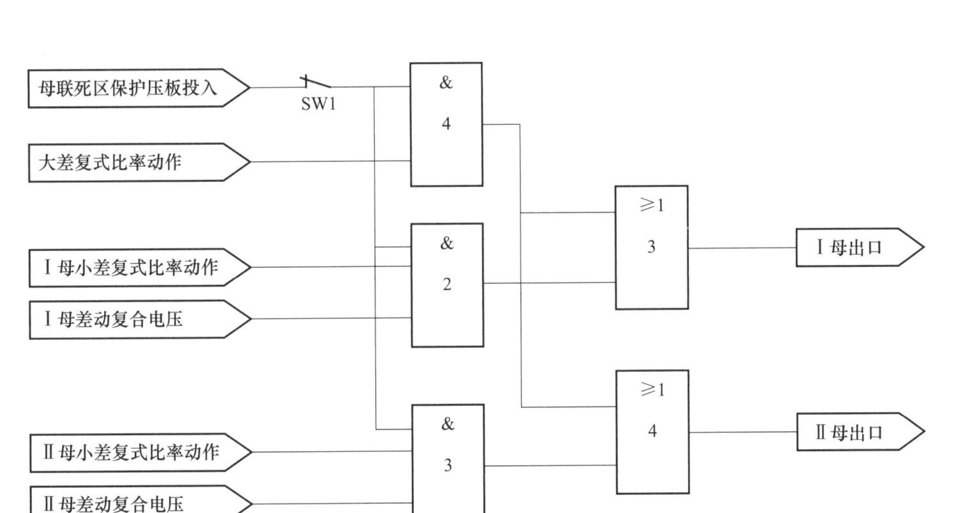

图 4-71 母线死区故障保护示意图

母差保护和独立于母线保护的充电过流保护应启动母联（分段）失灵保护；保护提供外部启动（充电、过流等）母联（分段）失灵保护的功能。对于双母双分段系统，提供对侧差动启动分段失灵保护功能。

母线并列运行，当保护向母联（分段）开关发出跳令后，经整定延时若大差电流元件不返回，母联（分段）电流互感器中仍然有电流，则母联（分段）失灵保护经母线差动复合电压闭锁后切除相关母线各元件。

母联失灵保护原理如图 4-72 所示。

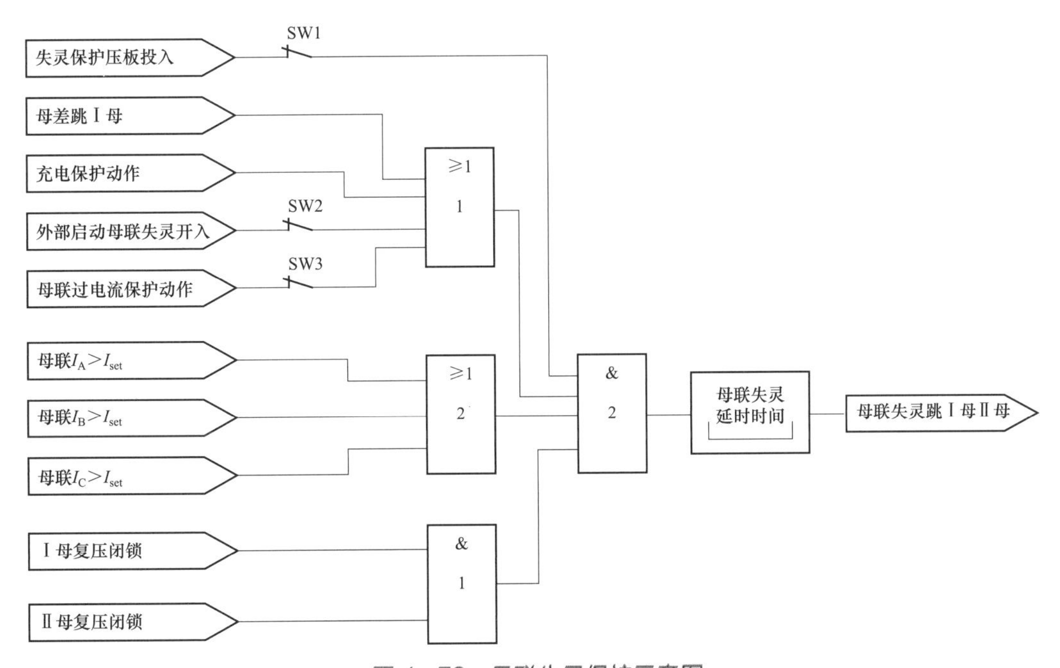

图 4-72 母联失灵保护示意图

4.11.5.5 死区故障和母联（分段）失灵封母联

死区故障保护和母联（分段）失灵有共同之处，故障点在母联开关与 CT 之间，故障母线判区外拒动，非故障母线误动跳母联开关，经延时后大差元件不返回且母联 CT 仍有电流，跳两段母线。为防止母联在跳位时发生死区故障将母线全切除，当两母线都有电压且母联在跳位时母联电流不计入小差，即封母联。封母联逻辑可采用如图 4－73 原理实现。

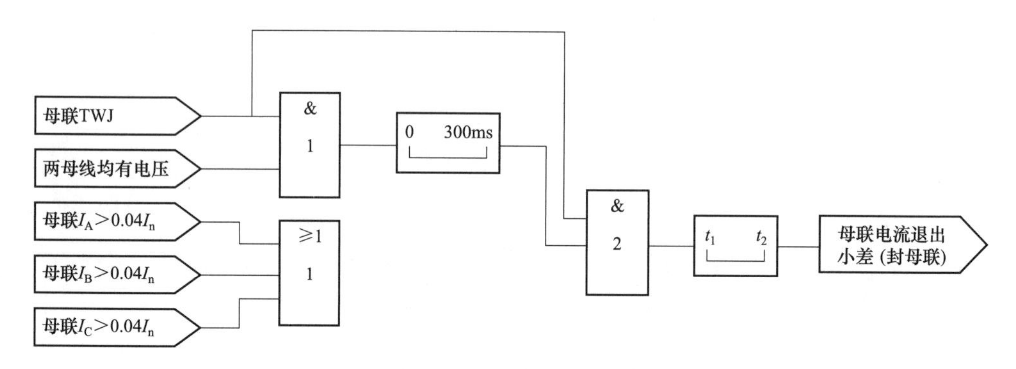

图 4－73 死区故障和母联（分段）失灵封母联示意图

由于故障点在母线上，装置根据母联断路器的状态封母联 TA 后，母联电流不计入小差比率元件，差动元件即可动作隔离故障点。图 4－73 中 t_1 为封母联的延时动作时间，t_2 为封母联的延时返回时间。t_1 封母联延时动作时间整定规则如下：

（1）对母联开关失灵而言，需经过长于母联断路器灭弧时间并留有适当裕度的动作延时（母联失灵延时，可整定）才能封母联 TA；

（2）对于母线并列运行（联络开关合位）发生死区故障而言，母联开关接点一旦处于分位（可以通过开关辅接点，或 TWJ、HWJ 接点读入），再考虑主接点与辅助接点之间的先后时序（如 50ms），即可封母联 TA，这样可以提高切除死区故障的动作速度。

母线分列运行时，死区点如发生故障，由于母联 TA 已被封闭，所以保护可以直接跳故障母线，避免了故障切除范围的扩大。

4.11.5.6 充电状态识别

母线保护能自动识别母联（分段）的充电状态，合闸于死区故障时，应瞬时跳母联（分段），不应误切除运行母线。

母联充电状态的判断可采取如图 4－74 所示方法。

（1）一段母线失压；

（2）母联（分段）开关已断开（因断路器位置检测和传输延时大于保护检出故障电流的时间，在母联开关充电合于故障时，保护装置检出故障电流的时间先于检出母联断路器由跳闸位置变为合闸位置时间）；

（3）母联（分段）电流从无到有。

上述三个条件同时满足，可判断为母联（分段）充电状态。

母联（分段）充电状态满足后经固定延时退出母联（分段）充电状态，充电状态的返回延时可取 200ms。

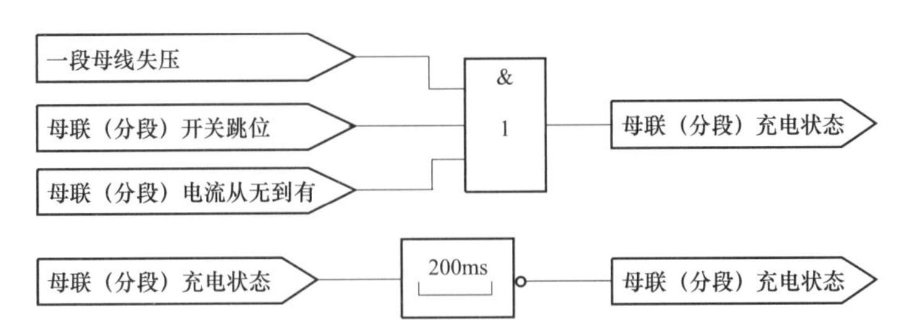

图 4－74　母联（分段）充电状态识别示意图

4.11.5.7　电压闭锁

母差保护设置复合电压闭锁，主要考虑防止非故障引起的母差保护误动出口，提高以电流判据为主的差动保护的动作可靠性。差动保护出口经本段电压元件闭锁，除双母双分段接线以外的母联和分段经两段母线电压“或门”闭锁，双母双分段的母联和分段断路器不经电压闭锁；双母线接线的母线 TV 断线时，允许母线保护解除该段母线电压闭锁；双母线接线的母线保护应具备电压闭锁元件启动后的告警功能。

电压闭锁通常采用相电压或线电压、以及零负序电压实现，可采用如图 4－75 所示方法：

（1）U_{ϕ}（$\phi\phi$）$\leqslant U_{bs}$；

（2）$3U_0 \geqslant U_{0bs}$；

（3）$U_2 \geqslant U_{2bs}$。

其中 U_{ϕ}（$\phi\phi$）为相（线）电压，$3U_0$ 为三倍零序电压（自产），U_2 为负序相电压，U_{bs}、U_{0bs} 和 U_{2bs} 为分别为相（线）电压、零序、负序电压闭锁门槛值。以上三个判据任一个动作时，电压闭锁元件开放。在动作于故障母线跳闸时必须经相应的母线电压闭锁元件闭锁。

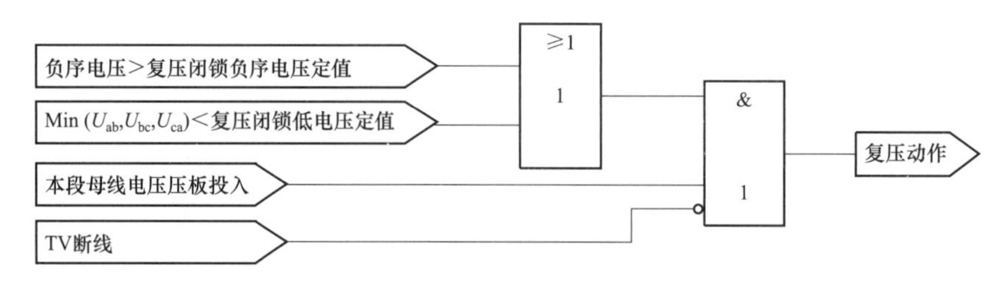

图 4－75　母线保护复合电压元件动作示意图

4.11.5.8　比率制动母线差动保护

带制动特性的差动继电器（亦即比率差动继电器），采用一次的穿越电流作为制动电流，以克服区外故障时由于电流互感器（以下称 TA）误差而产生的差动不平衡电流。

差动元件包括母线大差元件和各段母线小差元件。母线大差电流是指除母联开关和分段开关外所有支路电流所构成的差动电流元件。某段母线的小差电流是指该段母线上所连接的所有支路（包括母联和分段开关）电流所构成的差动电流元件。母线大差比率差动用于判别母线区内和区外故障，小差比率差动用于故障母线的选择。

大差比率差动元件的差动保护范围涵盖各段母线，大多数情况下不受运行方式的控制；小差比率差动元件受当时的运行方式控制，但差动保护范围只是相应的一段母线，具有选择性。

对于固定连接式分段母线，如单母分段、3/2 断路器等主接线，由于各个元件固定连接在一段母线上，不在母线段之间切换，因此大差电流只作为起动条件之一，各段母线的小差比率差动元件既是区内故障判别元件，也是故障母线选择元件。

对于存在倒闸操作的双母线、双母分段等主接线，差动保护使用大差比率差动元件作为区内故障判别元件；使用小差比率差动元件作为故障母线选择元件。即由大差比率元件是否动作，区分母线区外故障与母线区内故障；当大差比率元件动作时，由小差比率元件是否动作决定故障发生在哪一段母线。

比率制动母差保护原理实现示例如图 4－76 所示。

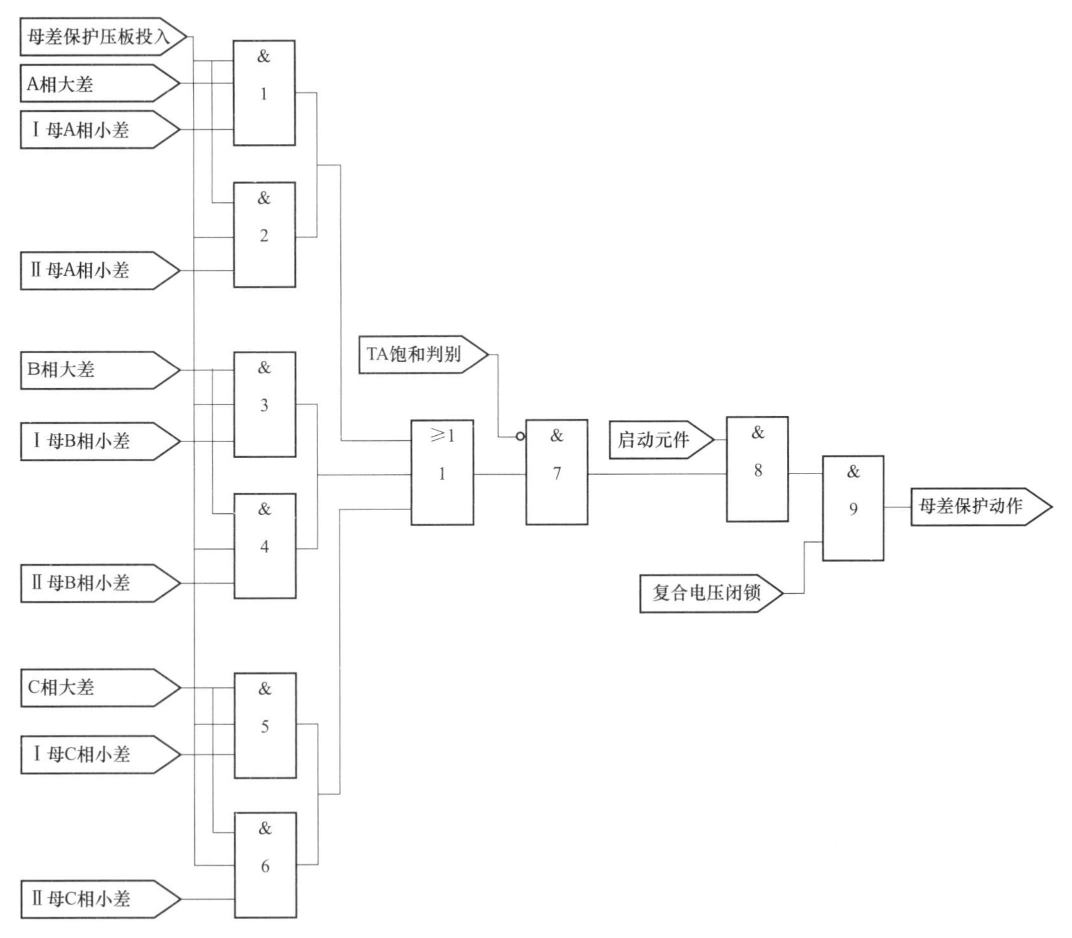

图 4-76 母差保护示意图

4.11.6 断路器失灵保护

断路器失灵保护与母差保护共用出口。

4.11.6.1 失灵判别元件

母线保护装置判别断路器失灵的条件可采用相电流（任意一相有流）、零序电流（或负序电流越限）以及低功率因数元件。各线路支路共用电流定值，各变压器支路共用电流定值。

线路支路采用相电流（任意一相有流）、零序电流（或负序电流）“与”逻辑，三相故障三相失灵情况下采用不需整定的电流判据（增加突变量电流展宽或低功率因数条件）；采用电流判断的示例如图 4-77 所示。

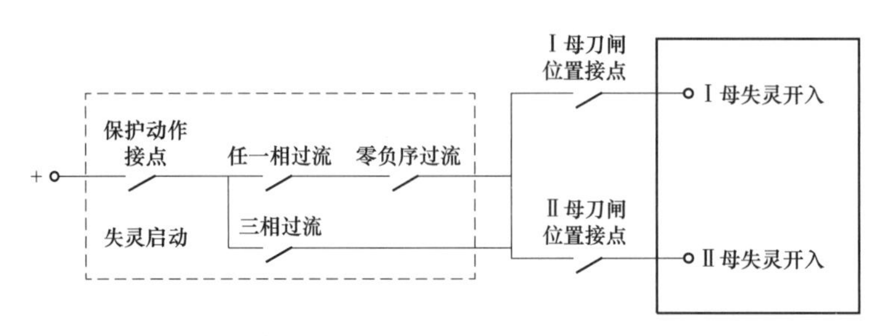

图 4-77　断路器失灵保护线路支路失灵判别示意图

变压器支路采用相电流、零序电流、负序电流“或”逻辑。示例如图 4-78 所示。

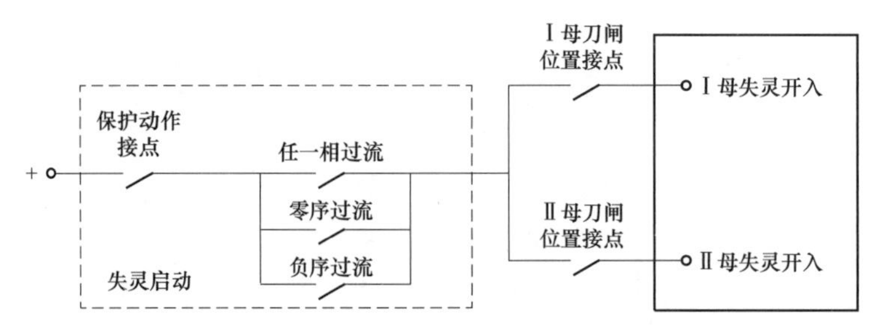

图 4-78　断路器失灵保护变压器支路失灵判别示意图

4.11.6.2　失灵电压闭锁

主变支路断路器失灵考虑到主变低压侧故障高压侧开关失灵时，高压侧母线的电压闭锁灵敏度有可能不够，因此主变支路跳闸时断路器失灵保护不经电压闭锁。

线路支路断路器失灵的电压闭锁采用复压元件，与差动的电压闭锁类似，也是以低电压（线电压）、负序电压和零序电压构成的复合电压元件，三个判据任一动作时，电压闭锁元件开放。失灵的电压闭锁元件使用的定值与差动保护不同，线路断路器失灵需要满足线路末端故障时的灵敏度。线路支路断路器失灵是否经电压闭锁可选择。

4.11.6.3　失灵保护

线路支路和变压器支路均设置保护跳闸启动失灵开入回路。

断路器失灵保护检测到此接点动作时，经过失灵保护电压闭锁，经跳母联时限跳开母联，再经失灵时限切除该元件所在母线的各个连接元件。以Ⅱ母断路器失灵为例，原理如图 4-79 所示。

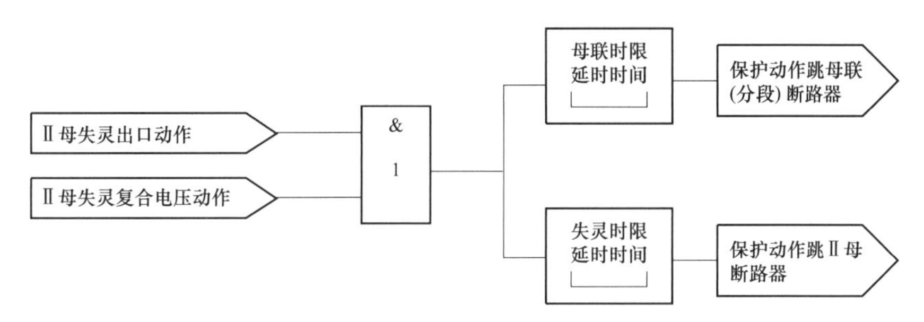

图4-79 断路器失灵保护示意图

为缩短失灵保护切除故障的时间，失灵保护宜同时跳母联（分段）和相邻断路器。变压器支路断路器失灵时，跳同一连接母线上的所有支路，同时联跳主变其他侧断路器。线路支路断路器失灵，跳同一连接母线上的所有支路，主变支路不联跳主变其他侧断路器。

4.12 110kV 母联（分段）保护

4.12.1 功能配置

110kV 母联（分段）配置充电相过流保护和充电零序过流保护，如表4-10所示。

表4-10 110kV 母联（分段）保护典型功能配置表

序号	功能描述	段数及时限
1	充电过流保护	Ⅰ段1时限 Ⅱ段1时限
2	充电零序过流保护	Ⅰ段1时限

智能站中，零序电流采用自产零流。

4.12.2 过程层配置

110kV 母联（分段）保护二次回路主要由110kV 母联（分段）保护、110kV 母联（分段）合并单元和110kV 母联（分段）智能终端以及这些装置之间的逻辑和物理连接构成。

（1）方案 1：过程层直采直跳，选用合并单元智能终端一体化装置。图 4－80 中，过程层设备采用合并单元智能终端一体化装置。110kV 母联（分段）合并单元智能终端一体化装置采集母联（分段）电流（电缆），将采样值传输给 110kV 母联（分段）保护，接收来自 110kV 母联（分段）保护的跳闸指令（光纤），转换为出口跳闸控制信号发送给断路器（电缆）。110kV 母联（分段）保护与其他间隔保护装置交换的启动失灵信息经过程层交换机转发（光纤），也可采用点对点光纤传输（光纤）。

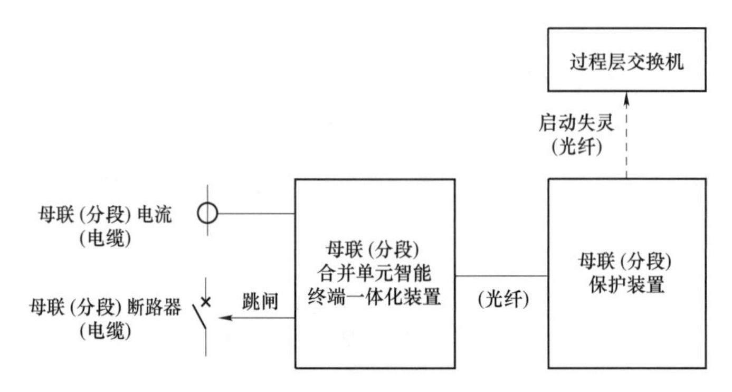

图 4－80　110kV 母联（分段）保护选用合并单元智能终端一体化装置典型配置图

110kV 母联（分段）保护主要二次回路有：

1）母联（分段）的电流互感器到母联（分段）合并单元智能终端一体化装置，和合并单元智能终端一体化装置到母联（分段）保护的采样回路；

2）母联（分段）保护到母联（分段）合并单元智能终端一体化装置，和合并单元智能终端一体化装置到断路器的跳闸回路；

3）母联（分段）保护启动失灵 GOOSE 信息交换回路。

（2）方案 2：过程层直采直跳，选用智能终端合并单元独立装置。图 4－81 中，110kV 母联（分段）合并单元采集母联（分段）电流（电缆），将采样值和信号量传输给 110kV 母联（分段）保护（光纤）。110kV 母联（分段）智能终端接收来自 110kV 母联（分段）保护的跳闸指令（光纤），转换为出口跳闸控制信号发送给断路器（电缆）。110kV 母联（分段）保护与其他间隔保护装置交换的启动失灵信息经过程层交换机转发（光纤），也可采用点对点光纤传输（光纤）。

110kV 母线保护主要二次回路有：

1）母联（分段）的电流互感器到母联（分段）合并单元，和合并单元到母联（分段）保护的采样回路；

2）母联（分段）保护到母联（分段）智能终端，和智能终端到断路器的跳闸回路；

3）母联（分段）保护启动失灵 GOOSE 信息交换回路。

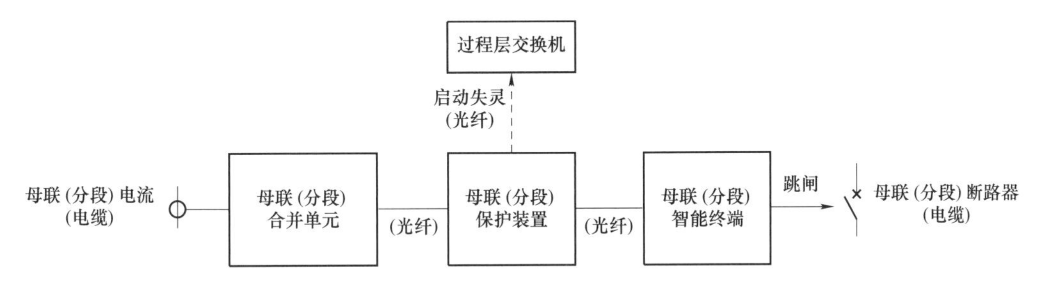

图 4－81　110kV 母联（分段）保护选用智能终端及合并单元独立装置典型配置图

4.12.3　压板配置

110kV 母联（分段）保护典型压板配置如表 4－11 所示。

表 4－11　　110kV 母联（分段）保护典型压板配置表

序号	分类	名称
1	软压板	充电过流保护软压板
2		远方投退软压板
3		远方切换定值区软压板
4		远方修改定值软压板
5		SV 接收软压板
6		保护跳闸软压板
7		启动失灵软压板
8	硬压板	保护远方操作硬压板
9		检修状态硬压板

4.12.4　异常告警

SV 异常：母联（分段）电流 SV 采样数据异常和 SV 采样链路中断时，按照出现异常的通道闭锁母联（分段）保护元件。如为某通道数据异常，则相关通道的模拟量关联的保护或逻辑元件进行闭锁处理。

4.12.5 母联（分段）充电保护

分段母线其中一段母线停电检修后，可以通过母联（分段）开关对检修母线充电以恢复双母运行。此时投入母联（分段）充电保护，当检修母线有故障时，跳开母联（分段）开关，切除故障。

母联（分段）充电状态的判断可采用母联（分段）电流从无到有进行判断，母联（分段）充电状态满足后经固定延时退出母联（分段）充电保护，保证在充电合于故障时对母线的保护，在充电结束后退出充电保护。充电保护投入后，当母联任一相电流大于充电电流定值，经可整定延时跳开母联（分段）开关。

充电过流保护采用相过流和零序过流判断元件。

充电条件的判断示例可采用与母差保护“充电状态识别”一致的原理实现。

母联（分段）过流保护压板投入后，当母联任一相电流大于母联过流定值，或母联零序电流大于母联零序过流定值时，经可整定延时跳开母联开关，不经复合电压闭锁。

母联（分段）充电保护原理实现示例如图 4－82 所示。

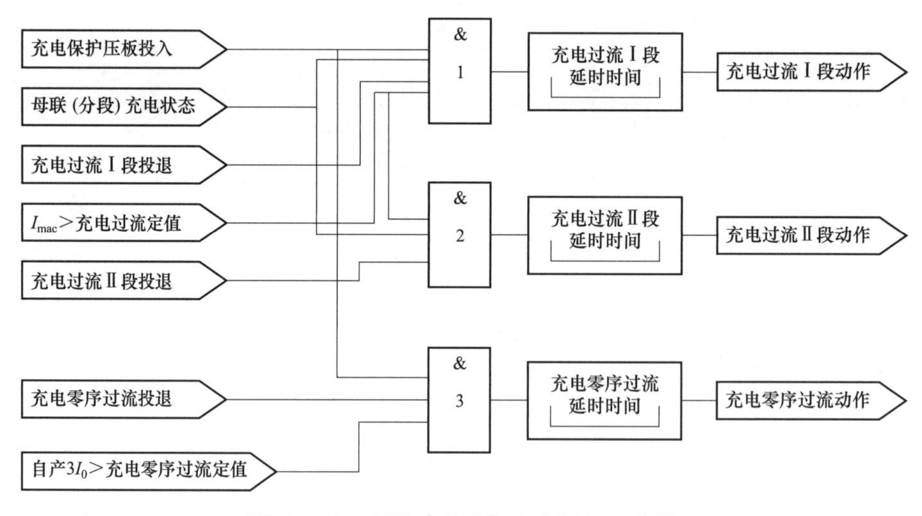

图 4－82 母联（分段）充电保护示意图

4.13 备 自 投

110kV 智能站备自投主要包括单母线分段、内桥和扩大内桥接线的进线备自投、主变备自投和分段（内桥）备自投。智能化备自投装置宜通过过程层网络传输 GOOSE 跳合闸命令及相关闭锁信号、SV 信息。

4.13.1 过程层配置

智能站可采用集中式全站备自投装置，集中完成智能站的进线备自投、主变备自投、分段（内桥）备自投功能，也可以按电压等级分别配置 110kV 备自投和 10kV 备自投设备。过程层配置以内桥接线的集中式全站备自投为例。110kV 和 10kV 分别配置的备自投设备可参考集中备自投的过程层配置方案。

（1）智能站采用集中式全站备自投方式，采样控制采用网采网跳方式，选用合并单元智能终端一体化装置。

图 4－83 中，内桥接线的集中式全站备自投，过程层设备采用合并单元智能终端一体化装置。母线电压合并单元采集 110kV 母线电压（电缆），110kV 进线合并单元智能终端一体化装置采集 110kV 进线电压电流和断路器位置（电缆），110kV 分段（桥）和 10kV 分段的合并单元智能终端一体化装置分别采集 110kV 分段（桥）和 10kV 分段的断路器位置（电缆），主变低压侧合并单元智能终端一体化装置采集主变低压侧电压电流和断路器位置（电缆），上述采样值和断路器位置信号以及来自外部设备的备自投闭锁和加速信号，均通过过程层网络传输给集中式备自投（光纤）；集中式备自投发出的分合闸控制信号通过过程层网络发布给 110kV 进线智能终端及合并单元、110kV 分段（桥）和 10kV 分段的合并单元智能终端一体化装置、主变低压侧合并单元智能终端一体化装置以及其他需要联切的设备（光纤），这些设备将控制指令转换为出口跳合闸控制信号发送给断路器（电缆）。

集中式全站备自投的主要二次回路有：

1）母线 TV 到母线合并单元，和母线合并单元到过程层网络的母线电压采集回路；

2）进线电压电流互感器、进线断路器到进线合并单元智能终端一体化装置，和进线合并单元智能终端一体化装置到过程层网络的电压电流、开关位置采集回路和断路器跳合闸控制回路；

3）110kV 分段（桥）、10kV 分段断路器分别到 110kV 分段（桥）、10kV 分段合并单元智能终端一体化装置，和 110kV 分段（桥）、10kV 分段合并单元智能终端一体化装置到过程层网络的 110kV 分段（桥）、10kV 分段开关位置采集回路和断路器跳合闸控制回路；

4）变压器低压侧电压电流互感器、变压器低压侧断路器到变压器低压侧合并单元智能终端一体化装置，和变压器低压侧合并单元智能终端一体化装置到过程层网络的变压器低压侧电压电流、开关位置采集回路和断路器跳合闸控制回路；

5）集中式全站备自投到过程层交换机的电压电流 SV 采集回路，以及闭锁、加速备自投信号采集，以及联切、跳合闸控制等 GOOSE 信息交换回路。

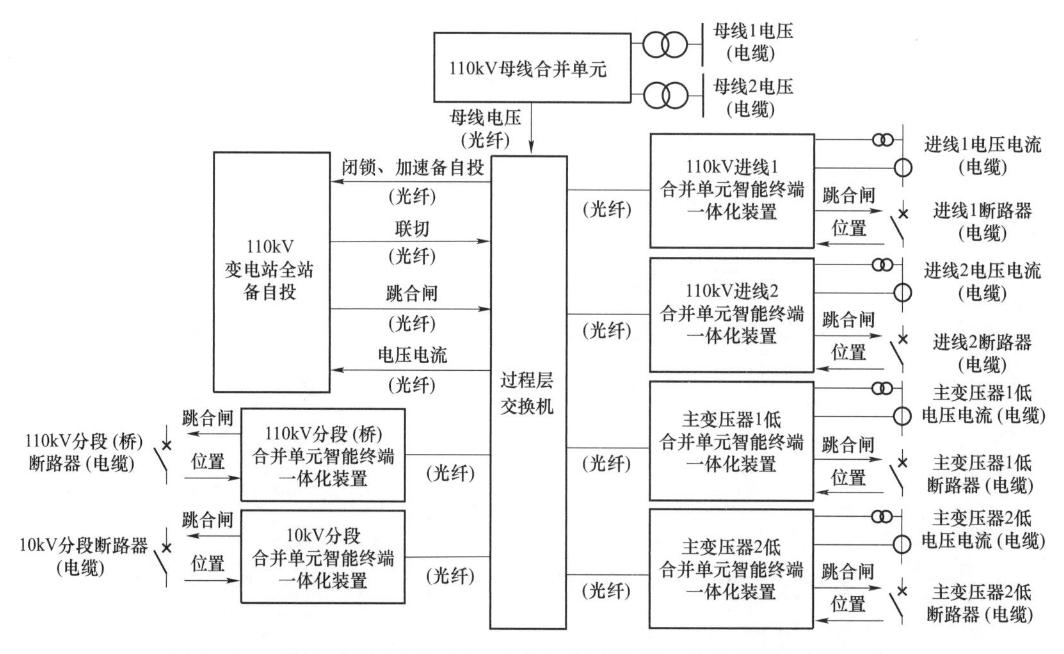

图 4－83　集中式备自投选用合并单元智能终端一体化装置典型配置图

（2）智能站采用集中式全站备自投方式，采样控制采用网采网跳方式，选用智能终端合并单元独立装置。

内桥接线的集中式全站备自投，如采用智能终端合并单元独立装置，图 4－83 中所有合并单元和智能终端分别连接过程层交换机（光纤），完成信息采集和控制。采用智能终端合并单元独立装置的集中式全站备自投的主要二次回路有：

1）母线 TV 到母线合并单元，和母线合并单元到过程层网络的母线电压采集回路；

2）进线电压电流互感器到进线合并单元，和进线合并单元到过程层网络的电压电流采集回路；

3）进线断路器到进线智能终端，和进线智能终端到过程层网络的开关位置采集回路和断路器跳合闸控制回路；

4）110kV 分段（桥）、10kV 分段断路器到 110kV 分段（桥）、10kV 分段智能终端，和 110kV 分段（桥）、10kV 分段智能终端到过程层网络的 110kV 分段（桥）、10kV 分段开关位置采集回路和断路器跳合闸控制回路；

5）变压器低压侧电压电流互感器到变压器低压侧合并单元，和变压器低压侧合并单元到过程层网络的变压器低压侧电压电流采集回路；

6）变压器低压侧断路器到变压器低压侧智能终端，和变压器低压侧智能终端到过程层网络的变压器低压侧开关位置采集回路和断路器跳合闸控制回路；

7）集中式全站备自投到过程层交换机的电压电流 SV 采集回路，以及闭锁、加速备自投信号采集，以及联切、跳合闸控制等 GOOSE 信息交换回路。

4.13.2 压板配置

备自投典型压板配置如表 4－12 所示。

表 4－12　　全站备自投典型压板配置表

序号	分类	名称	说明
1	软压板	备自投功能软压板	
2		进线备自投方式 1 软压板	进线 1 运行，进线 2 备用
3		进线备自投方式 2 软压板	进线 2 运行，进线 1 备用
4		分段备自投方式 1 软压板	Ⅰ、Ⅱ母均运行，Ⅰ母失压，合分段（内桥）
5		分段备自投方式 2 软压板	Ⅰ、Ⅱ母均运行，Ⅱ母失压，合分段（内桥）
6		变压器备自投方式 1 软压板	变压器 1 运行，变压器 2 备用
7		变压器备自投方式 2 软压板	变压器 2 运行，变压器 1 备用
8		远方投退软压板	—
9		远方切换定值区软压板	—
10		远方修改定值软压板	—
11		SV 接收软压板	依据工程确定数量
12		跳闸软压板	依据工程确定数量
13		合闸软压板	依据工程确定数量
14	硬压板	保护远方操作硬压板	—
15		检修状态硬压板	—

表中，“SV 接收软压板”和“保护跳闸软压板”的数量都依据工程确定。

4.13.3 异常告警

4.13.3.1 SV 异常

SV 采样数据异常和 SV 采样链路中断时，按照出现异常的 SV 关联的电压电流量闭锁相关的保护元件。如为某通道数据异常，则按照该通道 TA 断线或 TV 断线的逻辑处理。对于交流电流通道的 SV 异常，处理等同于传统站的 TA 断线，对于交流电压通道的 SV 异常，处理等同于传统站的 TV 断线。SV 同步异常不做处理。

4.13.3.2 开入异常告警

当发现断路器跳位状态下对应线路、变压器或分段（桥）有流，或开关位置为 00/11 时，即发出“断路器位置异常”告警信号，并对该断路器对应的备自投进行放电处理。

4.13.3.3 TV 断线

某一段非空母线失去电压，延时发 TV 断线告警信号。恢复后延时解除 TV 断线告警。TV 断线判断可采用正常运行时检测零负序电压实现。如：

分段备自投Ⅰ母 TV 断线判据如下：

（1）正序电压小于 30V，且进线 1 电流大于 $0.02I_n$（相电流额定值）或进线 1 断路器在跳位、分段断路器在合位且进线 2 电流大于 $0.02I_n$；

（2）负序电压大于 8V。

满足以上任一条件延时 10s 报Ⅰ母 TV 断线，断线消失后延时 2.5s 返回。

4.13.3.4 TA 断线

TA 断线检测用于检测进线、变压器和母联（分段）的 TA 断线等可能引起备自投误动作的异常运行工况。智能站可采用的 TA 断线判据如下：进线、变压器和母联（分段）等有自产零序电流而无零序电压，且至少有一相无流，则延时发“TA 断线”异常信号，零流消失后延时返回。

4.13.4 进线备自投

正常运行时分段（内桥）断路器在合闸位置，工作线路断路器在合闸位置，备用进线断路器在分闸位置，如图 4－84 所示。

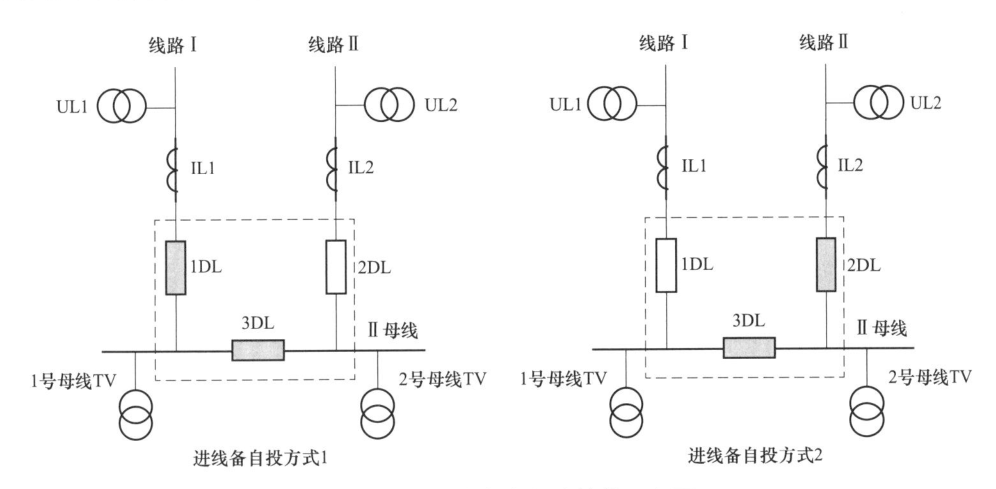

图 4－84 进线备自投主接线示意图

4.13.4.1 备自投充电

备自投在以下条件均满足时充电，充电结束后开放备自投功能：

（1）备自投功能投入；

（2）主供电源断路器合位，备用电源断路器分位；

（3）主供电源断路器对应母线有电压；

（4）无外部闭锁条件。

4.13.4.2 备自投放电

备自投满足以下任一条件均应放电（备自投闭锁）：

（1）备自投功能退出；

（2）备自投动作后；

（3）外部触点闭锁备自投开入；

（4）手跳/遥跳切除主供电源；

（5）备用电源断路器合上后放电；

（6）备自投跳主供电源断路器后，跳闸失败放电；

（7）备自投投入“检查备用电源有电压”功能时，若备用电源失电压须经延时放电；

（8）断路器位置异常。

4.13.4.3 备自投启动

备自投在以下任一条件满足后启动：

（1）工作母线无电压且主供电源无电流；

（2）主供电源断路器分位且无电流。

4.13.4.4 动作条件及动作过程

两段母线电压均低于无压定值，工作进线无流，备用进线有压（当装置未接入线路 TV 电压时，可通过控制字选择退出检线路侧电压），延时跳工作进线断路器及失压母线联切出口，确认工作进线断路器跳开后，延时合备用进线断路器。

4.13.5 变压器备自投

变压器的备用方式可分为冷备用和热备用，主接线如图 4－85 所示。冷备用方式下，备用变压器高压侧断路器断开，备自投装置投入备用变压器时要合高低压侧断路器；热备用方式下，备用变压器高压侧断路器闭合，备自投装置投入备用变压器仅需合变压器低压侧断路器。备自投是否跳工作电源的高压侧断路器根据现场实际应用，通过二次接线或投退出口压板实现。

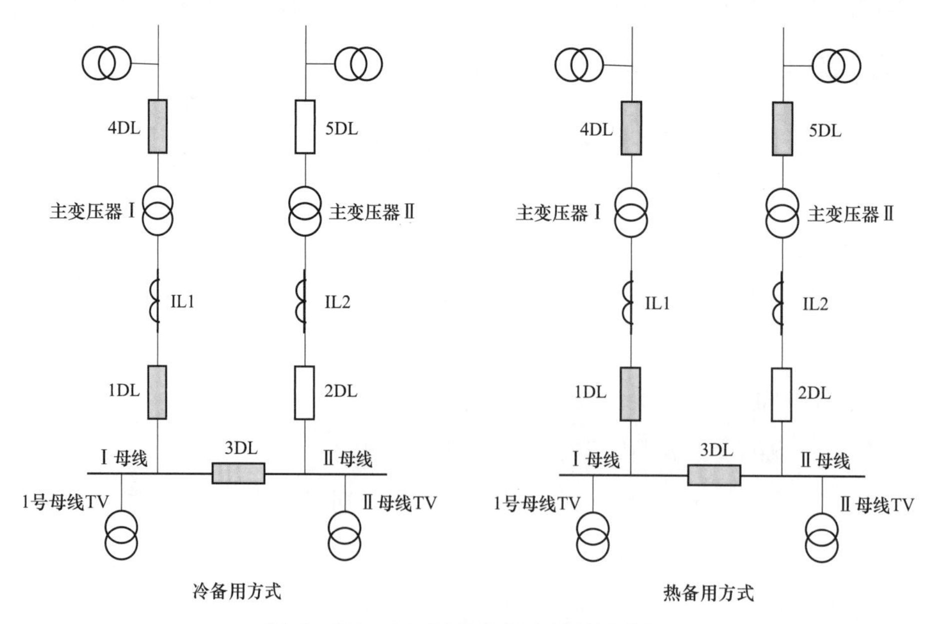

图 4－85 变压器备自投主接线示意图

4.13.5.1 备自投充电

备自投在以下条件均满足时充电，充电结束后开放备自投功能：

（1）备自投功能投入；

（2）两段母线有压，备用变压器高压侧有压（当装置未接入变压器高压侧电压时，可通过控制字选择退出检变压器高压侧电压）；

（3）分段断路器合闸位置；

（4）工作变压器低压侧断路器在合闸位置，备用变压器低压侧断路器在分闸位置；

（5）无外部闭锁条件。

4.13.5.2 备自投放电

备自投满足以下任一条件均应放电（备自投闭锁）：

（1）备自投功能退出；

（2）备自投动作后；

（3）外部触点闭锁备自投开入；

（4）手跳/遥跳切除主供电源；

（5）备用电源断路器合上后放电；

（6）备自投跳主供电源断路器后，跳闸失败放电；

（7）备自投投入“检查备用电源有电压”功能时，若备用电源失电压须经延时放电；

（8）断路器位置异常。

4.13.5.3 备自投启动

备自投在以下任一条件满足后启动：

（1）工作母线无电压且主供电源无电流；

（2）主供电源断路器分位且无电流。

4.13.5.4 动作条件及动作过程

以备用变压器热备用为例，备自投启动后，经跳闸延时跳工作变压器断路器及失压母线联切出口，确认工作变压器低压侧断路器跳开后，延时合备用变压器低压侧断路器。变压器低压侧后备保护动作闭锁备自投。

以备用变压器冷备用为例，备自投启动后，经跳闸延时跳工作变压器断路器及失压母线联切出口，确认工作变压器低压侧断路器跳开后，延时合备用变压器高压侧，延时合低压侧断路器。变压器低压侧后备保护动作闭锁备自投。

4.13.6 分段备自投

分段备自投包括 110kV 分段（桥）备自投和 10kV 分段备自投，以下统一采用分段（桥）备自投描述。

分段（桥）备自投。正常运行时两段母线线电压均大于有压定值，分段（内桥）断路器在分闸位置，两进线断路器（或工作变压器的低压侧断路器）在合闸位置，如图 4－86 所示。

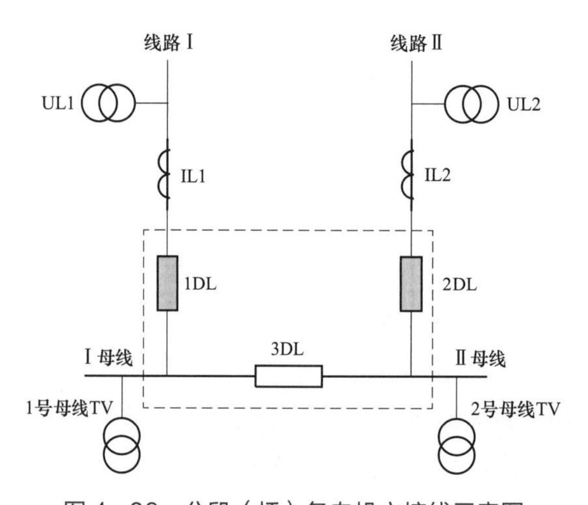

图 4－86 分段（桥）备自投主接线示意图

4.13.6.1 备自投充电

备自投在以下条件均满足时充电，充电结束后开放备自投功能：

（1）备自投功能投入；

（2）两段母线均有压；

（3）分段断路器在分闸位置；

（4）两进线断路器（或工作变压器的低压侧断路器）都在合闸位置；

（5）无外部闭锁条件。

4.13.6.2 备自投放电

备自投满足以下任一条件均应放电（备自投闭锁）：

（1）备自投功能退出；

（2）备自投动作后；

（3）外部触点闭锁备自投开入；

（4）手跳/遥跳切除主供电源；

（5）备用电源断路器合上后放电；

（6）备自投跳主供电源断路器后，跳闸失败放电；

（7）备自投投入“检查备用电源有电压”功能时，若备用电源失电压须经延时放电；

（8）断路器位置异常。

4.13.6.3 备自投启动

备自投在以下任一条件满足后启动：

（1）工作母线无电压且主供电源无电流；

（2）主供电源断路器分位且无电流。

4.13.6.4 动作条件及动作过程：

Ⅰ母或Ⅱ母电压低于无压定值，且对应进线电流小于无流定值，当另一段母线任一线电压有压时，延时跳失压母线进线断路器及失压母线联切出口；确认失压进线（变压器）断路器跳开后，延时合分段（内桥）断路器。

当备自投装置用于内桥断路器，主变保护动作闭锁备自投。

当备自投装置用于 10kV 分段断路器，变压器低压侧后备保护动作闭锁备自投。

4.14 35（10）kV 保护

35（10）kV 电压等级线路保护适用于小电流接地系统，当 35（10）kV 电压等级为低电阻接地方式时，应配置零序过流保护。

35（10）kV 保护包括馈线保护、电容器保护、站用变保护、分段保护及备自投装置等。35（10）kV 保护采用保护、测控、计量多合一装置，按间隔单套配置，就地分散安装于开关柜，采用常规采样、常规跳闸方式，与监控系统、保护设备及故障信息管理子站系统通信，规约采用 DL/T 860 标准，接口采用以太网。

4.14.1 压板配置

对于智能站 35（10）kV 保护测控计量多合一装置，压板配置满足以下要求：

（1）保护功能压板：软、硬压板一一对应，采用“与门”逻辑。但线路保护的“停用重合闸”功能采用控制字、软压板和硬压板三者为“或门”逻辑。

（2）保护远方操作压板：只设硬压板。“远方投退压板”“远方切换定值区”和“远方修改定值”只设软压板；只能在装置本地操作；三者功能相互独立，分别与“保护远方操作”硬压板采用“与门”逻辑。当“保护远方操作”硬压板投入后，上述三个软压板远方功能才有效。

（3）测控远方操作开入：保护测控集成装置的“测控远方操作”只设置硬开入，在操作的屏（柜）上设置转换开关，用于远方操作断路器、刀闸等。

（4）检修状态压板：只设硬压板。当采用 DL/T 860 标准，“检修状态”硬压板投入时，保护装置报文上送带品质位信息，且“检修状态”硬压板遥信不置检修标志。

4.14.2 电容器保护

电容器保护功能包括：

（1）过流保护。设置二段，每段 1 时限，动作跳开断路器。

（2）零序过流保护。零序电流适用于低电阻接地系统，可由三相电流互感器二次回路构成自产零序电流，也可取自独立的零序电流互感器。设置两段，每段 1 时限，Ⅰ段动作于跳闸，可通过控制字选择Ⅱ段动作于跳闸或告警。

（3）欠压保护和过压保护。过压（线电压）元件设置一段 1 时限，采用“或”逻辑，经设定延时动作出口。

低电压保护设置一段 1 时限，在断路器合闸后自动投入，跳闸后自动退出；低电压元件（线电压）采用“与”逻辑，经设定延时动作出口；为防止 TV 断线低电压保护误动，设电流闭锁条件。

（4）不平衡保护。根据电容器组接线方式将不平衡保护分为两种，一种是三相电压差动保护和中性点不平衡电流保护，另一种是三相桥差电流保护和开口三角电压保护，电容器保护装置应至少配置一组不平衡保护功能。

1）应具备反映电容器内部故障的不平衡保护中性点不平衡电流保护、开口三角电压保护、三相差电流保护或三相电压差动保护；三相不平衡电压保护设置一段1时限；不平衡电流保护设置一段1时限。

2）三相不平衡元件采用“或”逻辑，经设定延时动作出口，可显示动作相别信息。

3）开口三角电压取自电容器放电TV 开口三角电压。

（5）闭锁简易母线保护功能（仅适用于智能化装置和多合一装置）。

1）任一段过流保护启动后，瞬时发GOOSE闭锁信号，用于闭锁简易母线保护；

2）保护动作故障切除后，GOOSE闭锁信号应瞬时返回；

3）保护动作后200ms故障未消失，GOOSE闭锁信号应快速返回。

（6）保护动作后应闭锁VQC（电压无功控制），防止误合电容器组。

（7）非电量保护。

1）设1路可投退的非电量保护跳闸功能；

2）设1路可投退的非电量跳闸或者告警功能。

（8）自投切电容器。

4.14.3 接地变保护

接地变保护功能包括：

（1）速断过流保护，当接地变接于低压侧母线时，保护动作跳开接地变断路器和变压器低压侧断路器；当接地变不经断路器直接接于变压器低压侧时，若具备独立三相电流互感器，速断过流保护跳变压器各侧断路器。

（2）过流保护，设置二段，每段1个时限。当接地变接于低压侧母线时，保护动作跳开接地变断路器和变压器低压侧断路器；当接地变不经断路器直接接于变压器低压侧时，若具备独立三相电流互感器，过流保护跳变压器各侧断路器。

（3）零序过流保护，适用于低电阻接地系统，设置二段，Ⅰ段设3个时限，当接地变接于低压侧母线时，1时限跳开母联或分段并闭锁备自投，2时限跳开接地变断路器和变压器低压侧断路器；当接地变不经断路器直接接于变压器低压侧时，1时限跳开母联或分段并闭锁备自投，2时限跳开变压器低压侧断路器，3时限跳开变压器各侧断路器；Ⅱ段设1个时限，动作于跳闸或告警可通过控制字选择。

（4）闭锁简易母线保护。

（5）非电量保护（2路）。

4.14.4 站用变保护

站用变保护功能包括：

（1）高压侧零序过流保护。零序过流保护适用于低电阻接地系统。可由三相电流互感器二次回路构成自产零序电流，也可取自独立的零序电流互感器。零序过流保护（高压侧），设置二段，每段 1 时限，Ⅰ段跳开站用变高、低压侧断路器，可通过控制字选择Ⅱ段动作于跳闸或告警。

（2）高压侧过流保护（高压侧），设置二段，每段 1 时限，动作跳开站用变高、低压侧断路器。

（3）低压侧零序过流保护。零序过流保护取低压侧中性线 TA 电流，设置一段 2 时限，1 时限跳低压侧分段并闭锁低压侧分段备自投，2 时限跳开站用变高、低压侧断路器。

（4）过负荷告警。过负荷告警取站用变高压侧 TA 电流，设置一段 1 时限。

（5）闭锁简易母线保护功能。

1）速断过流保护、高压侧任一段过流保护启动后，瞬时发 GOOSE 闭锁信号，用于闭锁简易母线保护；

2）保护动作故障切除后，GOOSE 闭锁信号应瞬时返回；

3）保护动作后 200ms 故障未消失，GOOSE 闭锁信号应快速返回。

（6）非电量保护。

1）设 1 路可投退的非电量保护跳闸功能；

2）设 1 路可投退的非电量跳闸或者告警功能。

（7）站用变和接地变保护应采用相同装置，该装置应同时具备接地变和站用变保护、测控所有功能，当接地变兼作站用变时，技术原则应以接地变优先。

4.14.5 分段保护

分段保护功能包括：

（1）充电过流保护。作为母线充电保护，并兼作新线路投运时的辅助保护。

（2）零序过流保护。当采用低电阻接地方式时，可配置零序过流保护。

4.14.6 馈线保护

线路保护功能包括过流保护、零序过电流保护、低频减载和低压减载。

4.15 合 并 单 元

合并单元 MU 应能汇集（或合并）电子式电压互感器、电子式电流互感器输出的数字信号量，也可汇集并采样传统电压互感器、电流互感器输出的模拟信号或者电子式互感器输出的模拟小信号，并进行传输。

互感器与合并单元的典型结构如图 4－87 所示。电子式互感器的交流电压电流输出通过光纤连接到合并单元，常规互感器的交流电压电流通过电缆连接到合并单元。

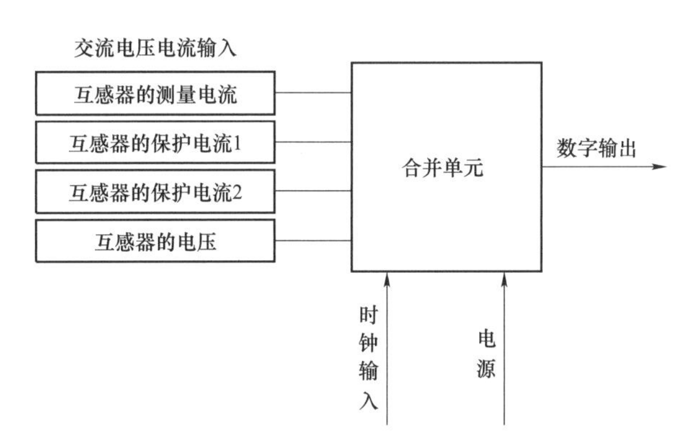

图 4－87 互感器与合并单元的典型接线示意图

按间隔配置的合并单元接收来自本间隔电流互感器的电流信号，若本间隔有电压互感器，还需接入本间隔电压信号。若本间隔二次设备需接入母线电压，还需级联接入来自母线电压合并单元的母线电压信号。

MU 在复位启动过程中不输出数据，在电源中断、装置电源电压异常、采集单元异常、通信中断、通信异常等情况下应不误输出。

合并单元“检修状态”硬压板投入时，“检修状态”遥信置检修状态。

当母线合并单元检修时，间隔合并单元级联母线合并单元后发送的数据也需置检修，其余数据不置检修。

4.15.1 电压并列与电压切换

母线电压合并单元可接收电压互感器数据，并支持向其他合并单元提供母线电压数据，根据需要提供电压并列功能。各间隔合并单元所需母线电压量通过母线电压合并单元转发。具体配置应满足以下要求：

（1）双母线接线，保护双套配置时，两段母线按双重化配置两台母线电压合并单元。每台合并单元具备 GOOSE 接口，接收智能终端传递的母线电压互感器刀闸位置、母联（分段）刀闸位置和断路器位置，用于电压并列。

（2）双母单分段接线，保护双套配置时，按双重化配置两台母线电压合并单元，含电压并列功能（不考虑横向并列）。

（3）双母双分段接线，保护双套配置时，按双重化配置四台母线电压合并单元，含电压并列功能（不考虑横向并列）。

（4）母线电压由母线合并单元点对点通过间隔合并单元转接给各间隔保护装置。

根据 DL/T 282—2018《合并单元技术条件》，以双母线接线为例，母线合并单元的电压并列与电压切换逻辑如表 4－13、表 4－14 所示。

表 4－13　　合并单元双母线接线电压并列逻辑

状态序号	把手位置		母联位置	各段母线输出电压	
	Ⅱ母强制用Ⅰ母	Ⅰ母强制用Ⅱ母	母联状态	Ⅰ母电压	Ⅱ母电压
1	0	0	x	Ⅰ母	Ⅱ母
2	1	0	10	Ⅰ母	Ⅰ母
3	1	0	01	Ⅰ母	Ⅱ母
4	1	0	00 或 11	保持	保持
5	0	1	10	Ⅱ母	Ⅱ母
6	0	1	01	Ⅰ母	Ⅱ母
7	0	1	00 或 11	保持	保持
8	1	1	10	保持	保持
9	1	1	01	Ⅰ母	Ⅱ母
10	1	1	00 或 11	保持	保持

表 4－13 中，不考虑遥控并列或自动并列。把手位置为 1 表示该把手位于合位，把手位置为 0 表示该把手位于分位，“x”表示任意状态。。母联断路器位置为双位置，“10”为合位，“01”为分位，“00”和“11”表示中间位置和无效位置。当母联位置为中间位置和无效位置时，延迟 1min 以上报警“母联位置异常”。当 2 个把手状态同时为 1 时，延迟 1min 以上报警“并列把手状态异常”。在“保持”逻辑情况下上电，按分列运行，输出的母线电压带“无效”标志。

表 4－14　　合并单元双母线接线电压切换逻辑

<table>
<tr><th rowspan="2">状态序号</th><th colspan="2">Ⅰ母隔刀</th><th colspan="2">Ⅱ母隔刀</th><th rowspan="2">母线电压输出</th><th rowspan="2">报警说明</th></tr>
<tr><th>合</th><th>分</th><th>合</th><th>分</th></tr>
<tr><td>1</td><td>0</td><td>0</td><td>0</td><td>0</td><td>保持</td><td rowspan="7">延迟 1min 以上报“刀闸位置异常”</td></tr>
<tr><td>2</td><td>0</td><td>0</td><td>0</td><td>1</td><td>保持</td></tr>
<tr><td>3</td><td>0</td><td>0</td><td>1</td><td>1</td><td>保持</td></tr>
<tr><td>4</td><td>0</td><td>1</td><td>0</td><td>0</td><td>保持</td></tr>
<tr><td>5</td><td>0</td><td>1</td><td>1</td><td>1</td><td>保持</td></tr>
<tr><td>6</td><td>0</td><td>0</td><td>1</td><td>0</td><td>Ⅱ母电压</td></tr>
<tr><td>7</td><td>0</td><td>1</td><td>1</td><td>0</td><td>Ⅱ母电压</td></tr>
<tr><td>8</td><td>1</td><td>0</td><td>1</td><td>0</td><td>Ⅰ母电压</td><td>报警切换同时动作</td></tr>
<tr><td>9</td><td>0</td><td>1</td><td>0</td><td>1</td><td>电压输出为 0，品质有效</td><td>报警切换同时动作</td></tr>
<tr><td>10</td><td>1</td><td>0</td><td>0</td><td>1</td><td>Ⅰ母电压</td><td></td></tr>
<tr><td>11</td><td>1</td><td>1</td><td>1</td><td>0</td><td>Ⅱ母电压</td><td rowspan="6">延迟 1min 以上报“刀闸位置异常”</td></tr>
<tr><td>12</td><td>1</td><td>0</td><td>0</td><td>0</td><td>Ⅰ母电压</td></tr>
<tr><td>13</td><td>1</td><td>0</td><td>1</td><td>1</td><td>Ⅰ母电压</td></tr>
<tr><td>14</td><td>1</td><td>1</td><td>0</td><td>0</td><td>保持</td></tr>
<tr><td>15</td><td>1</td><td>1</td><td>0</td><td>1</td><td>保持</td></tr>
<tr><td>16</td><td>1</td><td>1</td><td>1</td><td>1</td><td>保持</td></tr>
</table>

表 4－14 中，母线电压输出为“保持”，表示间隔合并单元保持之前隔刀位置正常时切换选择的Ⅰ母或Ⅱ母的母线电压，母线电压数据品质应为有效。间隔 MU 上电后，未收到刀闸位置信息时，输出的母线电压带“无效”品质：上电后，若收到的初始隔刀位置与表中“母线电压输出”为“保持”的刀闸位置一致，输出的母线电压带“无效”品质。

4.15.2 异常告警

MU 应能对装置本身的硬件或通信状态进行自检，并能对自检事件进行记录。合并单元应采集装置的投退、异常、故障及检修压板状态信息。

装置异常信号应包括时钟同步异常、SV、GOOSE 接收异常等告警信息。

装置故障信号应反映装置失电情况，并采用硬接点方式接入。

合并单元可通过 GOOSE 报文发送异常告警信息，根据 DL/T 1661—2016《智能变电站监控数据与接口技术规范》，典型合并单元设备监控数据如表 4－15 所示。

表 4－15 典型合并单元监控数据

序号	数据分类	数据类型	数据内容
1	运行数据	模拟量	采集交流电压电流
2		状态量	远方就地位置
3	告警数据	状态量	设备故障，设备异常，对时异常，SV 告警，SV 采样链路中断，SV 采样数据异常，GOOSE 告警，GOOSE 数据异常，GOOSE 链路中断，检修连接片投入，控制柜温度、湿度，温湿度控制设备故障等

在合并单元发出的SV数据报文中的串口帧状态字1和2包含了部分异常状态信息，如表 4－16、表 4－17 所示。

表 4－16 合并单元 SV 报文串口帧状态字 1 说明

比特位	说明		注释
0	要求维修	0：良好 1：警告或报警（要求维修）	—
1	互感器工作状态	0：接通（正常运行） 1：试验	—
2	激发时间指示 激发时间数据的有效性	0：接通（正常运行），数据有效 1：激发时间，数据无效	—
3	互感器的同步方法	0：数据集不采用插值法 1：数据集适用于插值法	—
4	对同步的各互感器	0：样本同步 1：时间同步消逝/无效	—
5	对 DataChannel #1	0：有效 1：无效	—
6	对 DataChannel #2	0：有效 1：无效	—

续表

比特位	说明		注释
7	对 DataChannel #3	0：有效 1：无效	—
8	对 DataChannel #4	0：有效 1：无效	—
9	对 DataChannel #S	0：有效 1：无效	—
10	对 DataChannel #6	0：有效 1：无效	—
11	对 DataChannel #7	0：有效 1：无效	—
12	TA 输出类型 i（t）或 d（i（t））/dt	0：i（t） 1：d（i（t））/dt	对空心线圈应设置
13	RangeFlag	0：标度因子 SCP＝01CFH 1：标度因子 SCP＝00E7H	测量用 ECT、EVT 标度因子 2D41H（默认值）
14	备用	—	—
15		—	—

表 4－17 合并单元 SV 报文串口帧状态字 2 说明

比特位	说明		注释
0	对 DataChannel #8	0：有效 1：无效	—
1	对 DataChannel #9	0：有效 1：无效	—
2	对 DataChannel #10	0：有效 1：无效	—
3	对 DataChannel #11	0：有效 1：无效	—
4	对 DataChannel #12	0：有效 1：无效	—
5	对 DataChannel #13	0：有效 1：无效	—
6	对 DataChannel #14	0：有效 1：无效	—
7	对 DataChannel #15	0：有效 1：无效	—
8～15	厂家自定义	—	—

SV 报文的串口状态字中可通过通信传输的异常状态信息包括：

（1）要求维修［良好/警告或报警（要求维修）］。对于互感器数据采集和传输环节的异常、合并单元接收的链路中断、丢帧、数据帧校验错误、合并单元自身工作状态异常等需要维修的不正常工作状态，该状态字为“警告或报警（要求维修）”。

（2）互感器工作状态（接通/试验）。对互感器的工作状态进行标识，正常运行时该状态字为“接通”，试验状态下该状态字为“试验”。

（3）激发时间指示，激发时间数据的有效性（接通，数据有效/激发时间，数据无效）。合并单元处于激发状态下，该状态字为“激发时间，数据无效”，激发状态结束进入接通状态后，该状态字为“接通，数据有效”。

（4）样本同步（时间同步/消逝或无效）：

1）合并单元装置上电时，直接进入失步状态，该状态字为“消逝或无效”。

2）合并单元处于失步状态时，连续接收到 10 个有效时钟授时信号（时间均匀性误差小于 10us）后，进入跟随状态，置“时间同步”标示。

3）在合并单元处于跟随状态时，若接收到的有效时钟授时信号与自身时钟误差小于 10μs，则保持跟随状态；若未接收到时钟授时信号或授时信号与合并单元自身时钟时间差大于 10μs，则进入守时状态。

4）在合并单元处于守时状态时，若连续接收到 5 个授时信号与合并单元自身时钟时间差小于 10μs，则进入跟随状态。

5）在合并单元处于守时状态时，若连续接收到 5 个与合并单元时间差大于 10μs 有效时钟授时信号，则进入失步状态，清除“时间同步”标志，该状态字为“消逝或无效”。

6）在合并单元处于守时状态时，若持续 10min 未接收到有效时钟则进入失步状态，清除“时间同步”标志，该状态字为“消逝或无效”。

（5）DataChannel#1－#15（数据有效/无效）。对接入的数据进行采样值异常判断，在电压电流数据异常时该标志置为“无效”。

4.16 智 能 终 端

4.16.1 检修压板处理

智能终端支持检修硬压板输入，当检修投入时，装置面板应具备明显指示表明装置处于检修，并在报文中置检修位。当智能终端的检修状态与发送方的检修状态不一致时，智能终端应不动作；一致时，智能终端应能正确动作。闭锁跳闸和闭锁合闸逻辑示例如图 4－88 和图 4－89 所示。

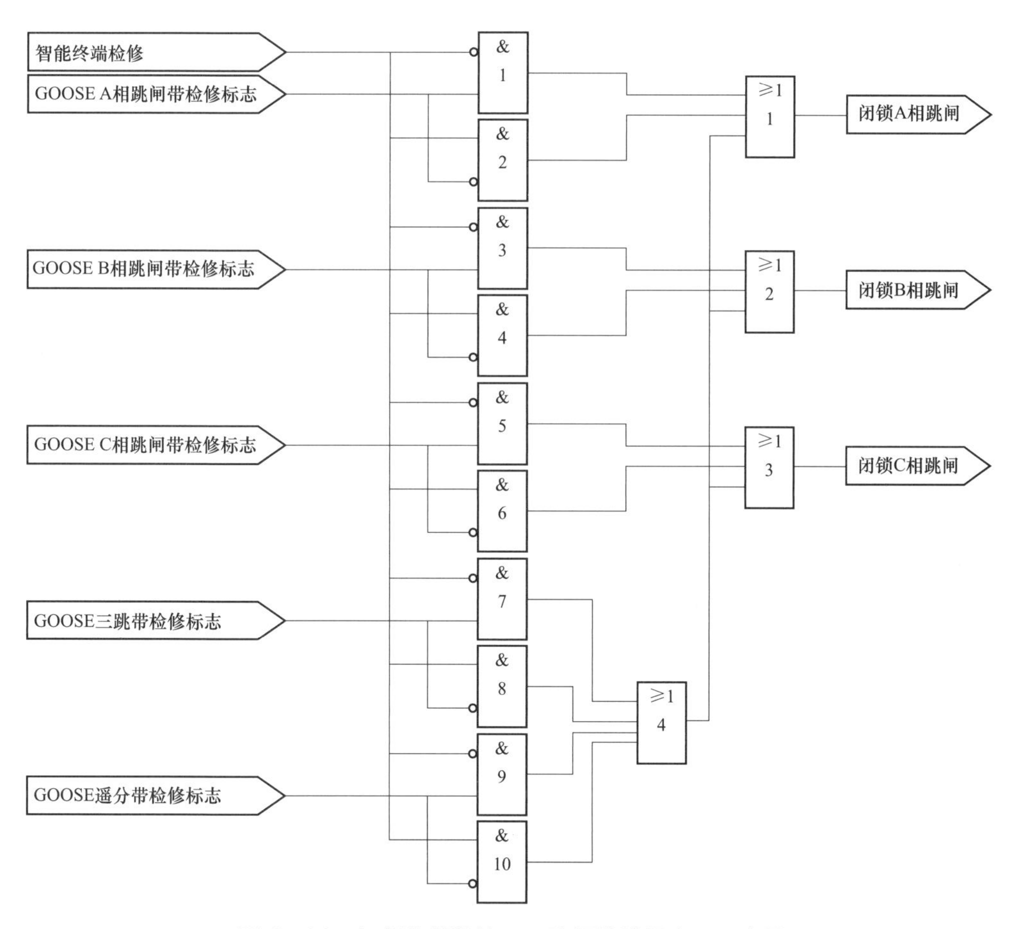

图 4－88 智能终端检修不一致闭锁跳闸出口示意图

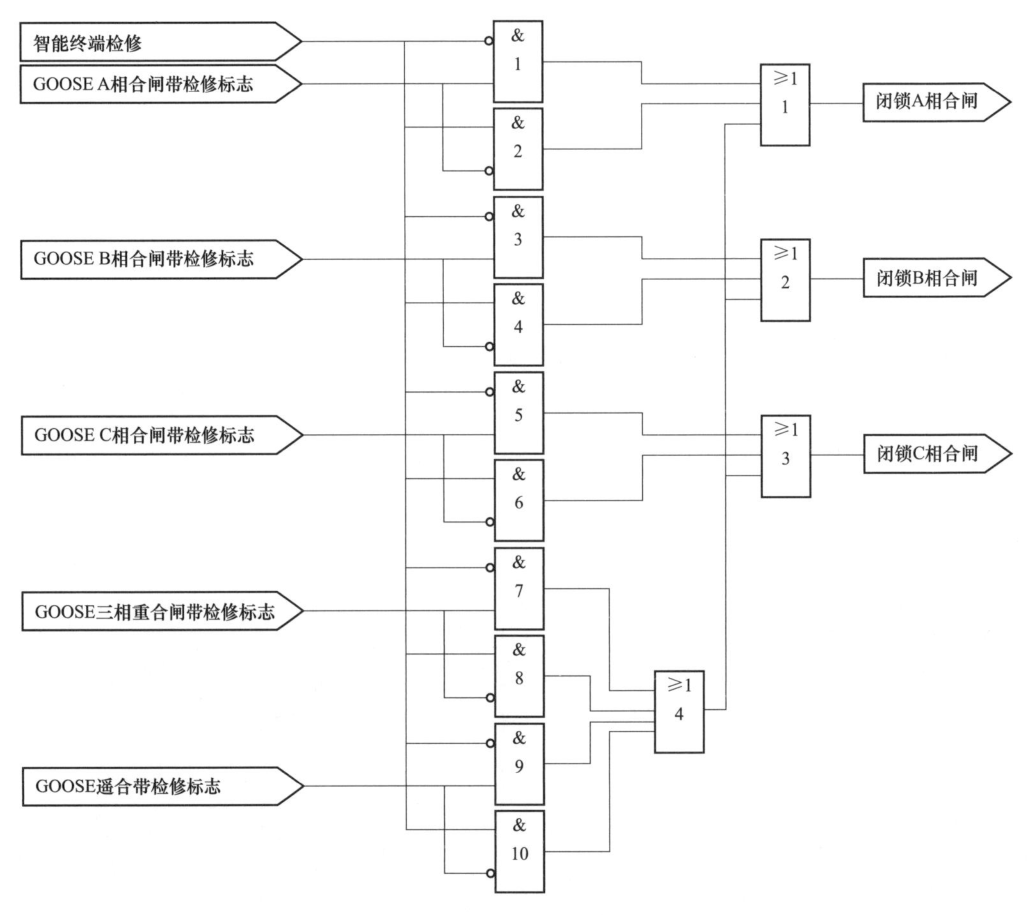

图 4－89　智能终端检修不一致闭锁合闸出口示意图

4.16.2　异常告警

根据 DL/T 1661—2016《智能变电站监控数据与接口技术规范》，典型智能终端设备监控数据如表 4－18 所示。

表 4－18　　典型智能终端监控数据

序号	数据分类	数据类型	数据内容
1	运行数据	模拟量	
		状态量	远方就地位置
2	动作数据		
3	告警数据		设备故障，设备异常，对时异常，GOOSE 告警，GOOSE 数据异常，GOOSE 链路中断，检修连接片投入，控制柜温度、湿度，温湿度控制设备故障等
4	控制命令		

典型智能终端的告警输出如表 4－19 所示。

表 4－19　　智能终端告警表

序号	信息名称	是否强制（M 强制/O 非强制）
1	装置闭锁	M
2	装置异常	M
3	闭锁总	O
4	异常总	O
5	通信电源消失	O
6	控制电源消失	M
7	事故总	M
8	控制回路断线	O
9	对时异常	O
10	检修状态	M
11	另一套智能终端告警	M
12	另一套智能终端装置失电	M
13	本套合并单元告警	M
14	本套合并单元装置失电	M
15	GOOSE 总告警	M
16	**GOOSE 配置错误	O
17	**GOOSE 中断	O
18	**GOOSE 数据异常	O
19	**GOOSE 检修不一致	O

5 数字化保护原理案例

5.1 设备典型配置

以 110kV 智能变电站为例。110kV 变电站具备 110kV 和 10kV 两个电压等级，在仿真培训系统中展示的主接线如图 5－1 所示。

示例过程层设备分别选用智能合并单元和智能终端装置。

保护设备及过程层设备配置如表 5－1 所示。

表 5－1　　示例 110kV 智能站设备配置表

序号	间隔	设备	保护相关功能配置
1	110kV 进线 1、110kV 进线 2	线路保护； 合并单元（线路）； 智能终端（线路断路器）	三段相间距离保护； 三段接地距离保护； 四段零序过流保护； TV 断线过流保护； 不对称相继动作保护； 重合闸（检线路无压母线有压）； 后加速保护
2	110kV 母线	合并单元（母线）	电压切换； 电压并列
3	110kV 分段	分段保护； 备自投； 合并单元（分段）； 智能终端（分段断路器）	充电过流保护； 充电零流保护； 分段备自投
4	#1、#2 主变	变压器保护； 合并单元（主变高）； 合并单元（主变低）； 智能终端（变压器高）； 智能终端（变压器低）； 智能终端（变压器本体）	差动速断保护； 差动保护； 非电量保护； 高过流 I 段 1 时限保护； 高零流 I 段 1 时限保护； 高零压 1 时限保护； 低过流 I 段 1/2 时限保护； 低零压告警； 差流越限告警； 过负荷告警
5	10kV 馈线#1－#6	线路保护测控装置	三段相过流保护； 重合闸； 低频减载； 低压减载； 后加速保护
6	10kV 电容器#1－#4	电容器保护测控装置	两段过流保护； 不平衡电压保护； 不平衡电流保护； 非电量保护； 过压/低压保护
7	10kV 接地变#1－#2	变压器保护测控装置	三段过流保护

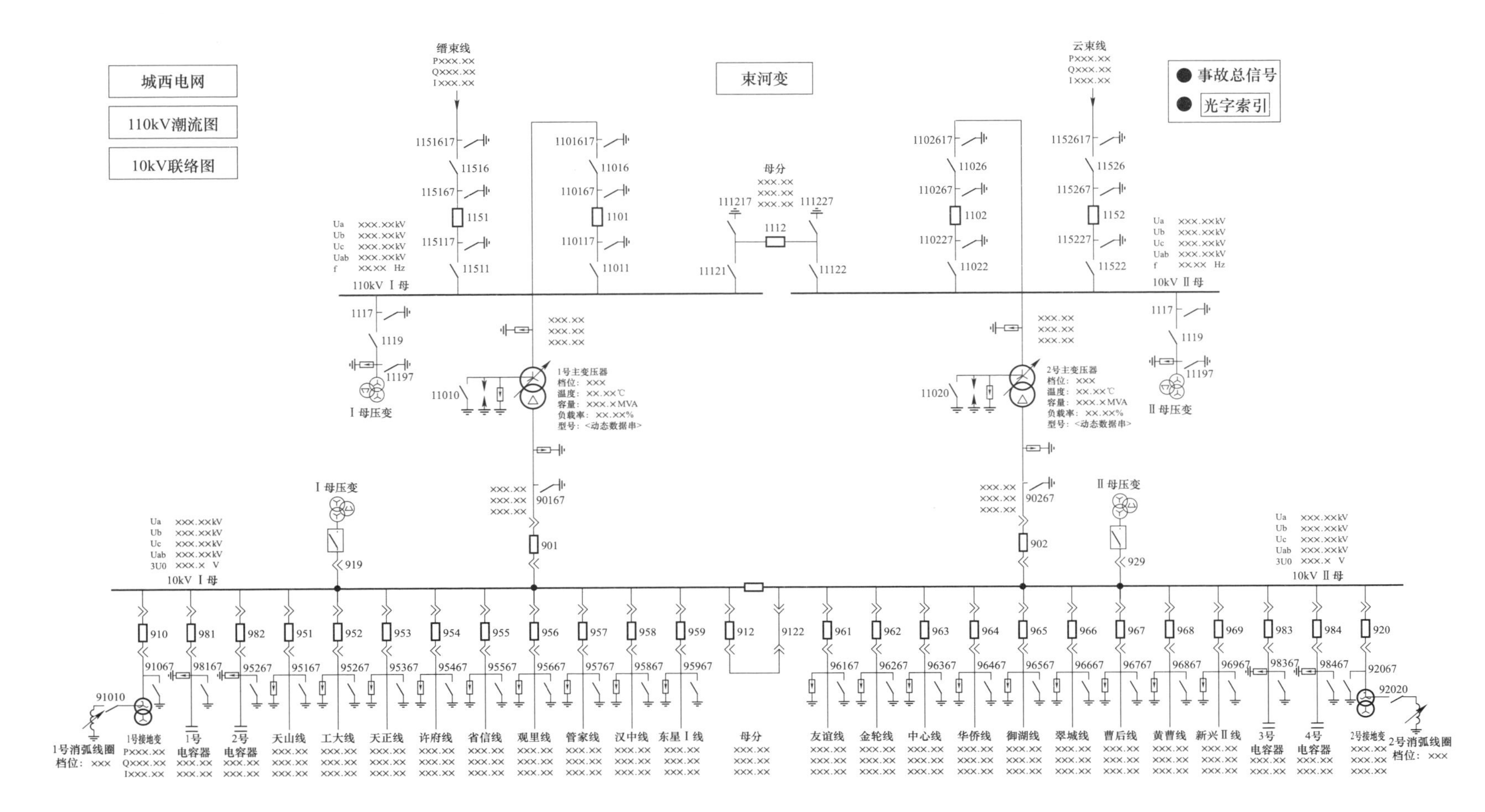

图5-1 示例110kV智能变电站主接线图

从光字牌索引图 5－2 中可查看变电站配置的二次设备。

主变	#1主变图一	#1主变图二	#1主变图三	
	#2主变图一	#2主变图二	#2主变图三	
110kV	缙束线	云東线	110kV母线	
	110kV母分图一	110kV母分图二		
10kV	天山线	工大线	天正线	许府线
	省信线	观里线	管家线	汉中线
	友谊线	金轮线	中心线	华侨线
	御湖线	翠城线	曹后线	黄曹线
	东星Ⅰ线	新兴Ⅱ线		
	#1电容器	#2电容器	#3电容器	#4电容器
	#1接地变	#2接地变	10kV母分	10kV母线
公用	站用电	直流系统	公用信息	

图 5－2　110kV 智能站光字牌索引示例图

5.2　合　并　单　元

5.2.1　功能

示例合并单元 PSMU602 配合传统电流、电压互感器，实现二次输出模拟量的数字采样及同步，向站内保护、测控、录波等智能电子设备输出采样值。合并单元可以双 A/D 采样的模式发送数据，比如 A 相保护电流有两路输出：A 相保护电流 1 和 A 相保护电流 2；这两路电流分别是两个 A/D 采样后的输出。对所有的信号而言，保护电流和电压信号均能双路输出，测量电流信号为单路输出。

应用于线路和主变的开关间隔合并单元 PSMU602GC 采集三相保护电流、计量电流和电压（计量绕组）、一相线路电压（用于检同期），接收母线合并单元三相电压信号。在用于变压器时，还采集中性点零序、间隙电流信号。合并单元将所有采集和接收的交流电压电流合并后，按标准要求组成通信报文后输出。

开关间隔合并单元如图 5－3 所示。

示例变电站 110kV 为单母线分段接线，PSMU602 GV 母线合并单元接入了两段母线电压、TV 投入的开入以及来自分段智能终端的 GOOSE 信息，根据母线电压来源自动进行电压切换和电压并列。母线合并单元如图 5－4 所示。

图 5-3　110kV 线路主变合并单元示例图

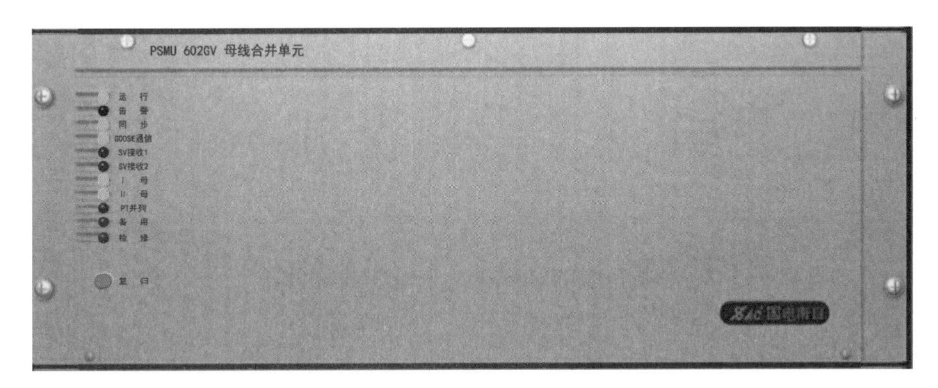

图 5-4　110kV 母线合并单元示例图

5.2.2　面板 LED 灯指示

装置主要运行状态可通过面板 LED 灯指示，合并单元的 LED 指示灯如表 5-2 所示。

表 5-2　　合并单元 PSMU602 指示灯说明

序号	信号灯名称	颜色	说明
1	运行	绿灯	正常运行时长亮
2	告警	红灯	异常时告警灯长亮
3	同步	绿灯	同步时长亮，未同步或守时过程中闪烁
4	GOOSE 通信	绿灯	正常时长亮，中断时闪烁，熄灭表示不接收 GOOSE
5	SV 接收 1	绿灯	正常时长亮，中断时闪烁，熄灭表示 1 口不接收 SV
6	SV 接收 2	绿灯	正常时长亮，中断时闪烁，熄灭表示 2 口不接收 SV
7	Ⅰ 母运行	绿灯	配置 TV 切换情况下，长亮表示在Ⅰ母运行
8	Ⅱ 母运行	绿灯	配置 TV 切换情况下，长亮表示在Ⅱ母运行

续表

序号	信号灯名称	颜色	说明
9	TV 并列	绿灯	配置 TV 并列情况下，长亮表示处于并列状态
10	备用	绿灯	熄灭
11	备用	绿灯	熄灭
12	检修	红灯	检修状态时长亮，非检修态时熄灭

5.2.3 输出信息

合并单元对本身的 AD 采样、FLASH、工作电压等硬件环节进行自检，并能对异常事件进行记录和保存。在 MU 故障时可通过 GOOSE 上送告警内容，并输出告警接点。装置 GOOSE 输出的信息如表 5－3 所示。

表 5－3　　合并单元 PSMU602 输出 GOOSE 说明

序号	信息定义	说明
1	告警总	发生“SV 接收中断”“配置错”或“平台告警”
2	失步	失去同步时钟信号且超出守时范围
3	配置错	采样或 GOOSE 配置文件错误
4	平台告警	软件异常
5	SV 接收 1 中断	9－2/FT3 接收口 1 通信中断或接收报文异常，检查 SV 链路和报文
6	SV 接收 2 中断	9－2/FT3 接收口 1 通信中断或接收报文异常，检查 SV 链路和报文
7	GOOSE1 中断	GOOSE 接收口 1 通信中断或接收报文异常，检查 GOOSE 链路和报文
8	GO0SE2 中断	GOOSE 接收口 2 通信中断或接收报文异常，检查 GOOSE 链路和报文
9	GOOSE3 中断	GOOSE 接收口 3 通信中断或接收报文异常，检查 GOOSE 链路和报文
10	GOOSE4 中断	GOOSE 接收口 4 通信中断或接收报文异常，检查 GOOSE 链路和报文
11	GOOSE5 中断	GOOSE 接收口 5 通信中断或接收报文异常，检查 GOOSE 链路和报文
12	GOOSE 中断	存在 GOOSE1－GOOSE5 中断
13	TV 并列告警	电压并列状态异常；检查母联/分段位置和并列把手状态
14	TV 切换刀闸位置无效	Ⅰ母刀闸或Ⅱ母刀闸位置无效
15	TV 并列	TV 并列状态
16	TV 切换刀闸同时动作	Ⅰ母刀闸、Ⅱ母刀闸同时处于合位
17	Ⅰ母	取Ⅰ母电压；用于电压切换

续表

序号	信息定义	说明
18	Ⅱ母	取Ⅱ母电压；用于电压切换
19	TV 切换刀闸同时返回	Ⅰ母刀闸、Ⅱ母刀闸同时处于分位
20	复归	信号复归
21	检修状态	检修投入状态

5.2.4 电压并列及电压切换

母线合并单元接线如图 5－5 所示。

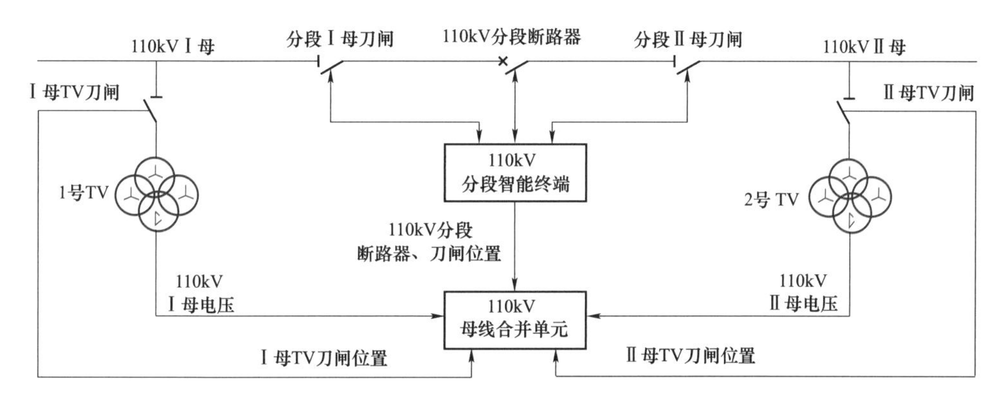

图 5－5 110kV 单母线分段母线 TV 合并单元接线示例图

PSMU602 GV 母线合并单元中，“刀闸 1”和“刀闸 2”的定义如表 5－4 所示：

表 5－4 PSMU602 GV 母线合并单元刀闸定义

名称	定义	
	电压切换	电压并列
刀闸 1	分段Ⅰ母刀闸	Ⅰ母 TV 刀闸
刀闸 2	分段Ⅱ母刀闸	Ⅱ母 TV 刀闸

110kV 母线 TV 间隔电压信号产生示例如图 5－6 所示。

图 5－6 中，母线合并单元采集 110kV 分段开关刀闸位置以及来自 110kV Ⅰ母 TV 和 110kV Ⅱ母 TV 的母线电压 $U_{A1}/U_{B1}/U_{C1}$ 和 $U_{A2}/U_{B2}/U_{C2}$，经电压切换或并列判断后，将获取的Ⅰ母电压和Ⅱ母电压采样值 $U_{a1}/U_{b1}/U_{c1}$ 和 $U_{a2}/U_{b2}/U_{c2}$ 传输给 110kV 线路合并单元、110kV 变压器高合并单元和过程层交换机。

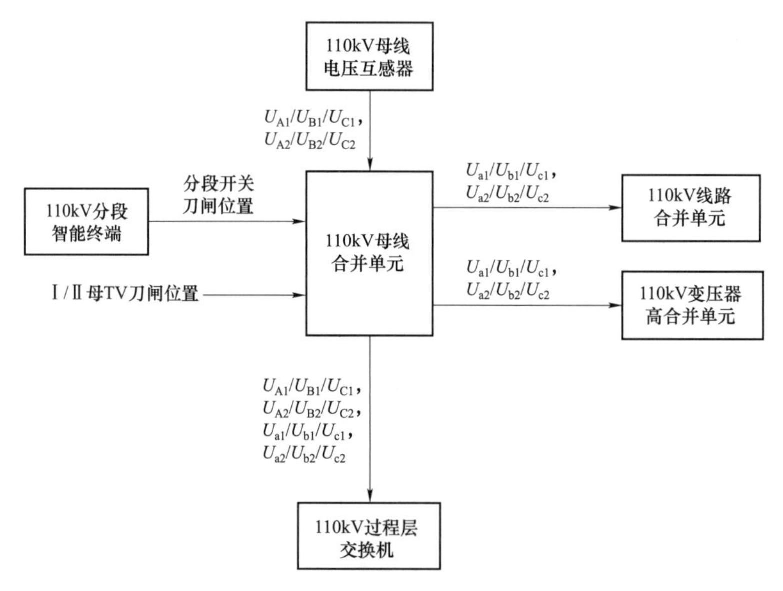

图 5-6　110kV 母线 TV 电压信号产生示例图

PSMU602 GV 母线合并单元的母线电压切换逻辑如图 5-7 所示。图中“非法状态”下，维持原 TV 切换状态，若初始上电即为“非法状态”，则输出采样数据无效。

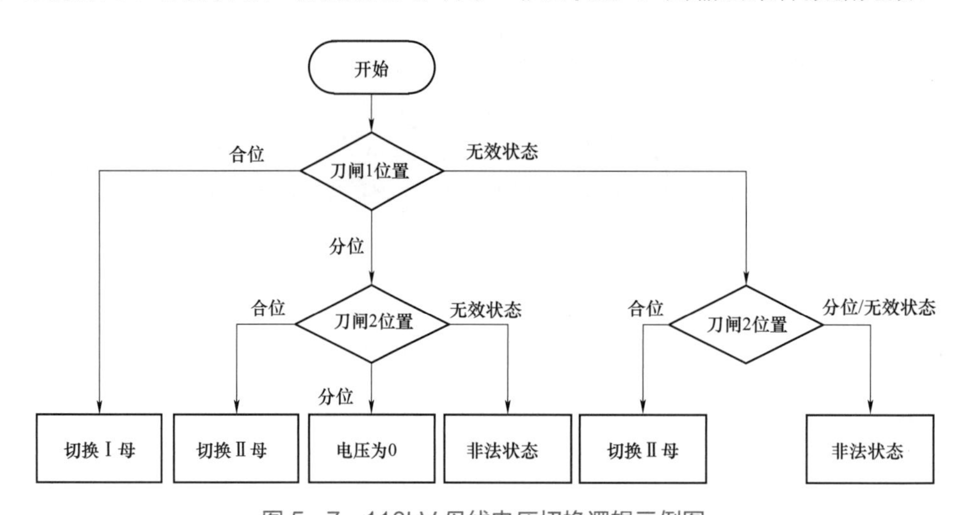

图 5-7　110kV 母线电压切换逻辑示例图

PSMU602 GV 母线合并单元在单母线分段接线下的母线电压并列逻辑如图 5-8 所示。图中未涵盖的逻辑，视为“非法状态”，维持 TV 并列状态，若初始上电即为非法状态，则输出数据无效。

仿真系统中可以查看 110kV 母线间隔的接线图、测量信息、压板以及测控装置和合并单的光字牌信息。间隔展示如图 5-9 所示。

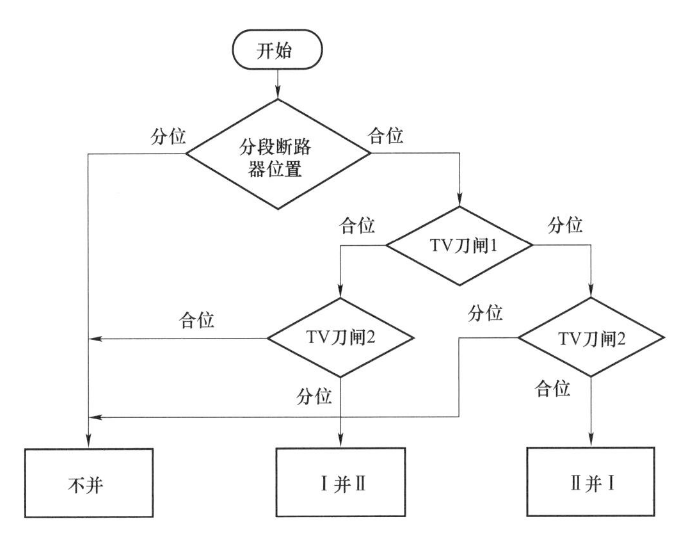

图 5-8　110kV 母线单母线分段接线电压并列逻辑示例图

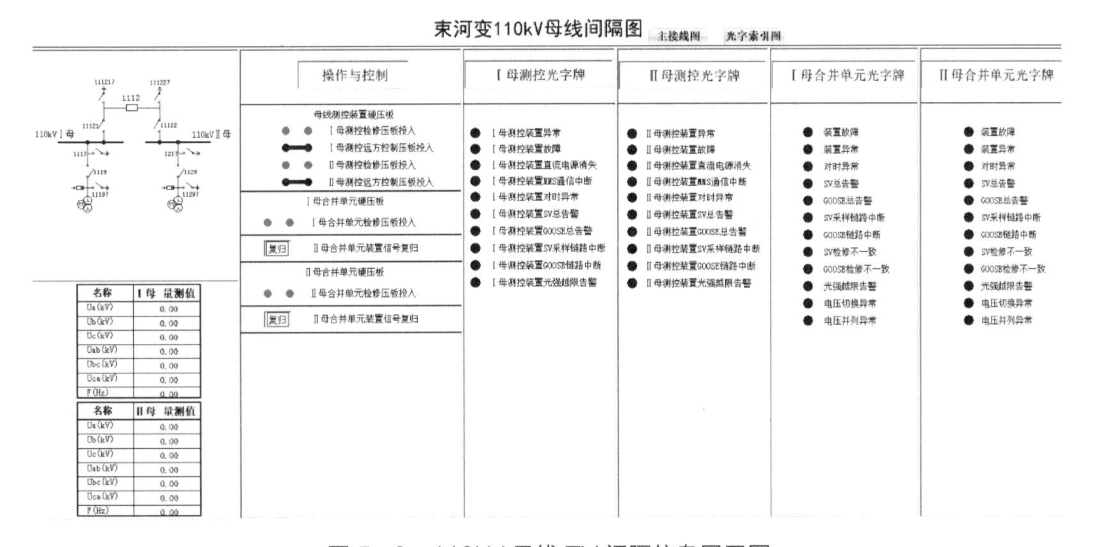

图 5-9　110kV 母线 TV 间隔信息展示图

5.3　智　能　终　端

5.3.1　功能

以断路器智能终端为例，智能终端 PCS222B 可与分相或三相操作的双跳圈断路器配合使用，具有一组分相跳闸回路和一组分相合闸回路，以及 4 个刀闸、3 个地刀的分合出口，支持 GOOSE 通信协议，具有两个独立的光纤 GOOSE 口，可分别接入两个保护 GOOSE 网。智能终端示例如图 5－10 所示。

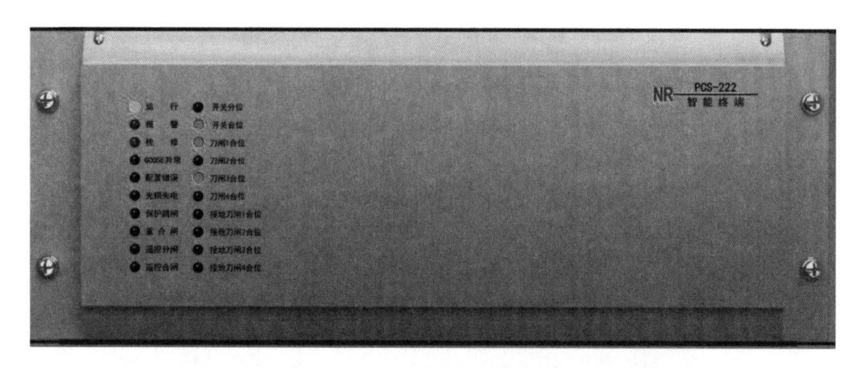

图 5－10　110kV 断路器智能终端示例图

PCS222B 智能终端具有下述功能：

（1）断路器操作功能。

1）一套分相的断路器跳闸控制回路，一套分相的断路器合闸回路；

2）支持保护的分相跳闸、三跳、重合闸等 GOOSE 命令；

3）支持测控的遥控分、合等 GOOSE 命令；

4）具有电流保持功能；

5）具有压力监视及闭锁功能；

6）具有跳合闸回路监视功能；

7）各种位置和状态信号的合成功能。

（2）开入开出功能。

（3）可以完成开关、刀闸、地刀的控制和信号采集。

（4）支持联锁命令输出。

5.3.2　输出信息

智能终端 PCS222B 可检测并输出的用于 110kV 智能变电站的典型信息如表 5－5 所示。

表 5－5　智能终端 PCS222B 典型信息表

序号	信息分类	名称
1	模拟量	直流信号，依据工程确定
2	状态量	总断路器位置
3		A/B/C 相断路器位置

续表

序号	信息分类	名称
4	状态量	刀闸 1/2/3/4 位置
5		接地刀闸 1/2/3/4 位置
6		闭锁重合闸
7		开关压力低禁止重合闸
8		KKJ 合后位置
9		SHJ/STJ
10		手合/手跳开入
11		TJF 三跳开入
12		TJR 开入
13		检修
14		另一套智能终端告警
15		另一套智能终端闭锁
16		事故总
17		光耦电源异常
18		断路器压力异常
19		控制回路断线
20		总线启动信号异常
21		GOOSE 输入长期动作
22		GPS 异常
23		GOOSE 总告警
24		操作电源掉电
25		GOOSE A/B 网告警：数量依据工程

5.3.3 跳闸逻辑

装置能够接收保护测控装置通过 GOOSE 报文送来的跳闸信号，同时支持手跳接点输入。

图 5－11 中，是一组跳闸回路的所有输入信号转换成 A、B、C 分相跳闸命令的逻辑图，包括：

（1）保护分相跳闸 GOOSE 输入包括“GOOSE A 相跳闸”“GOOSE B 相跳闸”和“GOOSE C 相跳闸”输入信号，每相提供了 2 个输入接口，可同时与两套保护相配合，第一套保护使用第 1 组分相跳闸输入接口，第二套保护使用第 2 组分相跳闸输入接口；

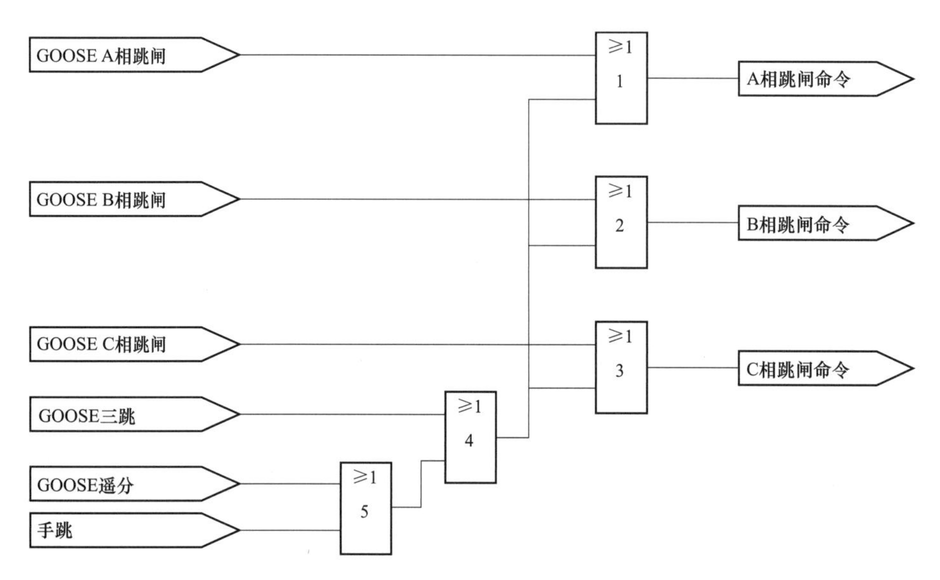

图 5－11　智能终端跳闸命令产生示例图

（2）“GOOSE 三跳”输入为保护三跳启动重合闸的输入信号；

（3）“GOOSE 遥分”为来自测控装置的 GOOSE 遥分输入；

（4）“手跳”为硬接点开入。

接收到跳闸命令后，智能终端进行跳闸出口判断，实现示例如图 5－12 所示。

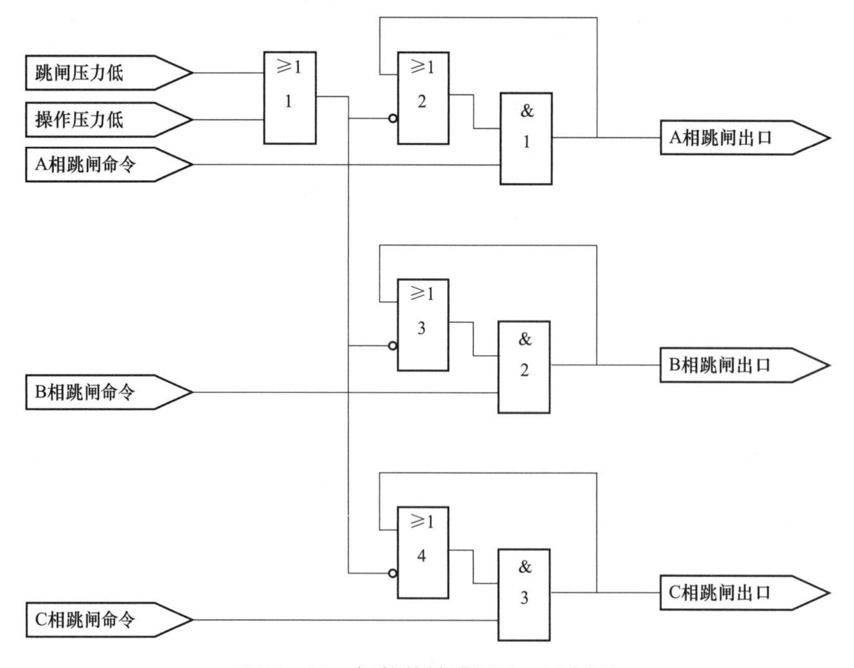

图 5－12　智能终端跳闸出口示例图

以A相为例，“或门1”“或门2”和“与门1”构成跳闸压力闭锁功能，其作用是：在跳闸命令到来之前，如果断路器操作机构的跳闸压力或操作压力不足，即“跳闸压力低”或“操作压力低”的状态为“1”，“或门2”的输出为“0”，装置会闭锁跳闸命令，以免损坏断路器；而如果“跳闸压力低”或“操作压力低”的初始状态为“0”，“或门2”的输出为“1”，一旦跳闸命令到来，跳闸出口立即动作，之后即使出现跳闸压力或操作压力降低，“或门2”的输出仍然为“1”，装置也不会闭锁跳闸命令，保证断路器可靠跳闸。

A、B、C相跳闸出口动作后再分别经过装置的A、B、C相跳闸电流保持回路使断路器跳闸。

5.3.4 合闸逻辑

装置能够接收保护测控装置通过GOOSE报文送来的合闸信号，同时支持手合接点输入。

图5-13中给出的是合闸回路的所有合闸输入信号转换成A、B、C分相合闸命令的逻辑图。

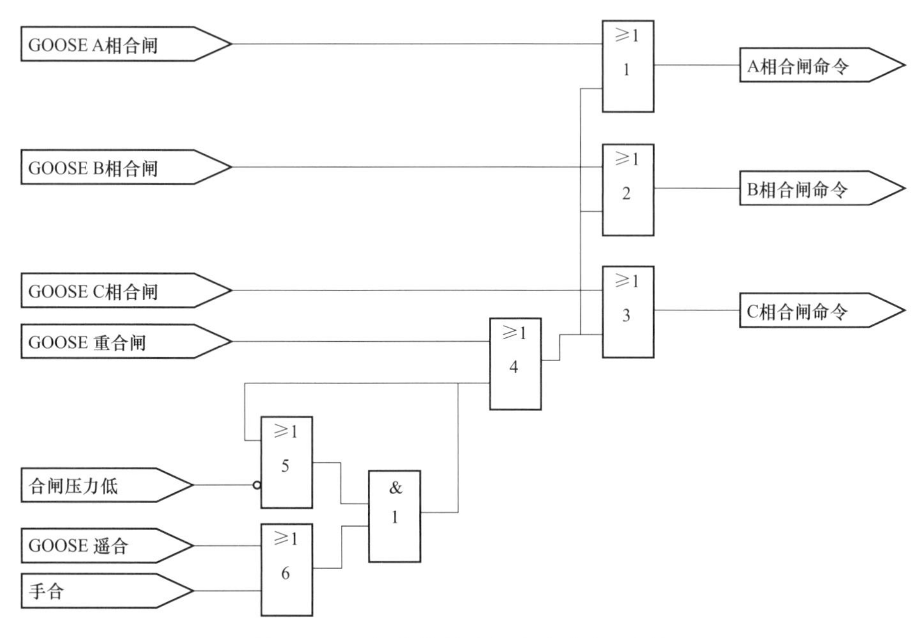

图5-13　智能终端合闸命令产生示例图

（1）“GOOSE A相合闸”“GOOSE B相合闸”“GOOSE C相合闸”是以GOOSE方

式输入的分相合闸信号，可用于与具有自适应重合闸功能的保护装置相配合；

（2）“GOOSE 重合闸”是以 GOOSE 方式输入的重合闸信号；

（3）“GOOSE 遥合”是以 GOOSE 方式输入的测控合闸信号；

（4）“手合”是以硬接点方式输入的手合信号；

（5）“合闸压力低”是装置通过光耦开入方式监视到的断路器操作机构的合闸压力不足信号。该输入用于形成合闸压力闭锁逻辑：在手合（或遥合）信号有效之前，如果合闸压力不足，“合闸压力低”状态为“1”，取反后闭锁合闸，以免损坏断路器；而如果“合闸压力低”初始状态为“0”，在手合（或遥合）信号有效之后，即使出现合闸压力降低也不会受影响，保证断路器可靠合闸。

接收到合闸命令后，智能终端进行合闸出口判断。

图 5－14 中给出了装置的合闸逻辑，其中“跳闸压力低”“操作压力低”是装置通过光耦开入方式监视到的断路器操作机构的跳闸压力和操作压力不足信号。以 A 相为例，“或门 1”“或门 2”和“与门 1”构成合闸压力闭锁功能，其作用是：

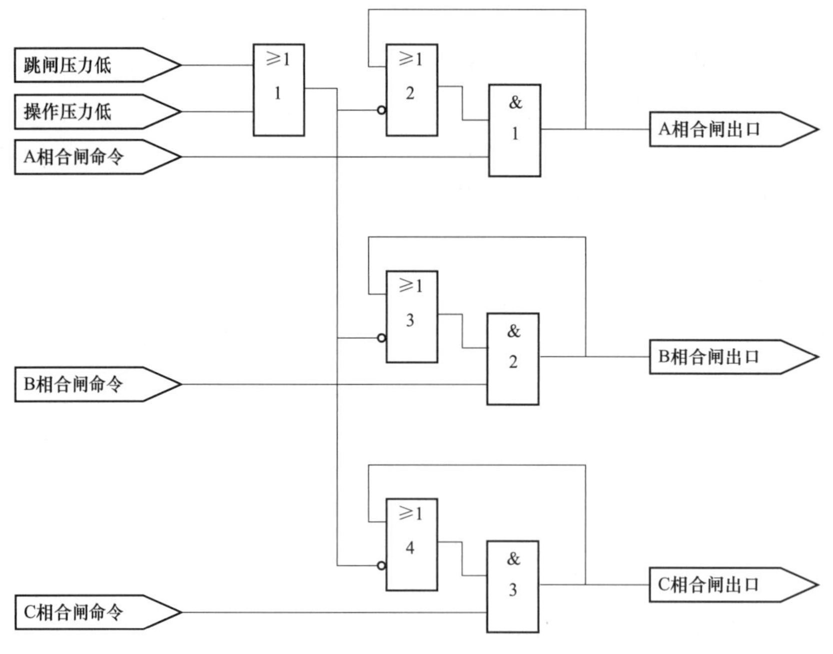

图 5－14　智能终端合闸出口示例图

在合闸命令到来之前，如果断路器操作机构的跳闸压力或操作压力不足，即“跳闸压力低”或“操作压力低”的状态为“1”，“或门 2”的输出为“0”，装置会闭锁合闸命令，以免损坏断路器；

而如果“跳闸压力低”或“操作压力低”的初始状态为“0”,“或门 2”的输出为“1”，一旦合闸命令到来，合闸出口立即动作，之后即使出现跳闸压力或操作压力降低，“或门 2”的输出仍然为“1”，装置也不会闭锁合闸命令，保证断路器可靠合闸。

A、B、C 相合闸出口动作后再分别经过装置的 A、B、C 相合闸电流保持回路使断路器合闸。

5.3.5 压力监视及闭锁

装置通过光耦开入的方式监视断路器操作机构的跳闸压力、合闸压力、重合闸压力和操作压力的状态，当压力不足时，给出相应的压力低报警信号。

装置的跳闸压力闭锁逻辑如下所述：

（1）在跳闸命令有效之前，如果操作压力或跳闸压力不足，则闭锁跳闸命令；

（2）在跳闸命令有效之后，即在跳闸过程中出现操作压力或跳闸压力降低的情况，也不会闭锁跳闸，保证断路器可靠跳闸。

装置的合闸压力闭锁逻辑如下所述：

（1）在手合命令有效之前，如果合闸压力不足，则闭锁手合命令；而在手合命令有效之后，即在合闸过程中出现合闸压力降低的情况，也不会闭锁合闸，保证断路器可靠合闸。

（2）在合闸命令有效之前，如果操作压力或跳闸压力不足，则闭锁合闸命令；而在合闸命令有效之后，即在合闸过程中出现操作压力或跳闸压力降低的情况，也不会闭锁合闸，保证断路器可靠合闸。

重合闸压力不参与操作箱的压力闭锁逻辑，而只是通过 GOOSE 报文发送给重合闸装置，由重合闸装置来处理。四个压力监视开入既可以采用常开接点，也可以采用常闭接点。

5.3.6 闭锁重合闸

装置在下述情况下会产生闭锁重合闸信号，可通过 GOOSE 发送给重合闸装置：

（1）收到测控的 GOOSE 遥分命令或手跳开入动作时会产生闭锁重合闸信号，并且该信号在 GOOSE 遥分命令或手跳开入返回后仍会一直保持，直到收到 GOOSE 遥合命令或手合开入动作才返回；

（2）收到测控的 GOOSE 遥合命令或手合开入动作；

（3）收到保护的 GOOSE 闭锁重合闸命令，或闭锁重合闸开入动作。

智能终端的闭锁重合闸逻辑如图 5－15 所示。

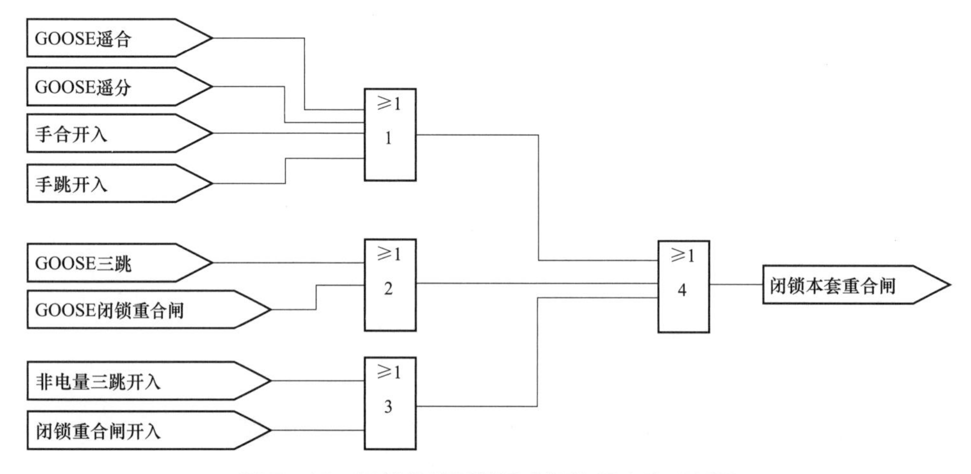

图 5－15　智能终端闭锁重合闸信号产生示例图

5.3.7　其他合成信号

智能终端其他合成信号的产生原理如下：

“三相跳位”：断路器 A、B、C 三相跳位相“与”；

“任一相跳位”：断路器 A、B、C 三相跳位相“或”；

“三相合位”：断路器 A、B、C 三相合位相“与”；

“任一相合位”：断路器 A、B、C 三相合位相“或”；

“KK 合后”：当收到测控的 GOOSE 遥合命令或手合开入动作时，KK 合后位置（即 KKJ）为“1”，且在 GOOSE 遥合命令或手合开入返回后仍保持，当且仅当收到测控的 GOOSE 遥分命令或手跳开入动作后才返回，产生逻辑如图 5－16 所示。

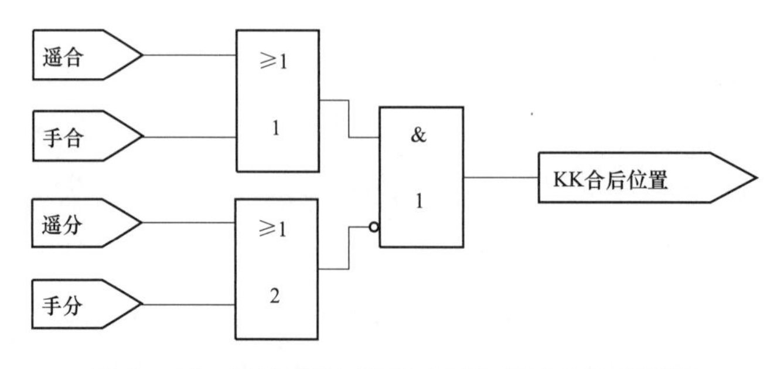

图 5－16　智能终端“KK 合后”信号产生示例图

“事故总”：当保护跳闸后，断路器跳位，则经延时后形成“事故总信号”。此时 KK 开关为合后位置，任一相断路器为跳位，产生逻辑如图 5－17 所示。

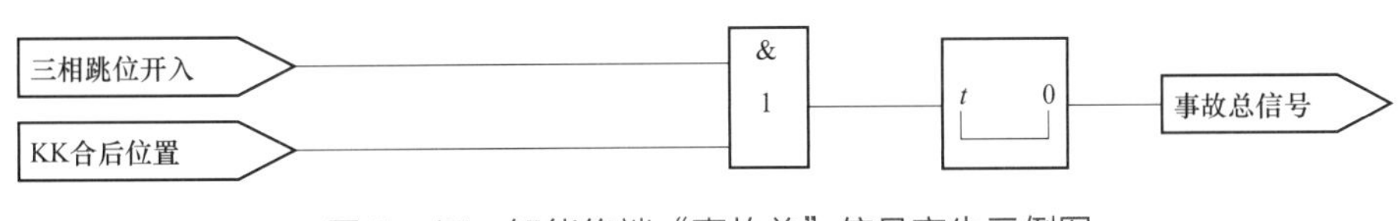

图 5－17　智能终端“事故总”信号产生示例图

5.4　110kV 线路保护

仿真系统中可以查看 110kV 线路间隔的接线图、测量信息、定值区号、压板以及保护装置、测控装置、合并单元和智能终端的光字牌信息。展示信息如图 5－18 所示。

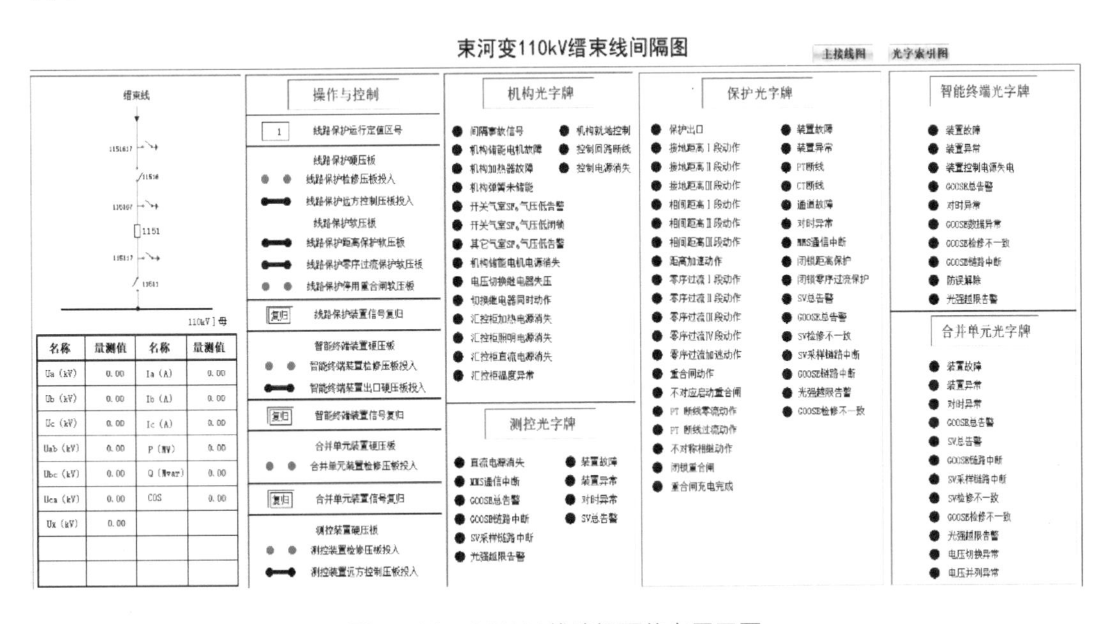

图 5－18　110kV 线路间隔信息展示图

5.4.1　过程层

示例 110kV 智能站 110kV 进线过程层设备采用智能终端及合并单元各自独立的装置。线路保护直接采样、直接跳闸，线路合并单元采集线路侧电压、线路电流以及来自母线合并单元的母线电压，合并后将采样值传输给 110kV 线路保护测控装置和过程层交换机。线路智能终端采集线路断路器位置及闭锁重合闸等状态量，传输给 110kV 线路保护和过程层交换机，并接收来自 110kV 线路保护测控装置的跳闸和重合闸指令，转换为出口跳闸控制信号发送给断路器。

110kV 进线过程层设备配置及接线如图 5－19～图 5－21 所示。

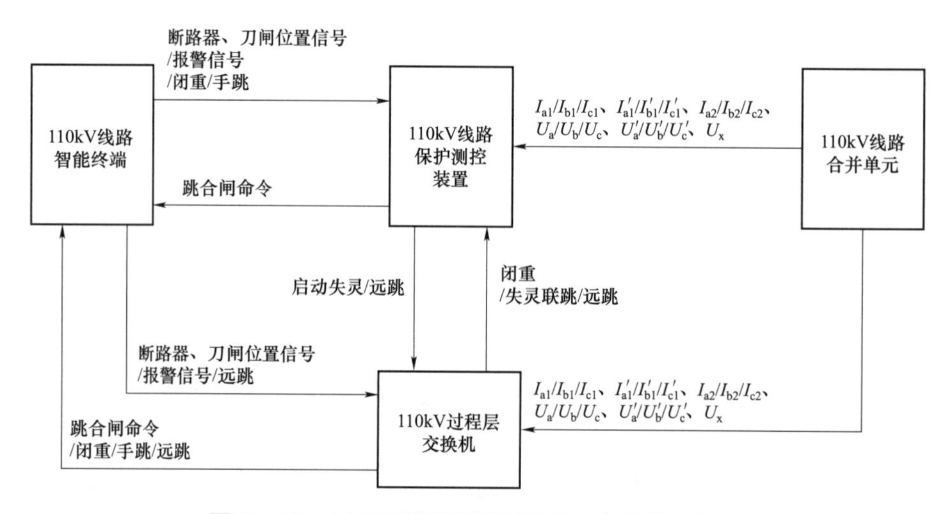

图 5－19　110kV 进线间隔过程层设备接线示例图

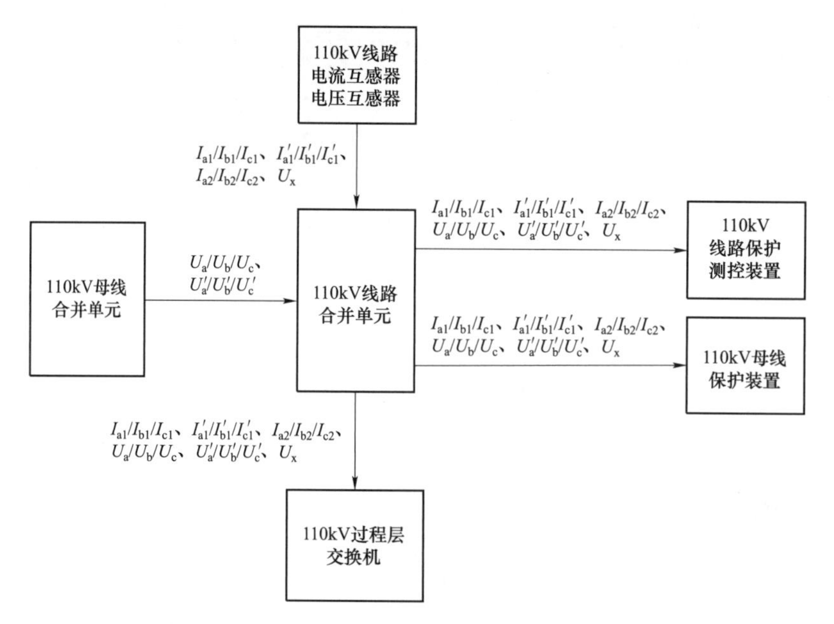

图 5－20　110kV 进线间隔合并单元接线示例图

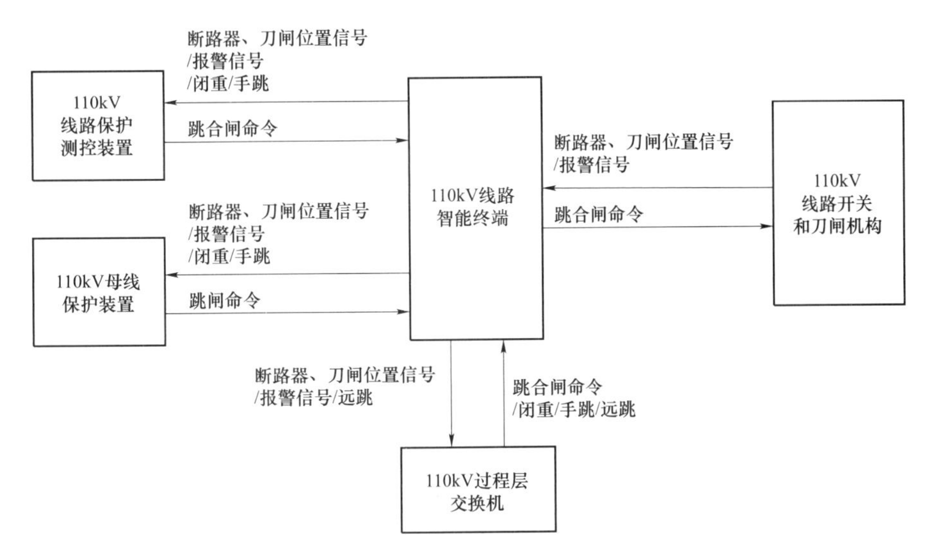

图 5-21 110kV 进线间隔智能终端接线示例图

5.4.2 检修压板处理

当保护装置检修压板投入后，保护闭锁所有保护逻辑。如保护接收的 SV 和 GOOSE 检修压板为退出状态，保护装置判断发生了“检修不一致”。

保护和连接的合并单元、智能终端检修压板状态及告警信息对照如表 5-6 所示。表中压板位置为“1”表示压板投入，为“0”表示退出，“x”表示任意状态。

表 5-6 检修压板状态及告警信息

设备	检修压板状态			
保护	0	0	0	1
线路 MU	1	0	x	x
母线 MU	x	1	x	x
智能终端	x	x	1	x
告警信息	SV 检修不一致 闭锁进线保护	母线 SV 检修	智能终端检修不一致	检修状态 闭锁进线保护
影响	闭锁进线保护	处理等同保护 TV 断线	保护动作后，智能终端不执行开出指令	闭锁进线保护，报文置检修标志

检修压板对保护影响的实现逻辑如下所述。

（1）进线 1 合并单元检修压板与进线保护不一致处理。

保护投检修压板。以 110kV 智能站进线 1 合并单元检修压板投退为例，当“110kV

进线 1 合并单元检修压板”为投入状态，“110kV 进线 1 线路保护检修压板”为退出状态，此时，110kV 进线 1 线路保护产生“SV 检修不一致”告警信息。如图 5－22 所示。

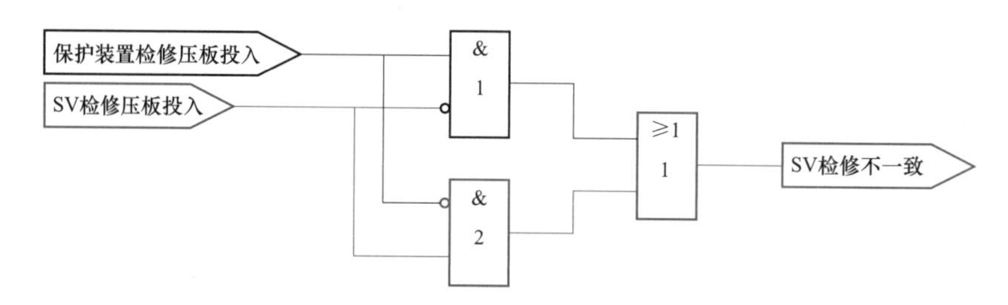

图 5－22　110kV 进线保护与进线合并单元“检修压板不一致”产生示例图

此时进线保护数据失效，检修压板不一致的数据失效处理如图 5－23 所示。

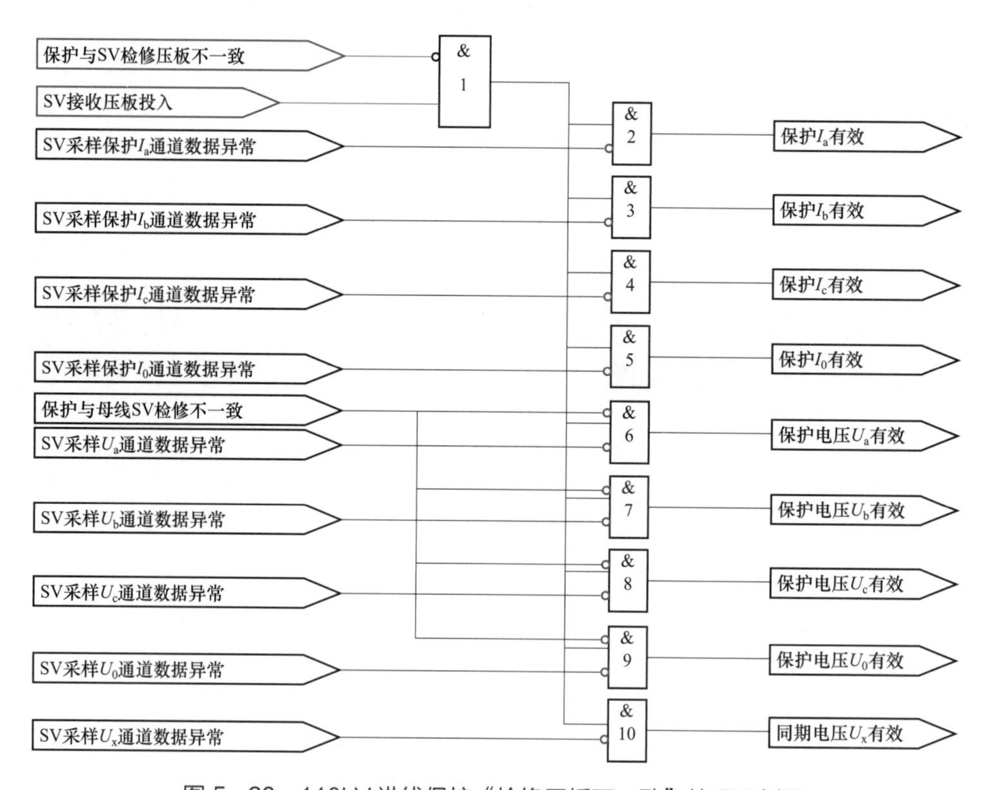

图 5－23　110kV 进线保护“检修压板不一致”处理示例图

所有保护数据无效，此时进线保护失效，不进行逻辑计算，进线保护功能闭锁。如发生区内故障，进线保护不动作。

（2）母线合并单元检修压板与进线合并单元检修压板不一致处理。

进线合并单元在接收到母线合并单元发送的母线电压后，如母线合并单元检修压板为投入状态，且进线合并单元检修压板未投入，则进线合并单元发出的 SV 报文中，母线电压采集的电压数据置检修标志，进线合并单元采集的数据不置检修标志。如图 5－24 所示。

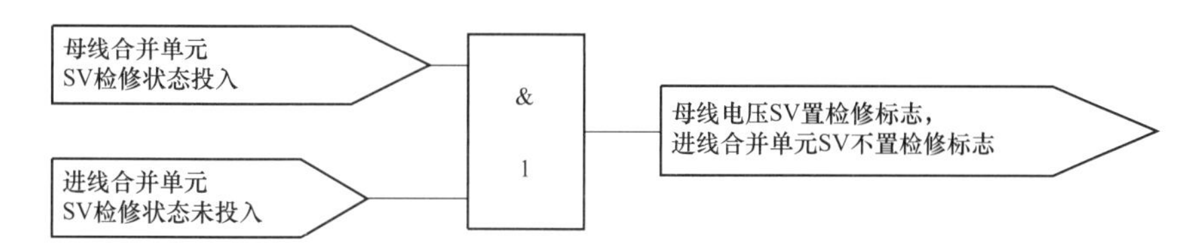

图 5－24　110kV 进线合并单元 “母线合并单元检修压板投入” 处理示例图

进线保护检测到母线 SV 检修不一致后，母线电压数据无效，如图 5－25 所示。

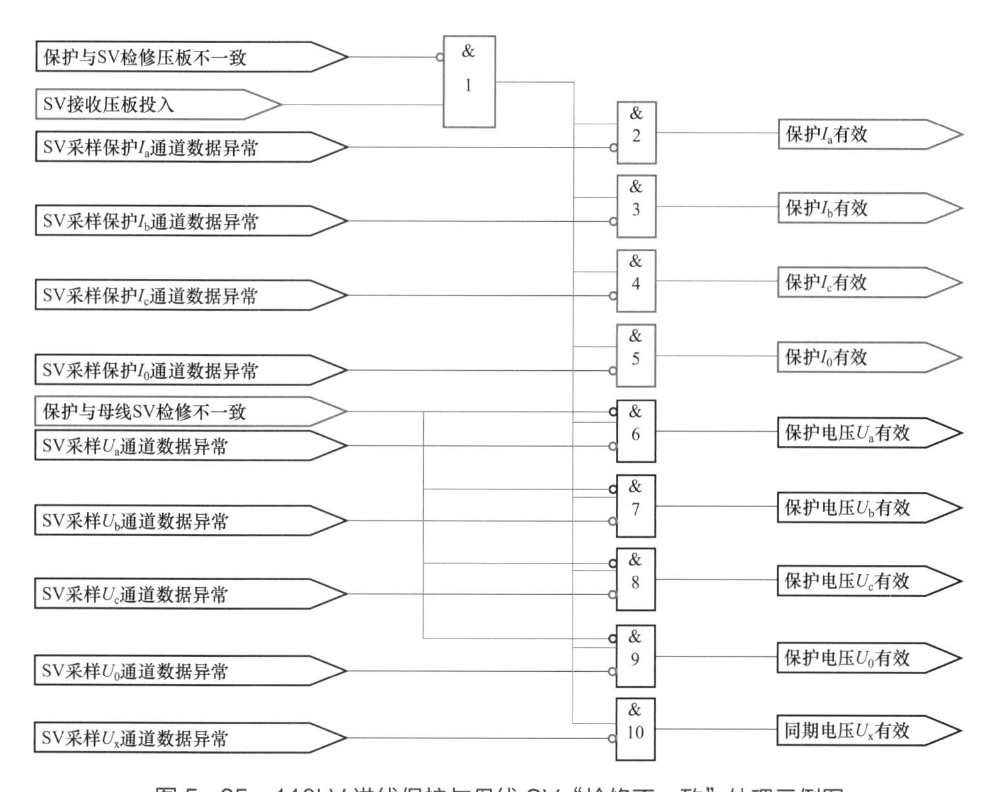

图 5－25　110kV 进线保护与母线 SV“检修不一致”处理示例图

进线保护对这两部分数据分别处理，母线电压数据无效等同于保护 TV 断线。

保护 TV 断线后，进线距离保护、与母线电压有关的重合闸功能失效。其余保护如四段零序过流保护、TV 断线过流保护、零序过流后加速等功能不受影响。如图 5－26 所示。

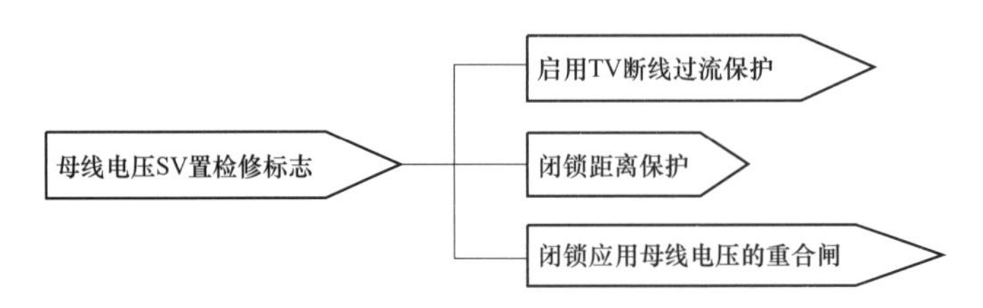

图 5－26　110kV 进线保护“母线合并单元检修压板投入”处理示例图

如此时发生线路保护区内故障，示例线路保护的距离保护和检母线电压的重合闸不动作。零序过流保护、TV 断线过流保护和零序过流后加速保护有效。

5.4.3　SV 接收压板退出

进线合并单元 SV 接收压板退出后，进线合并单元的电流/电压显示为 0，进线保护电流失效。如图 5－27 所示。

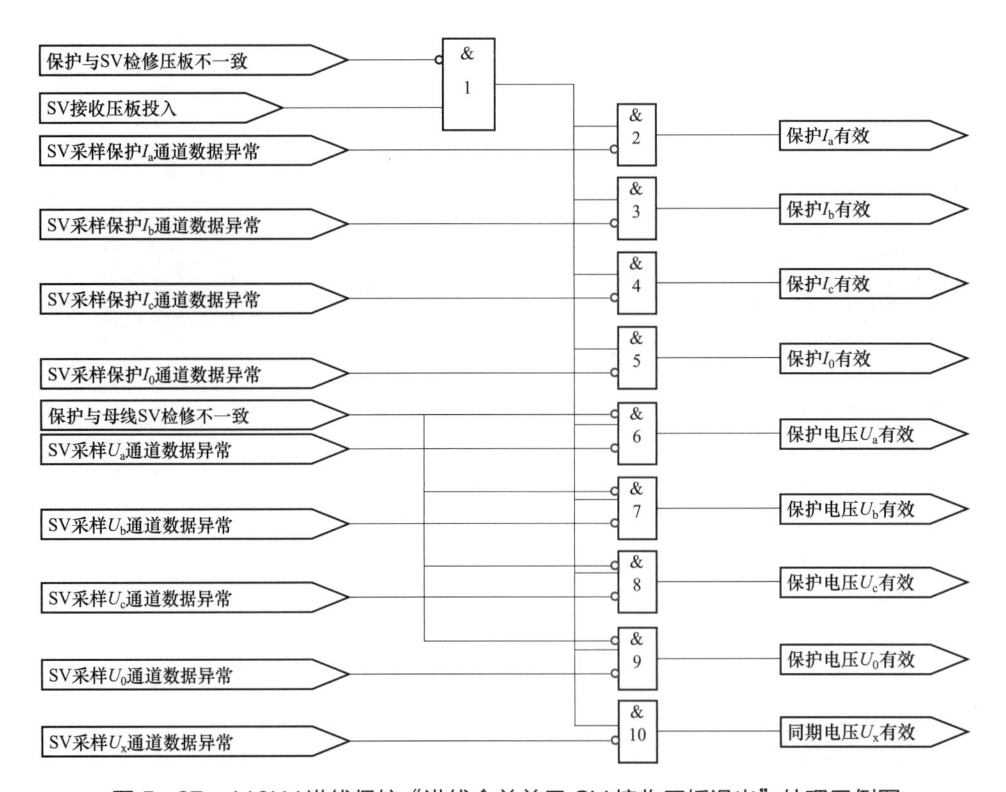

图 5－27　110kV 进线保护“进线合并单元 SV 接收压板退出”处理示例图

保护电压电流失效后不参与逻辑运算，原理如图 5－28 所示。此时如发生区内故障，保护不动作。

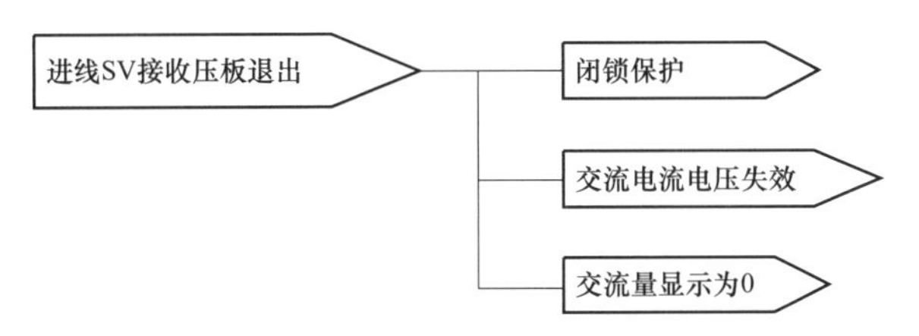

图 5-28　110kV 进线保护“进线合并单元 SV 接收压板退出”处理示例图

5.4.4　SV 链路中断

以 110kV 智能站进线发生合并单元链路中断的过程为例，发生合并单元链路中断后，发“SV 总告警”和“SV 采样链路中断告警”，在保护逻辑处理中，闭锁进线保护，原理如图 5-29 所示。

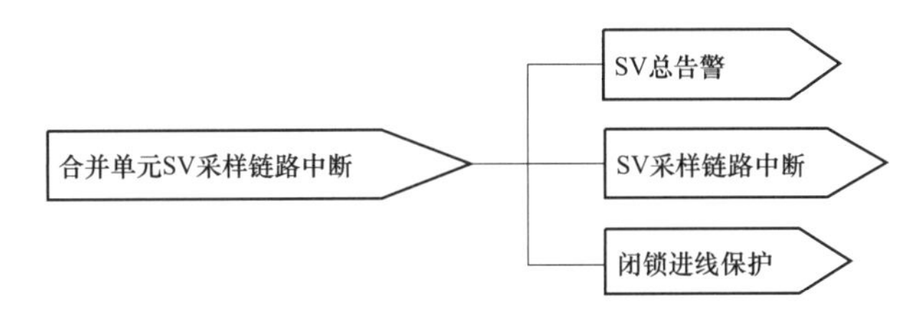

图 5-29　110kV 进线保护“进线合并单元链路中断”处理示例图

5.4.5　SV 数据异常

SV 数据异常可分为 SV 数据报文丢帧、SV 报文间隔时间超出 10μs、SV 数据异常、SV 报文延时异常、SV 采样失步和 SV 数据无效等，可按表 5-7 处理。

表 5-7　110kV 进线保护 SV 数据异常处理

异常	设备	影响
丢帧/间隔时间越限/报文延时异常/采样失步	线路 MU	闭锁保护
	母线 MU	等同于 TV 断线
数据异常	线路 MU	可区别异常数据通道，按通道闭锁相关保护
	母线 MU	
数据无效	线路 MU	可区别异常数据通道，按通道闭锁相关保护
	母线 MU	

以 A 相保护电流数据异常为例，A 相保护电流数据异常后，保护零序电流也会异常，保护电流失效处理如图 5-30 所示。图示以 SV 采样双通道中的其中一个通道为例进行说明。

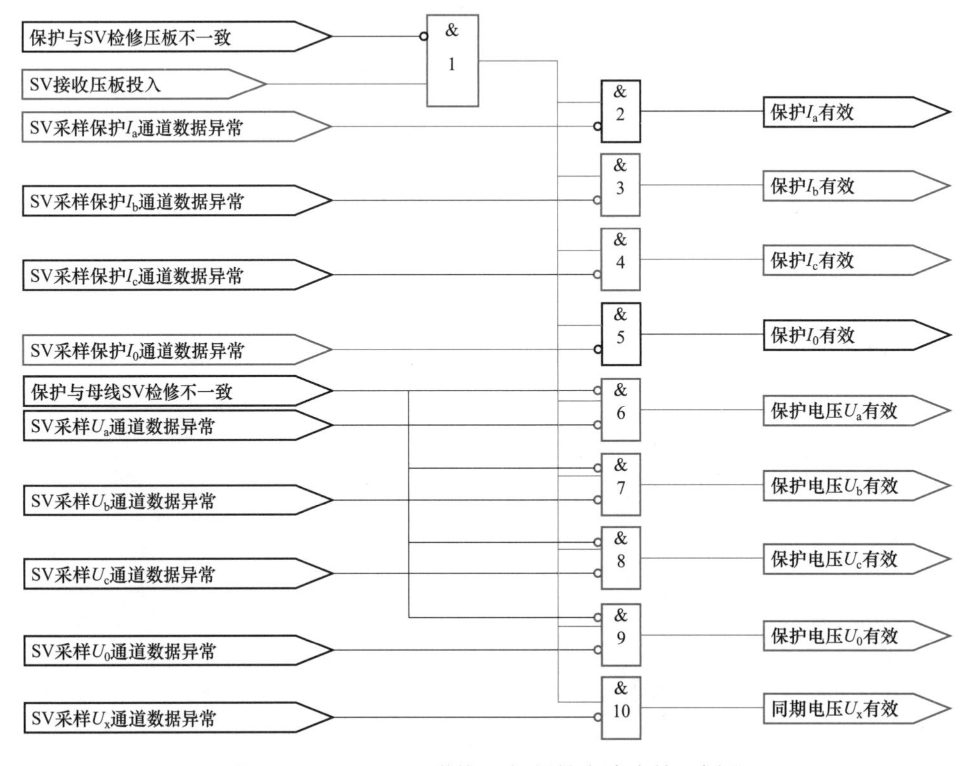

图 5-30　110kV 进线 A 相保护电流失效示例图

A 相保护电流数据异常后，A 相保护电流 I_a 和保护零序电流 I_0 失效，闭锁 A 相纵差保护、接地距离保护和 AB、CA 相间距离保护、A 相过流保护和零序过流保护。处理逻辑如图 5-31 所示。

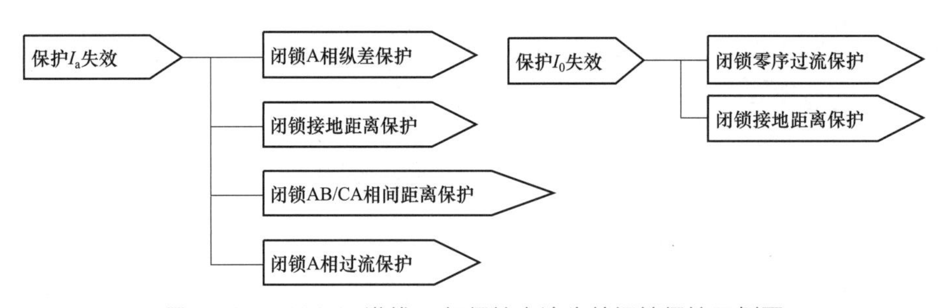

图 5-31　110kV 进线 A 相保护电流失效闭锁保护示例图

此时发生保护区内故障，未闭锁的保护仍有效。

5.4.6　智能终端 GOOSE 链路中断

进线智能终端 GOOSE 链路中断，进线保护无法采集断路器位置。保护装置可保持跳合位状态不变，发“智能终端 GOOSE 链路中断”告警信息和“GOOSE 总告警信息”。

5.4.7 进线断路器控制回路断线

如进线断路器为合闸状态，智能终端同时监测到“合闸回路状态”和“跳闸回路状态”均处于断开状态，延时 500ms 后，进线智能终端发出“控制回路断线”信号。如图 5－32 所示。

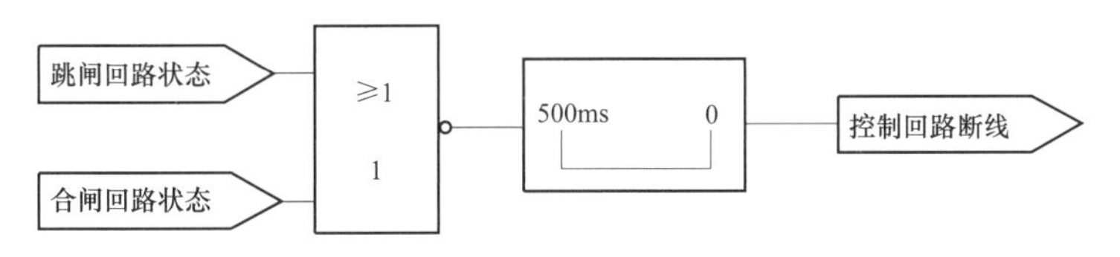

图 5－32 110kV 进线保护 “控制回路断线”产生示例图

进线保护接收到进线智能终端发出“控制回路断线”信号后，对重合闸进线放电处理。如发生永久性故障，因重合闸充电不满足，不再进行重合闸。原理如图 5－33 所示。

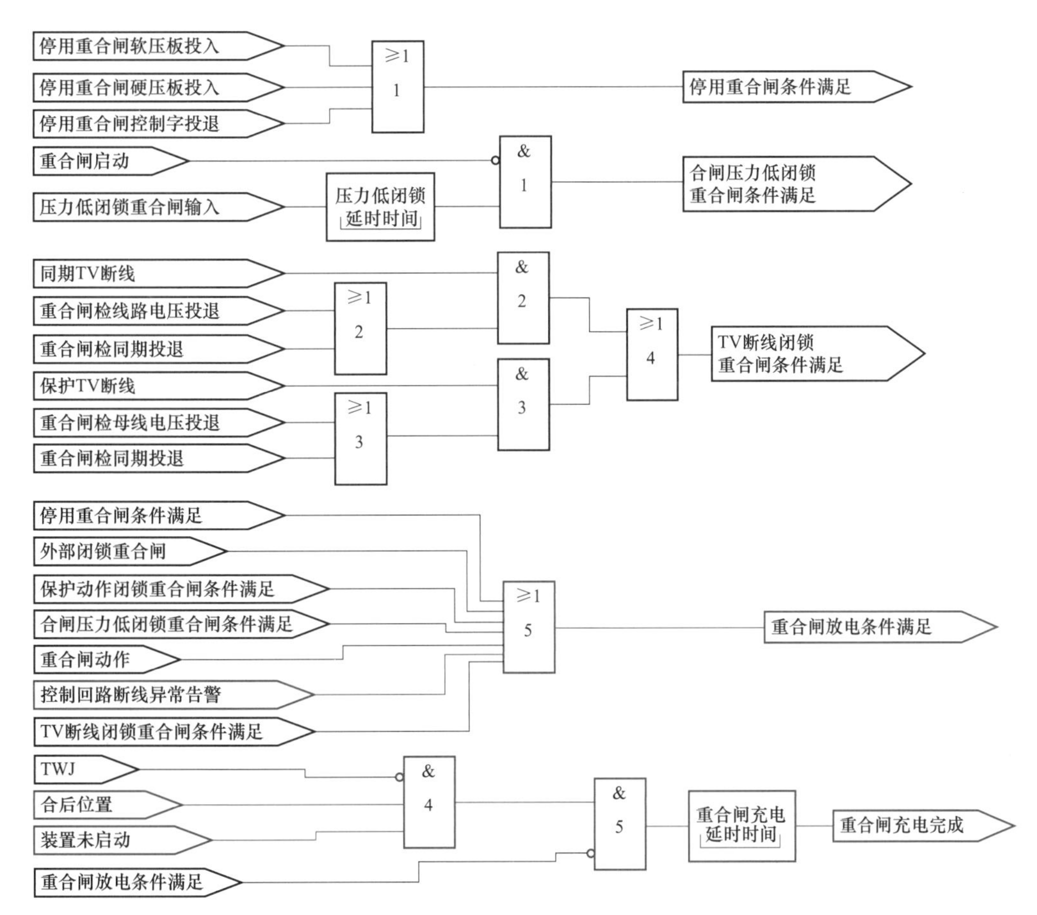

图 5－33 110kV 进线保护“控制回路断线”重合闸放电示例图

5.4.8 智能终端发闭锁重合闸

如进线智能终端发出“闭锁重合闸”信号，保护收到后，对重合闸进行放电处理，原理如图 5－34 所示。

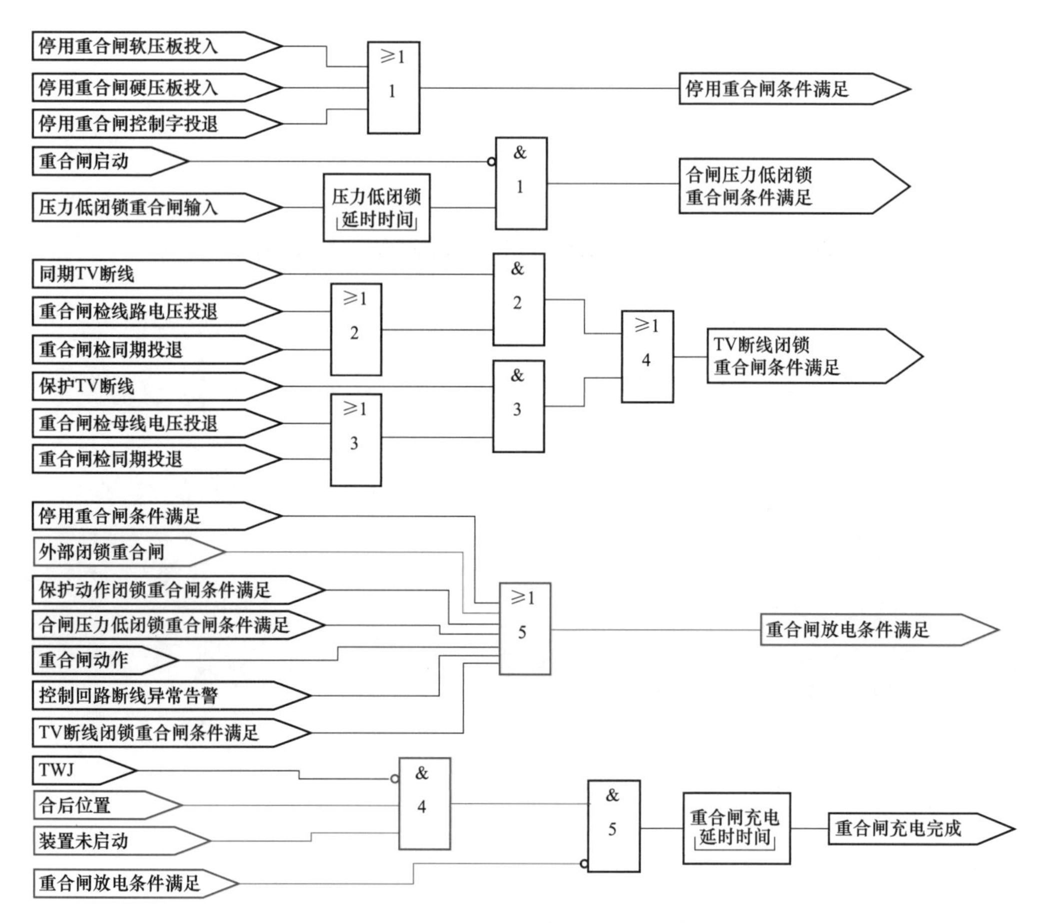

图 5－34　110kV 进线保护 “闭锁重合闸”放电示例图

5.4.9 智能终端发压力低闭锁重合闸

在保护尚未启动重合闸时，智能终端发压力低闭锁重合闸信号，保护收到后经延时进行重合闸放电，原理如图 5－35 所示。

智能终端在接收到保护测控装置发出的跳合闸指令时，假设发生了操作压力低，则无法执行跳闸出口和合闸出口，原理如图 5－36 和图 5－37 所示。

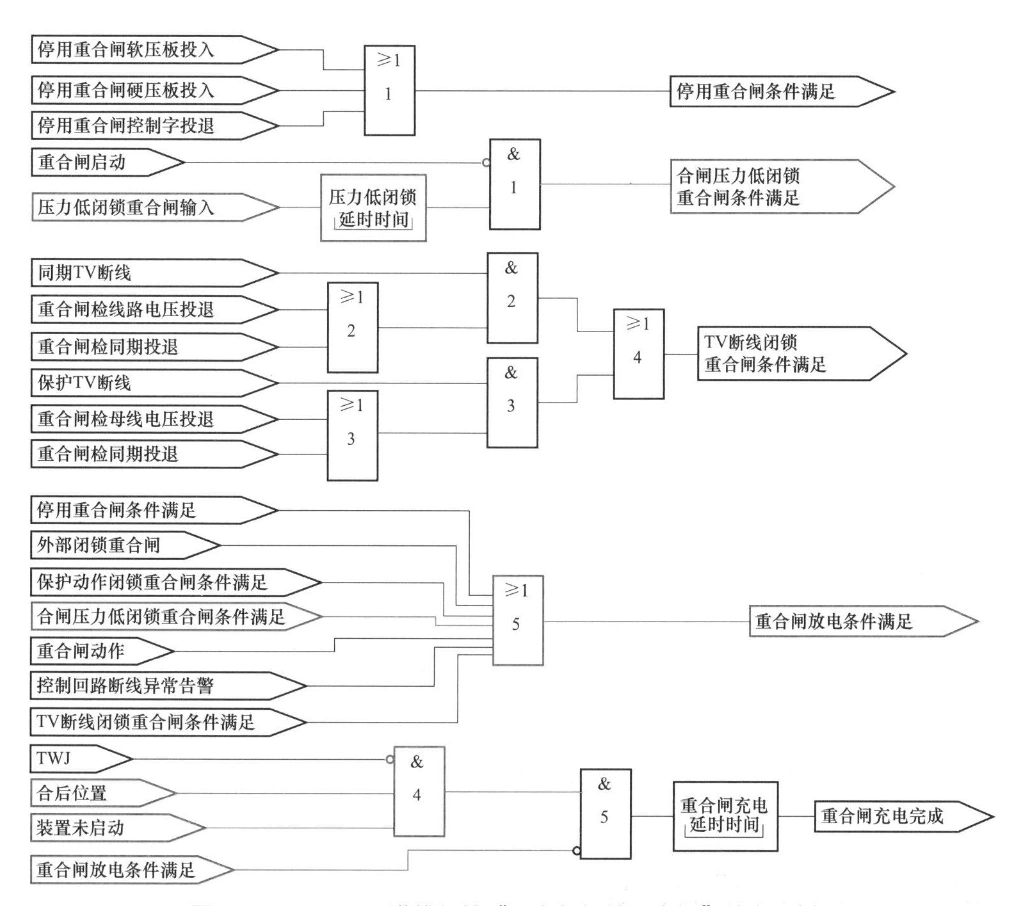

图 5-35　110kV 进线保护“压力低闭锁重合闸”放电示例图

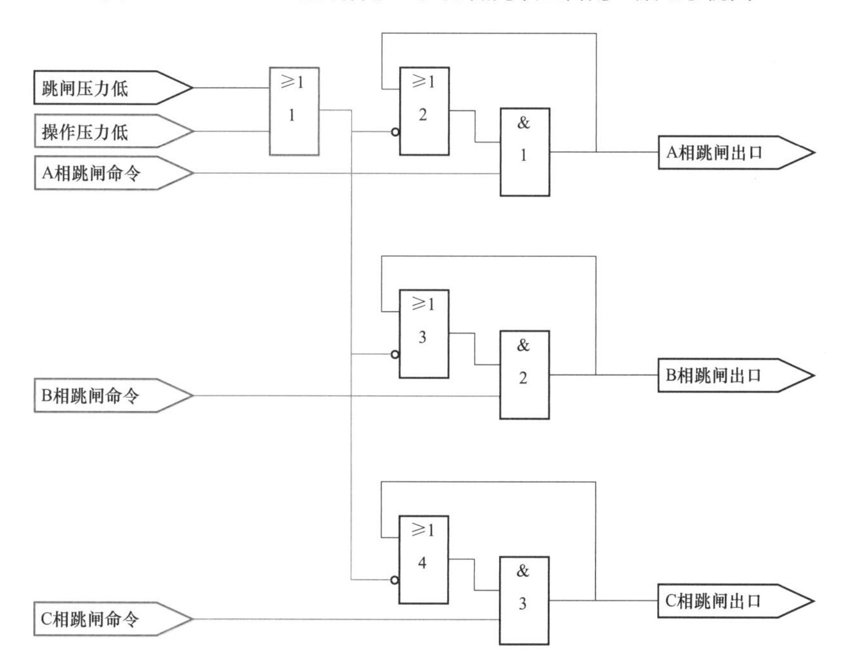

图 5-36　110kV 进线“操作压力低无法跳闸”示例图

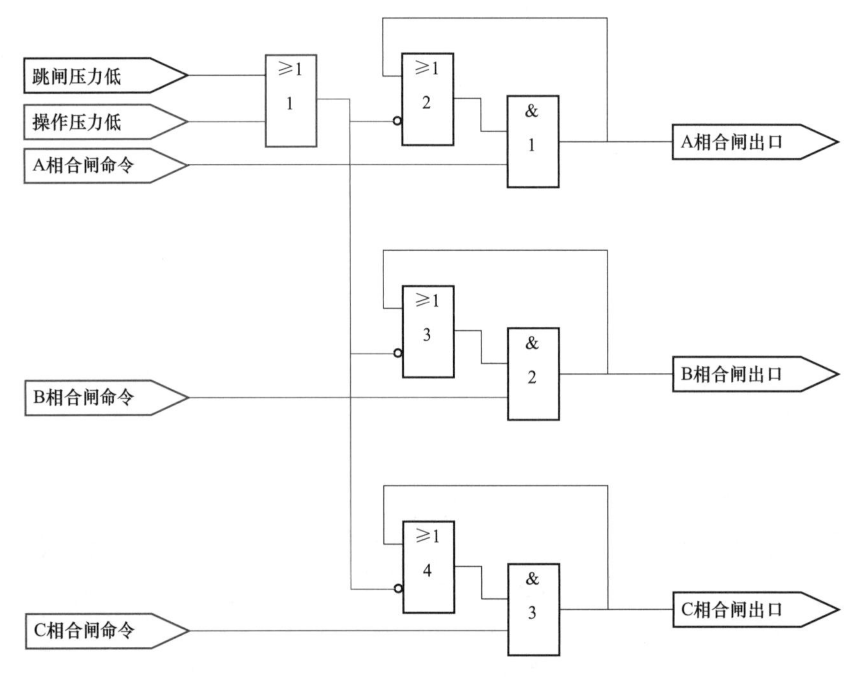

图 5－37　110kV 进线“操作压力低无法合闸”示例图

5.4.10　GOOSE 开出压板退出

进线 GOOSE 跳闸开出压板退出。保护仍旧有效，但不发出 GOOSE 出口跳闸指令。以距离保护动作为例，保护发出“距离保护动作”告警信息，但不出口至智能终端。

以距离Ⅰ段保护动作为例，距离保护动作后发“距离Ⅰ段保护”动作告警信息，因跳闸出口压板退出，保护不发跳闸指令，原理如图 5－38 所示。

重合闸动作后，发“重合闸动作”告警信息，如合闸开出压板退出，保护不发合闸指令。如图 5－39 所示。

以距离Ⅲ段保护动作为例，如“Ⅲ段以上闭锁重合闸投入”，距离Ⅲ段保护动作后，因闭锁重合闸压板退出，保护不发闭锁重合闸开出指令。如保护双重化，另一套进线保护未接收到闭锁重合闸指令，在满足重合闸条件后，仍可进行重合闸。原理如图 5－40 所示。

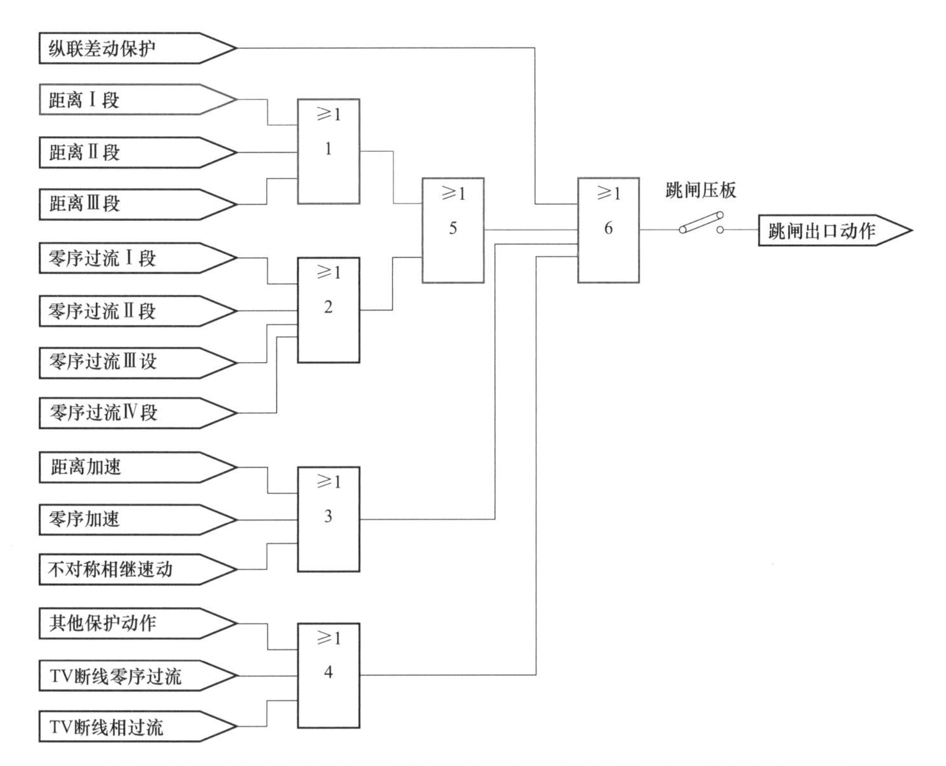

图 5-38 110kV 进线保护“GOOSE 跳闸开出压板退出”处理示例图

图 5-39 110kV 进线保护“GOOSE 合闸开出压板退出”处理示例图

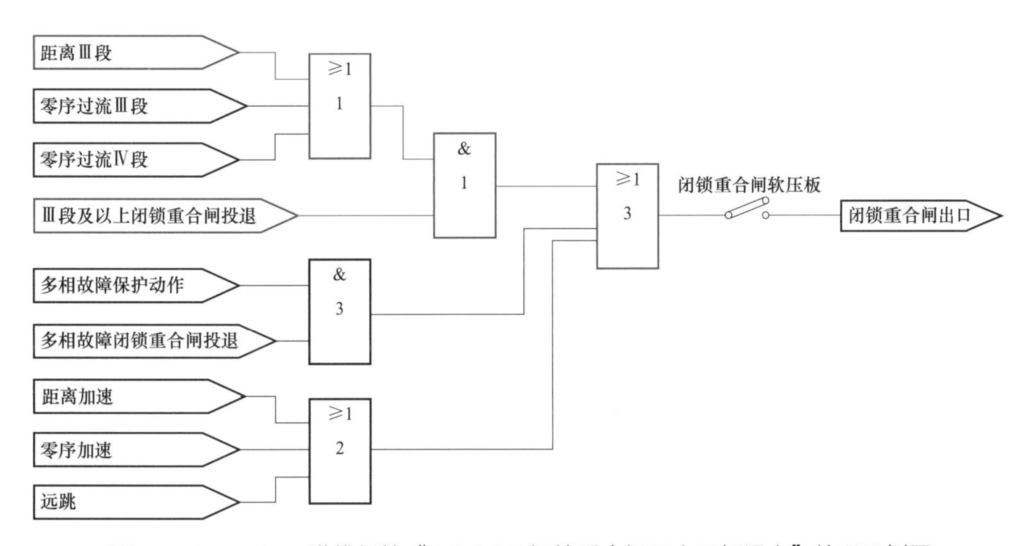

图 5-40 110kV 进线保护“GOOSE 闭锁重合闸开出压板退出”处理示例图

5.5 主 变 保 护

仿真系统中可以查看主变间隔的接线图、测量信息、定值区号、压板以及保护装置、测控装置、合并单元和智能终端的光字牌信息。展示信息如图 5－41～图 5－43 所示。

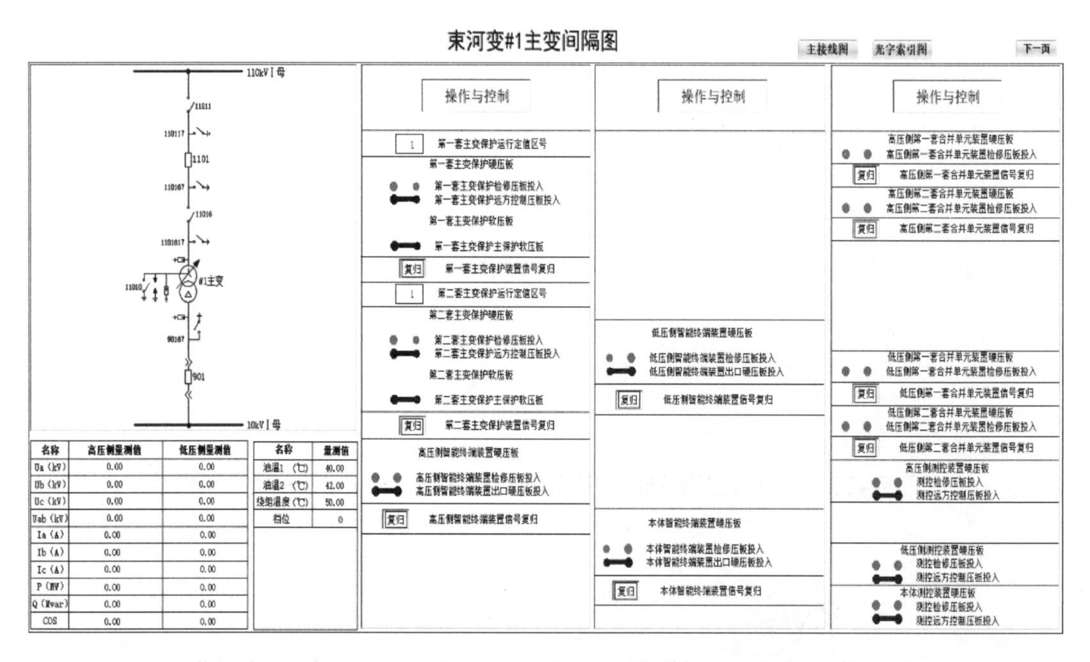

图 5－41　110kV 变压器间隔信息展示图－接线及操作控制

束河变#1主变间隔图

主接线图　光字索引图　上一页　下一页

1101机构光字牌
间隔事故信号
机构弹簧未储能
开关气室SF₆气压低告警
开关气室SF₆气压低闭锁
其它气室SF₆气压低告警
机构储能电机电源消失
机构就地控制
机构储能电机故障
机构加热器故障
汇控柜加热电源消失
汇控柜照明电源消失
汇控柜直流电源消失
汇控柜温度异常
控制回路断线
控制电源消失
电压切换继电器失压
切换继电器同时动作

1101测控光字牌
装置异常
装置故障
直流电源消失
MMS通信中断
对时异常
SV总告警
GOOSE总告警
SV采样链路中断
GOOSE链路中断
光强越限告警

高压侧智能终端
装置故障
装置异常
装置控制电源失电
GOOSE总告警
对时异常
GOOSE数据异常
GOOSE检修不一致
GOOSE链路中断
防误解除
光强越限告警

高压侧第一套合并单元
装置故障
装置异常
对时异常
SV总告警
GOOSE总告警
SV采样链路中断
GOOSE链路中断
SV检修不一致
GOOSE检修不一致
光强越限告警
电压切换异常
电压并列异常

高压侧第二套合并单元
装置故障
装置异常
对时异常
SV总告警
GOOSE总告警
SV采样链路中断
GOOSE链路中断
SV检修不一致
GOOSE检修不一致
光强越限告警
电压切换异常
电压并列异常

901机构光字牌
间隔事故信号
机构弹簧未储能
机构储能电机电源消失
机构就地控制
机构储能电机故障
机构加热器故障
控制回路断线

901测控光字牌
装置异常
装置故障
直流电源消失
MMS通信中断
对时异常
SV总告警
GOOSE总告警
SV采样链路中断
GOOSE链路中断
光强越限告警

低压侧智能终端
装置故障
装置异常
装置控制电源失电
GOOSE总告警
对时异常
GOOSE数据异常
GOOSE检修不一致
GOOSE链路中断
防误解除
光强越限告警

低压侧第一套合并单元
装置故障
装置异常
对时异常
SV总告警
GOOSE总告警
SV采样链路中断
GOOSE链路中断
SV检修不一致
GOOSE检修不一致
光强越限告警
电压切换异常
电压并列异常

低压侧第二套合并单元
装置故障
装置异常
对时异常
SV总告警
GOOSE总告警
SV采样链路中断
GOOSE链路中断
SV检修不一致
GOOSE检修不一致
光强越限告警
电压切换异常
电压并列异常

图 5－42　110kV 变压器间隔信息展示图－过程层设备及操作机构

图 5-43　110kV 变压器间隔信息展示图-保护及本体智能终端

5.5.1　过程层

示例 110kV 智能站变压器过程层设备采用智能终端及合并单元各自独立的装置。各侧合并单元采集变压器各侧电压电流以及来自母线合并单元的母线电压，将采样值传输给 110kV 变压器保护。变压器各侧智能终端接收来自 110kV 变压器保护的跳闸指令，转换为出口跳闸控制信号发给断路器。变压器保护与其他间隔保护装置交换的启动失灵、失灵联跳信息经过程层交换机转发。

110kV 变压器间隔过程层接线如图 5-44 所示。

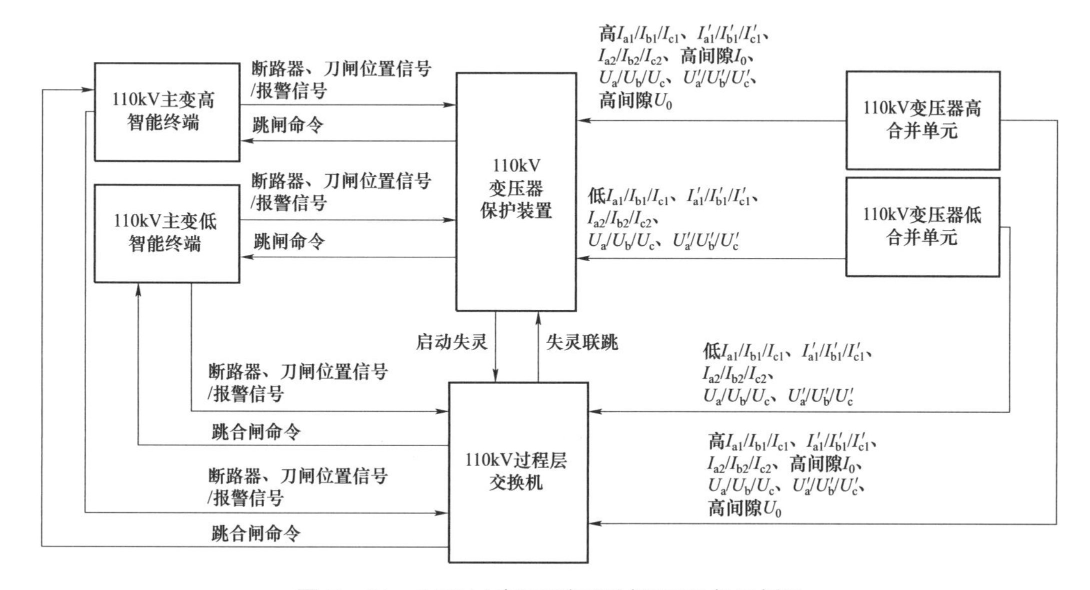

图 5-44　110kV 变压器间隔过程层设备示例图

变压器高压侧合并单元和智能终端示例分别如图 5－45 和图 5－46 所示。

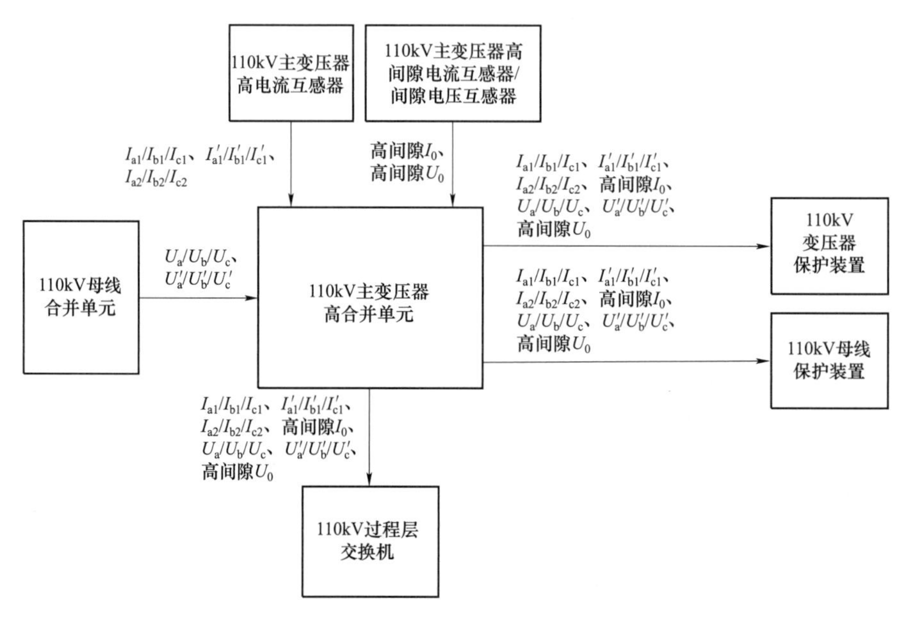

图 5－45　变压器高合并单元接线示例图

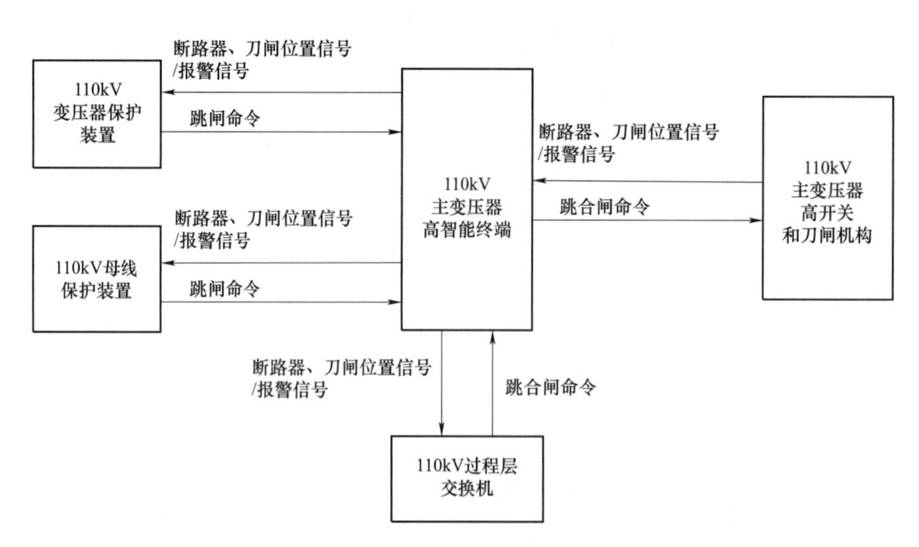

图 5－46　变压器高智能终端接线示例图

变压器低压侧合并单元和智能终端示例分别如图 5－47 和图 5－48 所示。

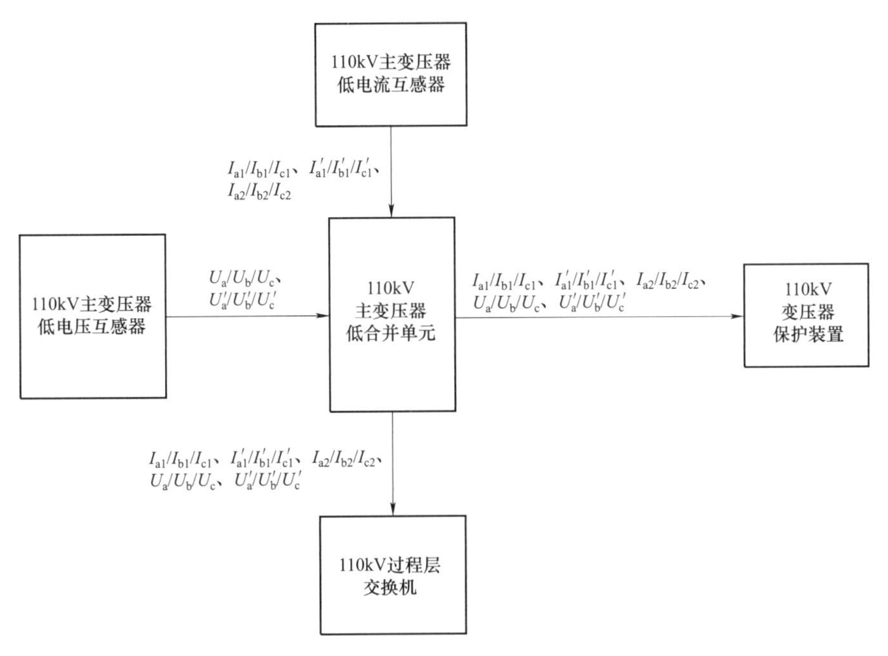

图 5-47　变压器低合并单元接线示例图

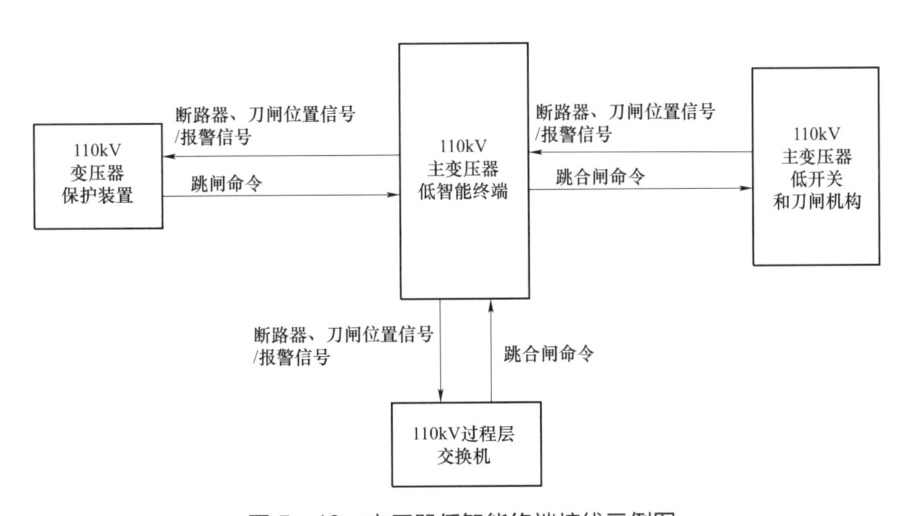

图 5-48　变压器低智能终端接线示例图

5.5.2 检修压板处理

主变保护检修压板处理可分为主保护和后备保护，分别如表 5-8 和表 5-9 所示。表中“x”表示任意状态。

表 5-8　　变压器主保护检修压板状态及告警信息

设备	检修压板状态				
保护	0	0	0	0	1
高 MU	1	x	x	x	x
高智能终端	x	x	1	x	x
低 MU	x	1	x	x	x
低智能终端	x	x	x	1	x
告警信息	SV 检修不一致闭锁主保护		智能终端检修不一致		检修状态，闭锁主保护
影响	闭锁主保护		智能终端收到主保护跳闸指令后，不执行跳闸出口指令		闭锁主保护，报文置检修标志

表 5-9　　变压器后备保护检修压板状态及告警信息

设备	检修压板状态					
保护	0	0	0	0	0	1
高母线 MU	1	x	x	x	x	x
高 MU	x	1	x	x	x	x
高智能终端	x	x	x	1	x	x
低 MU	x	x	1	x	x	x
低智能终端	x	x	x	x	1	x
告警信息	高母线 SV 检修	高/低 SV 检修不一致，闭锁高/低后备保护		智能终端检修不一致		检修状态，闭锁后备保护
影响	处理等同高 TV 断线	闭锁高/低后备保护		高/低智能终端收到后备保护跳闸指令后，不执行跳闸出口指令		闭锁后备保护，报文置检修标志

5.5.3　变压器各智能终端断路器异常告警

变压器各智能终端断路器控制回路断线、压力低闭锁合闸跳闸等，对变压器保护功能判断无影响，保护可正常判断并发出跳闸指令，智能终端在执行跳闸指令时根据具体异常情况进行判断。

5.5.4　SV 接收压板

变压器 SV 接收压板退出后，SV 接收压板退出的合并单元的电流/电压显示为

0，该侧保护电流/电压失效。对保护的影响如表 5-10 所示。表中“x”表示任意状态。

表 5-10　　　　变压器保护 SV 接收压板投退影响

设备	SV 接收压板状态	
高 MU	0	x
低 MU	x	0
告警信息	高 SV 接收压板退出	低 SV 接收压板退出
影响	闭锁主保护 闭锁高后备保护 低后备保护高复压失效	闭锁主保护 闭锁低后备保护 高后备保护低复压失效

以高压侧 SV 接收压板退出为例，高压侧保护电流/电压全部失效，失效信号产生如图 5-49 所示。

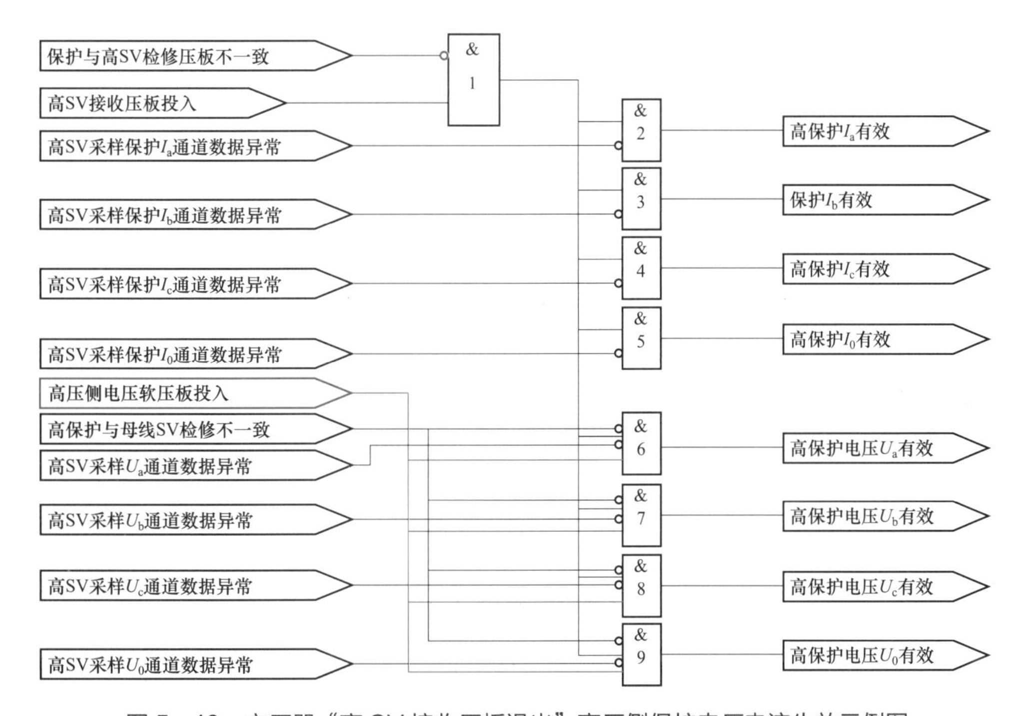

图 5-49　变压器“高 SV 接收压板退出”高压侧保护电压电流失效示例图

高压侧保护电压电流失效后不参与逻辑运算。此时如发生主保护或高后备保护区内故障，保护不动作。原理如图 5-50 所示。

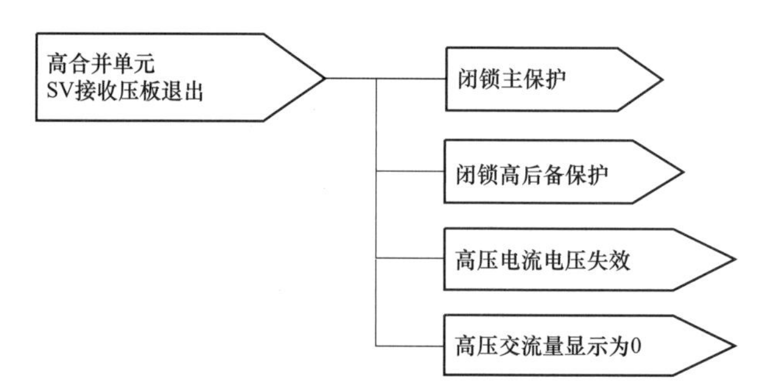

图 5-50　变压器保护“高合并单元 SV 接收压板退出”处理示例图

5.5.5　SV 链路中断

以 110kV 智能站主变低压侧发生合并单元链路中断的过程为例，智能站主变低压侧发生合并单元链路中断后，发“SV 总告警”和“SV 采样链路中断告警”，在保护逻辑处理中，由于低压侧电压电流采样中断，等同于低压侧 TV 断线和低压侧 TA 断线。闭锁主保护的“差动保护”和后备保护中的“低后备保护”。原理如图 5-51 所示。

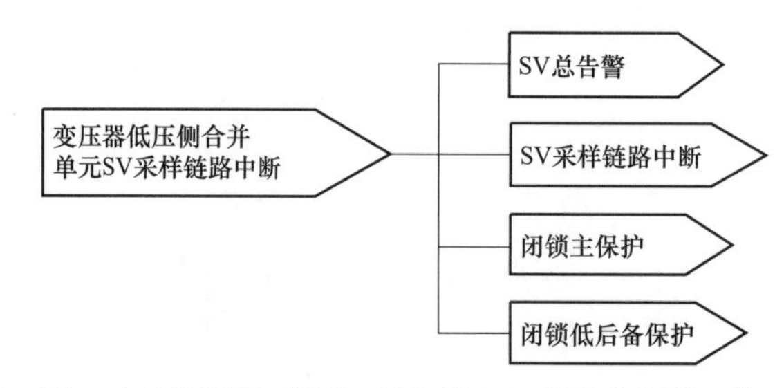

图 5-51　变压器保护“低压侧合并单元链路中断处理”示例图

5.5.6　SV 数据异常

变压器保护 SV 数据异常可按变压器保护配置的合并单元区分。数据异常项目如表 5-11 所示。

表 5-11　　变压器保护 SV 数据异常影响

异常	设备	影响
丢帧/间隔时间越限/报文延时异常/采样失步	高 MU	闭锁主保护 闭锁高后备保护
	高母线 MU	等同于高 TV 断线
	低 MU	闭锁主保护 闭锁低后备保护 等同于低 TV 断线

续表

异常	设备	影响
数据异常	高 MU	可区别异常数据通道，按通道闭锁相关保护
	高母线 MU	
	低 MU	
数据无效	高 MU	可区别异常数据通道，按通道闭锁相关保护
	高母线 MU	
	低 MU	

以高压侧 A 相保护电压数据异常为例，高压侧 A 相保护电压数据异常后，高压侧保护零序电压也会异常，高压侧保护电压失效处理如图 5－52 所示。图示以 SV 采样双通道中的其中一个通道为例进行说明。

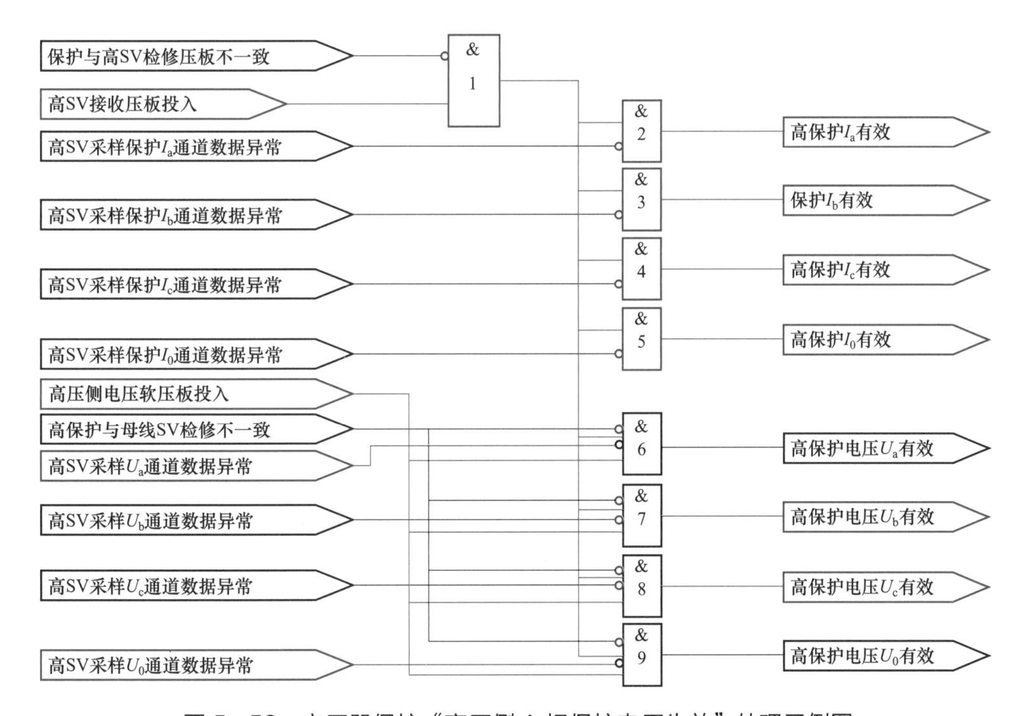

图 5－52 变压器保护“高压侧 A 相保护电压失效”处理示例图

高压 A 相保护电压和零序保护电压失效后，主变保护中已投入的高过流 I 段 1 时限保护、高零流 I 段 1 时限保护、低过流 I 段 1/2 时限保护受到影响。对这些保护，处理逻辑相当于发生高压侧 TV 断线。

5.5.7 智能终端 GOOSE 链路中断

变压器智能终端 GOOSE 链路中断，对变压器保护功能无影响。变压器保护功能正常执行。变压器保护发“智能终端 GOOSE 链路中断”和“GOOSE 总告警”信息。

5.5.8 GOOSE 开出压板退出

GOOSE 跳闸开出压板退出，保护仍旧有效，但不发出 GOOSE 出口跳闸指令。以示例变压器高零序保护为例，高断路器 GOOSE 开出压板退出后，如高压侧发生接地故障，高压侧零序保护动作，可以发出高分段断路器、低断路器和低分段断路器跳闸出口，不发高压侧断路器跳闸指令，如图 5－53 所示。

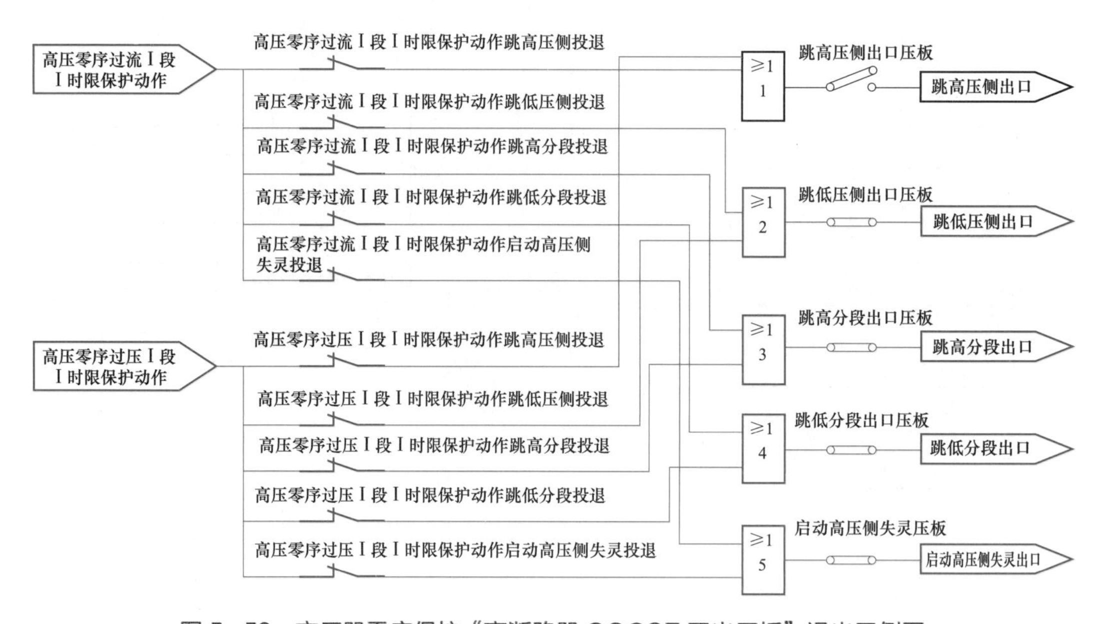

图 5－53 变压器零序保护“高断路器 GOOSE 开出压板”退出示例图

5.6 110kV 分段备自投

110kV 分段备自投功能位于 110kV 母线分段间隔。仿真系统中可以查看 110kV 母分间隔的接线图、测量信息、定值区号、压板以及保护装置、备自投装置、合并单元和智能终端的光字牌信息。展示信息如图 5－54 和图 5－55 所示。

PT并列把手

名称		量测值	名称	量测值
Ⅰ母	Ua(kV)	[illegible]	Ia(A)	[illegible]
	Ub(kV)	[illegible]	Ib(A)	[illegible]
	Uc(kV)	[illegible]	Ic(A)	[illegible]
	Uab(kV)	[illegible]	P(MW)	[illegible]
	Ubc(kV)	[illegible]	Q(Mvar)	[illegible]
	Uca(kV)	[illegible]	COS	[illegible]
Ⅱ母	Ua(kV)	[illegible]		
	Ub(kV)	[illegible]		
	Uc(kV)	[illegible]		
	Uab(kV)	[illegible]		
	Ubc(kV)	[illegible]		
	Uca(kV)	[illegible]		

图 5-54 110kV 母分间隔信息展示图-接线及保护控制

束河变110kV母分1112间隔图 主接线图 光字索引图 上一页

操作与控制

智能终端装置硬压板

智能终端装置检修压板投入

智能终端装置出口硬压板投入

复归 智能终端装置信号复归

合并单元装置硬压板

合并单元装置检修压板投入

复归 合并单元装置信号复归

智能终端光字牌

装置故障

装置异常

装置控制电源失电

GOOSE总告警

对时异常

GOOSE数据异常

GOOSE检修不一致

GOOSE链路中断

防误解除

光强越限告警

合并单元光字牌

装置故障

装置异常

对时异常

SV总告警

GOOSE总告警

SV采样链路中断

GOOSE链路中断

SV检修不一致

GOOSE检修不一致

光强越限告警

电压切换异常

电压并列异常

图 5-55 110kV 母分间隔信息展示图-过程层设备

5.6.1 过程层

110kV 分段备自投过程层设备配置及接线示例如图 5-56 所示。

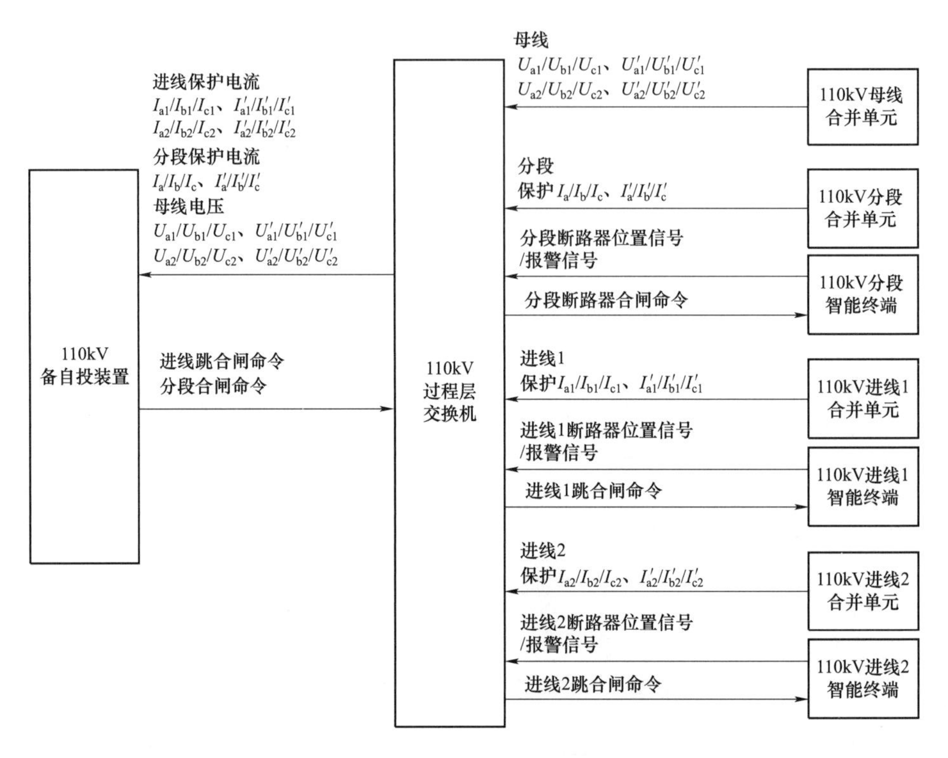

图 5-56　110kV 分段备自投装置过程层设备示例图

过程层设备采用智能终端及合并单元各自独立的装置。图 5-56 中，备自投通过过程层交换机采集来自 110kV 母线的电压采样值，110kV 进线 1、110kV 进线 2 和 110kV 分段间隔的保护电流电压采样值和断路器位置及告警信号，并通过过程层交换机发出对 110kV 进线 1、110kV 进线 2 的跳合闸控制指令，以及对 110kV 分段的合控制指令。

5.6.2 检修压板处理

备自投检修压板处理如表 5-12 所示，“x”表示任意状态。

表 5-12　110kV 分段备自投检修压板处理

设备	检修压板状态							
备自投装置	0	0	0	0	0	0	0	1
母线 MU	1	x	x	x	x	x	x	x
进线 1MU	x	1	x	x	x	x	x	x

续表

设备	检修压板状态							
进线 2 MU	x	x	1	x	x	x	x	x
分段 MU	x	x	x	1	x	x	x	x
进线 1 智能终端	x	x	x	x	1	x	x	x
进线 2 智能终端	x	x	x	x	x	1	x	x
分段智能终端	x	x	x	x	x	x	1	x
告警信息	SV 检修不一致闭锁备自投				智能终端检修不一致			检修状态，闭锁备自投
影响	闭锁备自投				智能终端收到备自投跳合闸指令后，不执行跳合闸出口指令			闭锁备自投，报文置检修标志

5.6.3 SV 接收压板退出、SV 链路中断和 SV 数据异常

SV 接收压板退出后，SV 接收压板退出的合并单元的电流/电压显示为 0，该合并单元的保护电流/电压失效。SV 链路中断后，链路中断的合并单元无法采集电压电流，该合并单元的保护电流/电压失效。SV 数据异常导致备自投接收的数据不全面，部分电压电流失效。

母线、进线 1、进线 2 和分段合并单元中任意一个合并单元的保护电流/电压失效，备自投都无法完成全部的母线有压无压判别、三相失压判别和进线 1、进线 2 和分段断路器 TWJ 异常判别。因此，闭锁备自投功能。

5.6.4 智能终端 GOOSE 链路中断

进线 1、进线 2 和分段智能终端中任意一个 GOOSE 链路中断，备自投无法采集断路器位置。因此，闭锁备自投功能。

5.6.5 智能终端断路器异常告警

分段备自投对收到智能终端断路器异常告警处理在未启动备自投时进行。

判断出断路器位置异常信号时，备自投放电。如图 5－57 所示。

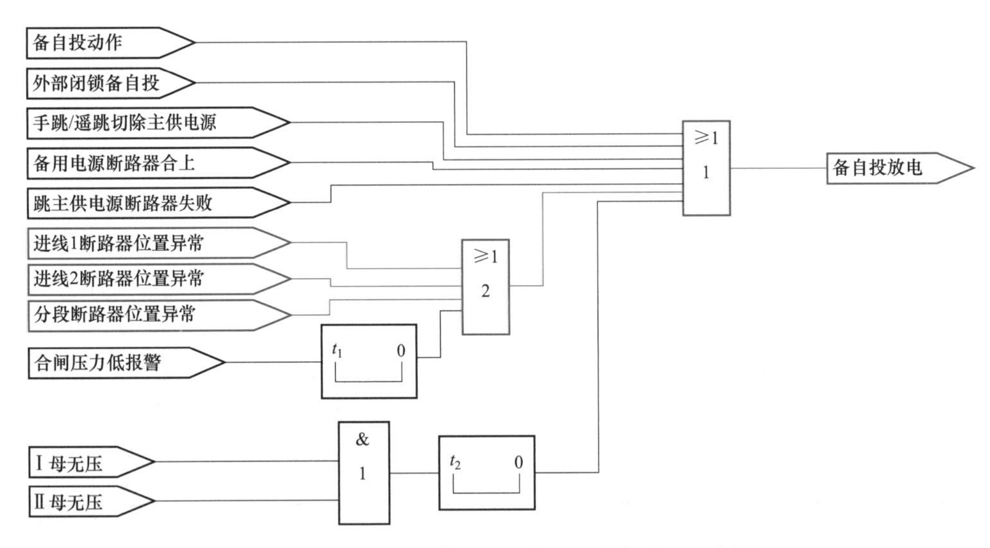

图 5-57　备自投“断路器位置异常”处理示例图

收到分段断路器的合闸压力低告警后，备自投经延时放电。如图 5-58 所示。

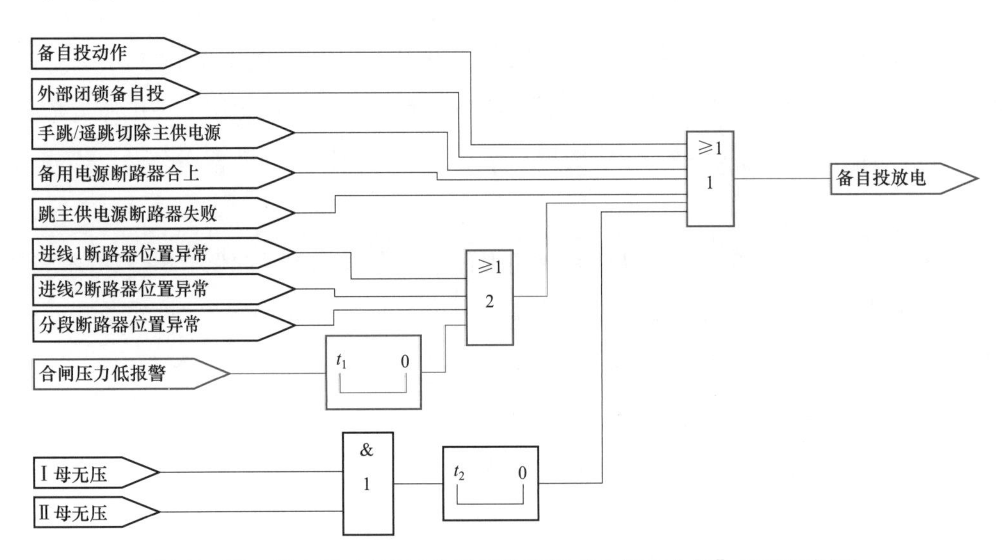

图 5-58　备自投 110kV 分段智能终端“合闸压力低”处理示例图

5.6.6　GOOSE 开出压板

GOOSE 开出压板退出后，备自投正常运行，但备自投无法发出对进线和分段断路器的跳合闸指令，在执行过程中会出现进线断路器无法跳开或分段断路器无法合上的情况，如表 5-13 所示，“x”表示任意状态。

表 5-13　　110kV 分段备自投 GOOSE 开出压板退出影响

设备	GOOSE 开出压板状态		
进线 1 跳闸	0	x	x
进线 2 跳闸	x	0	x
分段合闸	x	x	0
影响	进线 1 断路器未跳开	进线 2 断路器未跳开	分段断路器未合闸

5.7 110kV 进线故障示例

以 110kV 进线 1 发生 A 相接地永久故障为例，保护动作信息如表 5-14 所示。

表 5-14　　110kV 进线 1 故障保护动作信息表

序号	告警信息
1	110kV 进线 1 接地距离 I 段保护动作
2	10kV 1 号电容器低电压保护动作
3	10kV 2 号电容器低电压保护动作
4	110kV 进线 1 重合闸动作
5	110kV 进线 1 后加速保护动作
6	110kV 分段备自投跳进线 1 动作
7	110kV 分段备自投合分段动作

保护功能执行可分为数据有效判断、保护判断和保护出口三部分。

5.7.1 110kV 进线 1 线路保护数据有效性判断

线路保护各通道数据无异常，SV 接收压板投入，SV 检修压板与保护检修压板一致，可判断出保护电压电流有效。原理如图 5-59 所示。

5.7.2 110kV 进线 1 保护完成重合闸充电

故障前，110kV 进线 1 正常运行，断路器合位，无导致重合闸放电信号输入，重合闸完成充电。原理如图 5-60 所示。

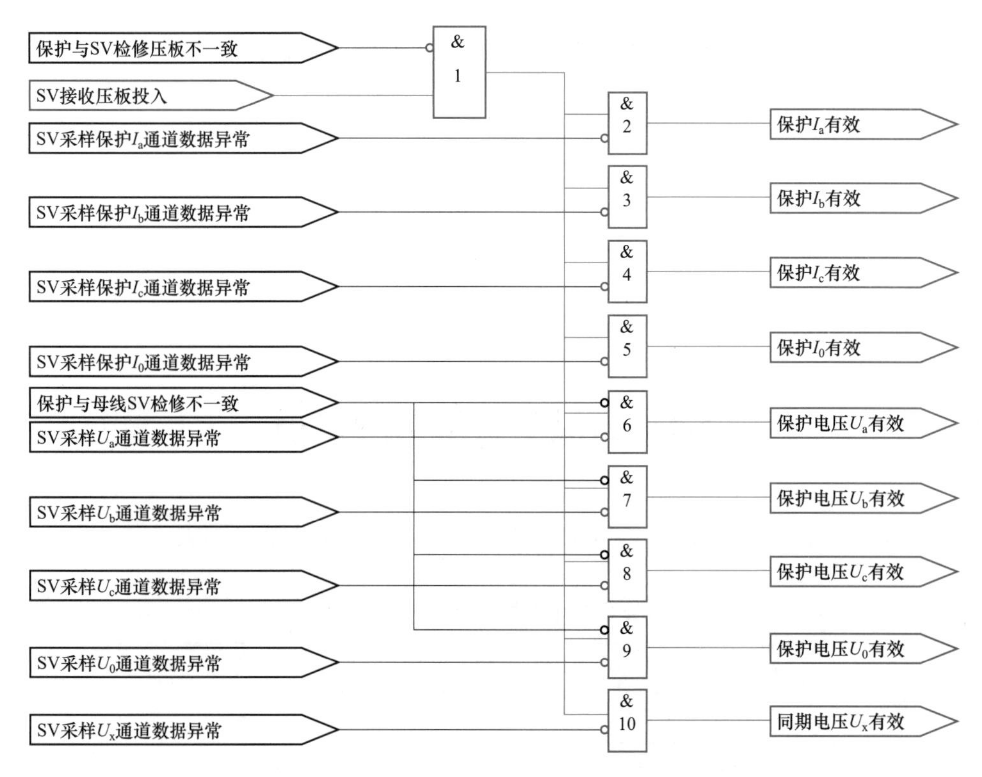

图 5－59　110kV 进线 1 线路保护数据有效性判断示例图

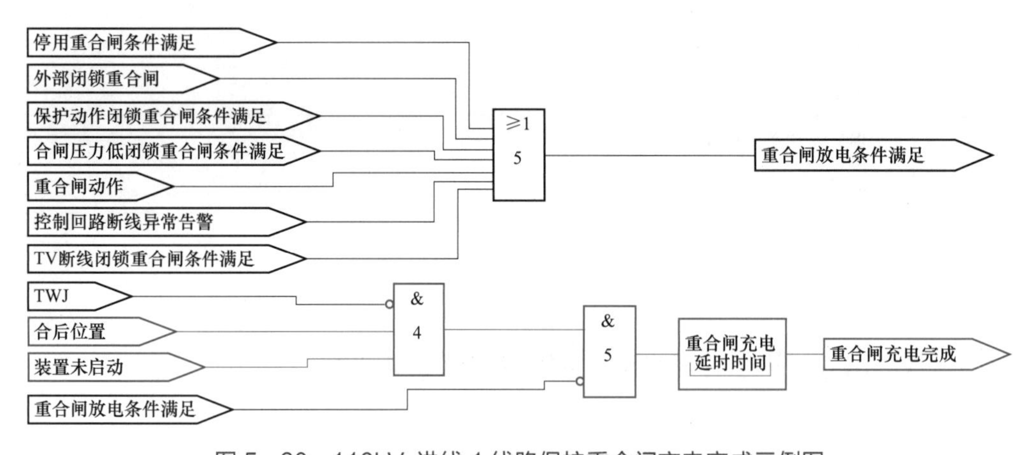

图 5－60　110kV 进线 1 线路保护重合闸充电完成示例图

5.7.3　110kV 分段备自投完成自投方式 3 充电

故障前，110kV 进线 1、进线 2 正常运行，分段断路器分位，无导致 110kV 分段备自投放电信号输入，自投方式 3 完成充电。原理如图 5－61 所示。

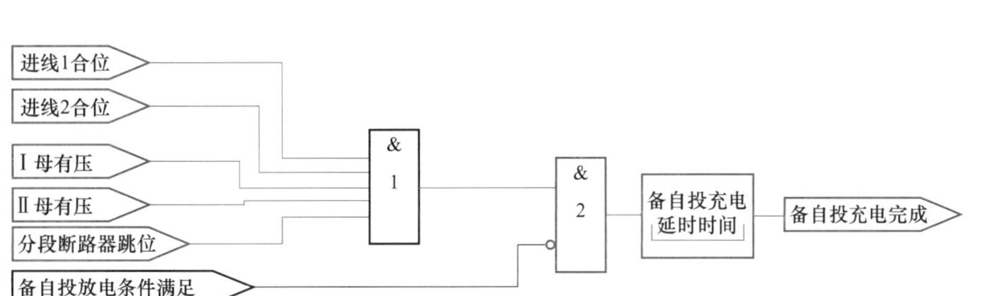

图 5-61　110kV 分段备自投自投方式 3 充电示例图

5.7.4　110kV 进线 1 接地距离Ⅰ段保护动作至跳进线 1 断路器

A 相接地故障，接地距离Ⅰ段、Ⅱ段、Ⅲ段保护均启动，接地距离Ⅰ段保护延时到后首先动作，发距离Ⅰ段保护动作信号。原理如图 5-62 所示。

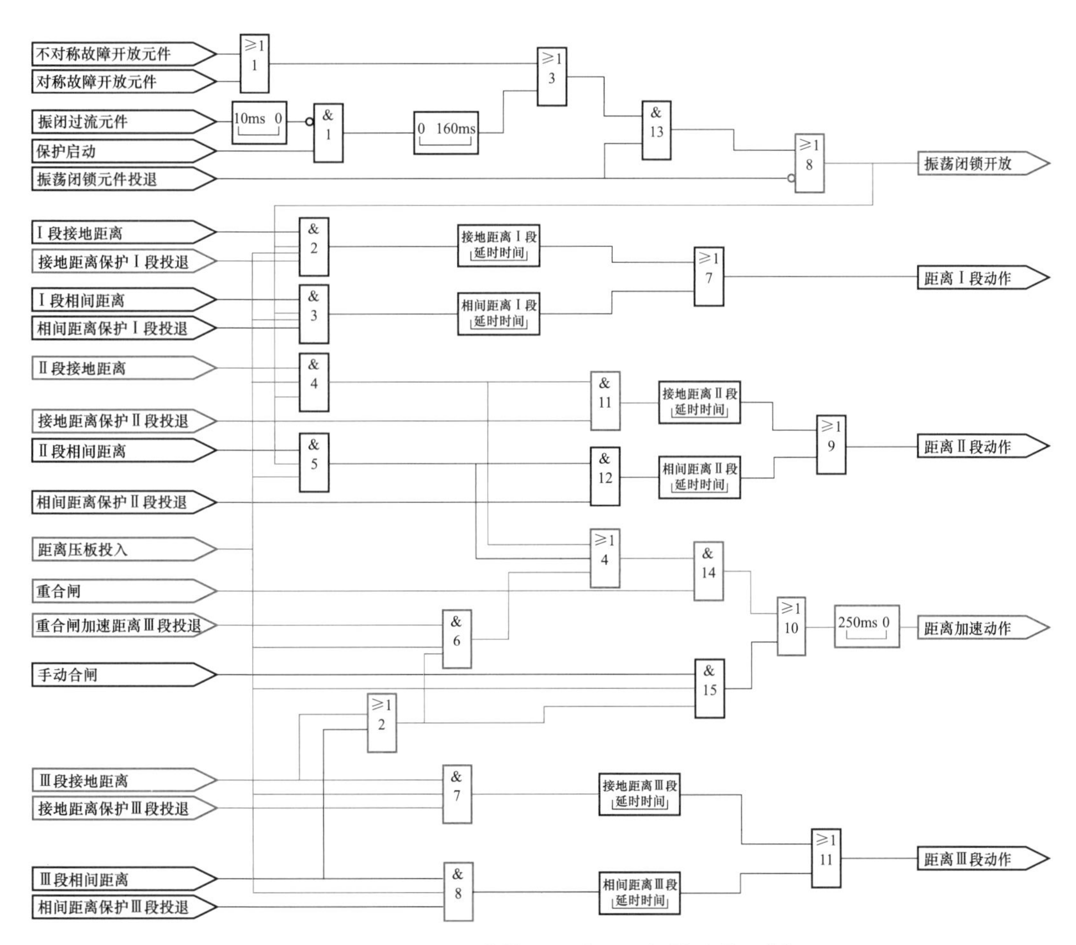

图 5-62　110kV 进线 1 距离Ⅰ段保护动作示例图

线路保护跳闸处理后，发出跳闸出口指令。原理如图 5-63 所示。

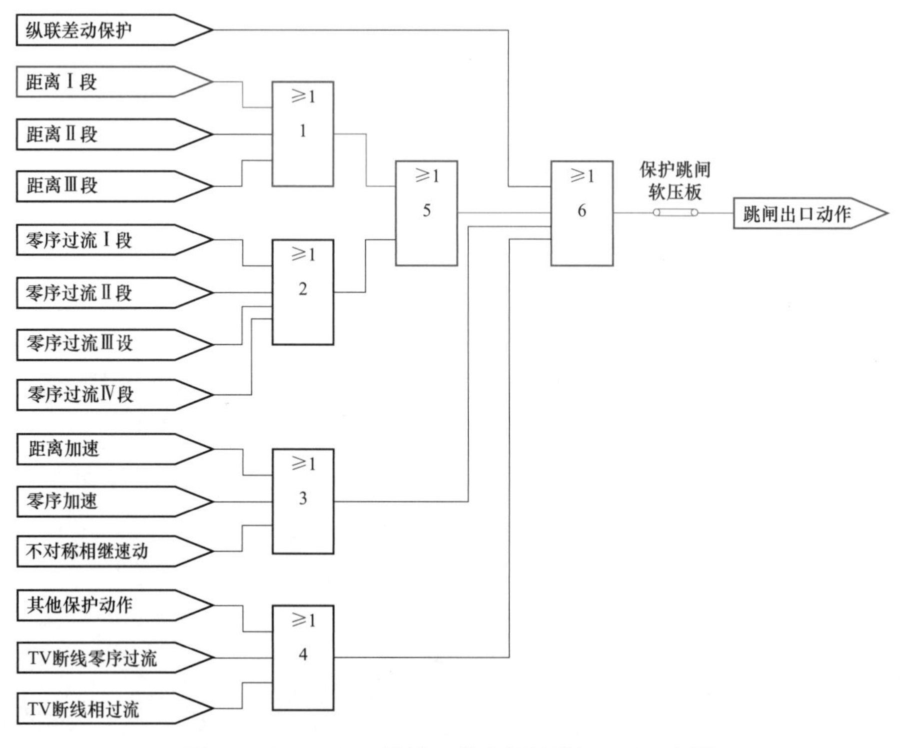

图 5-63　110kV 进线 1 线路保护跳闸开出示例图

跳闸出口指令经 GOOSE 通信传输至进线 1 智能终端，进线 1 智能终端经跳闸命令处理和跳闸逻辑处理后，向断路器发跳闸出口控制信号。原理如图 5-64 所示。

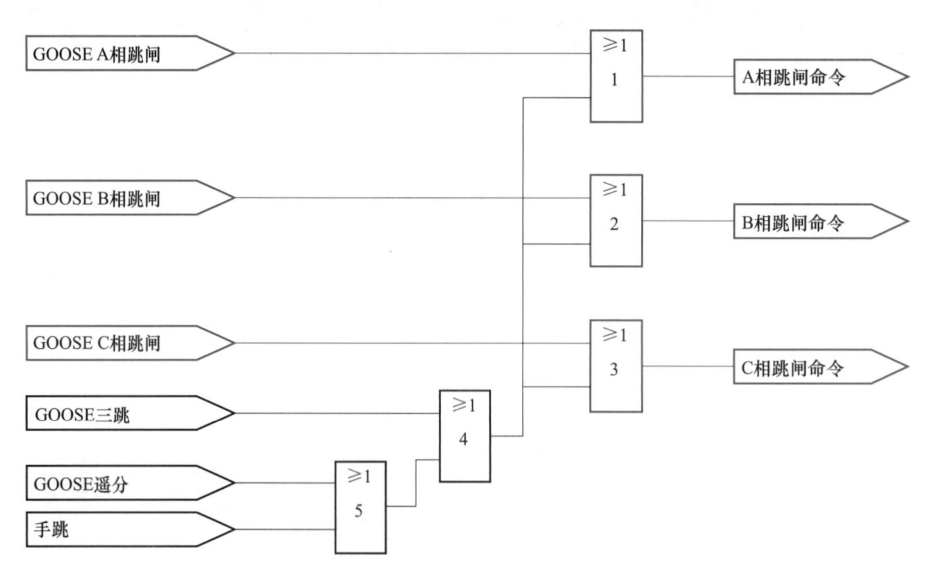

图 5-64　110kV 进线 1 智能终端发跳闸命令示例图

进线 1 智能终端对跳闸命令进行处理，发出跳闸出口控制信号，如图 5-65 所示。

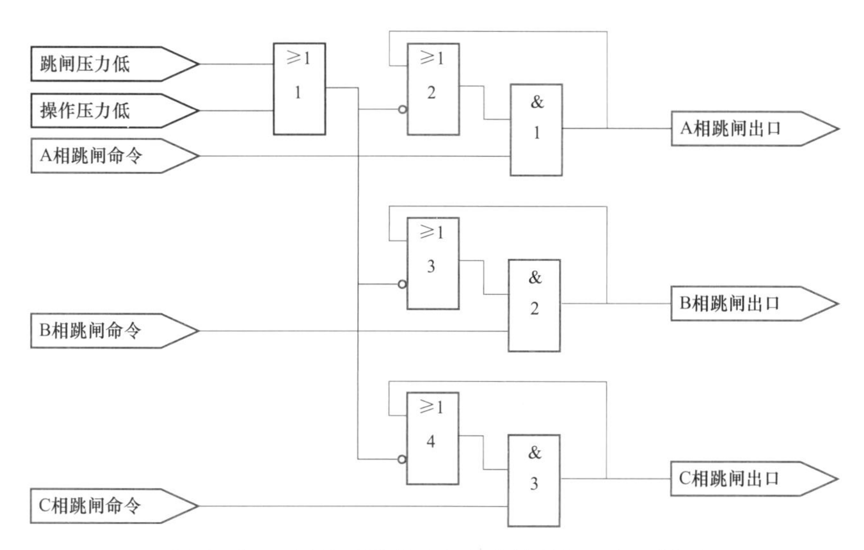

图 5-65 110kV 进线 1 智能终端跳闸开出示例图

5.7.5 10kV Ⅰ母电容器低电压保护动作

110kV 进线 1 保护跳闸后，10kV Ⅰ母失电，10kVⅠ母#1、#2 电容器保护采用电缆直接从互感器采集电流电压，检测到接入电容器电压欠压后，低电压保护动作，发跳闸信号，经电缆传输至断路器，跳开 10kV Ⅰ母#1、#2 电容器。原理如图 5-66 所示。

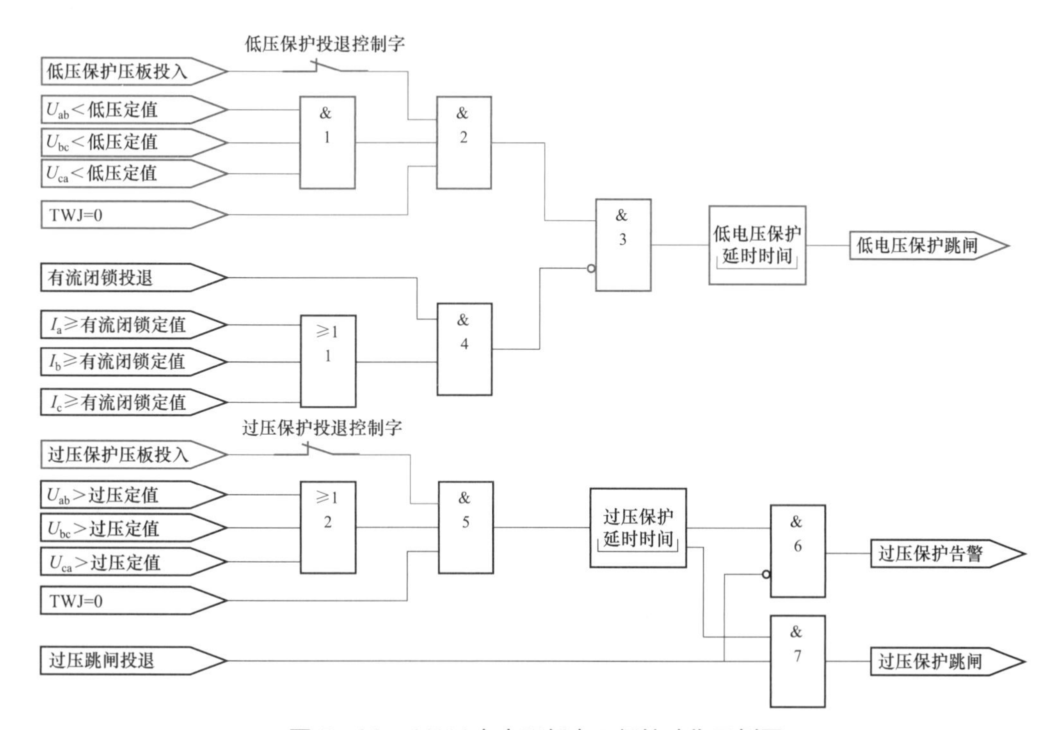

图 5-66 10kV 电容器低电压保护动作示例图

5.7.6 110kV 进线 1 重合闸动作至合进线 1 断路器

保护动作至断路器跳开后，进线重合闸启动，原理如图 5－67 所示。

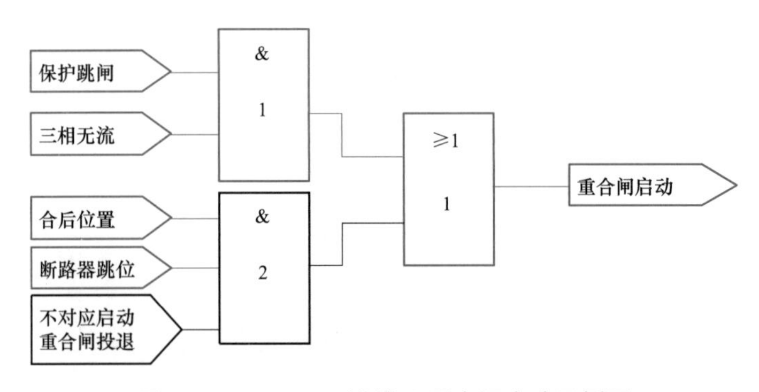

图 5－67 110kV 进线 1 重合闸启动示例图

重合闸启动后，经检线路无压母线无压条件满足，重合闸时间到，发出重合闸指令。原理如图 5－68 所示。

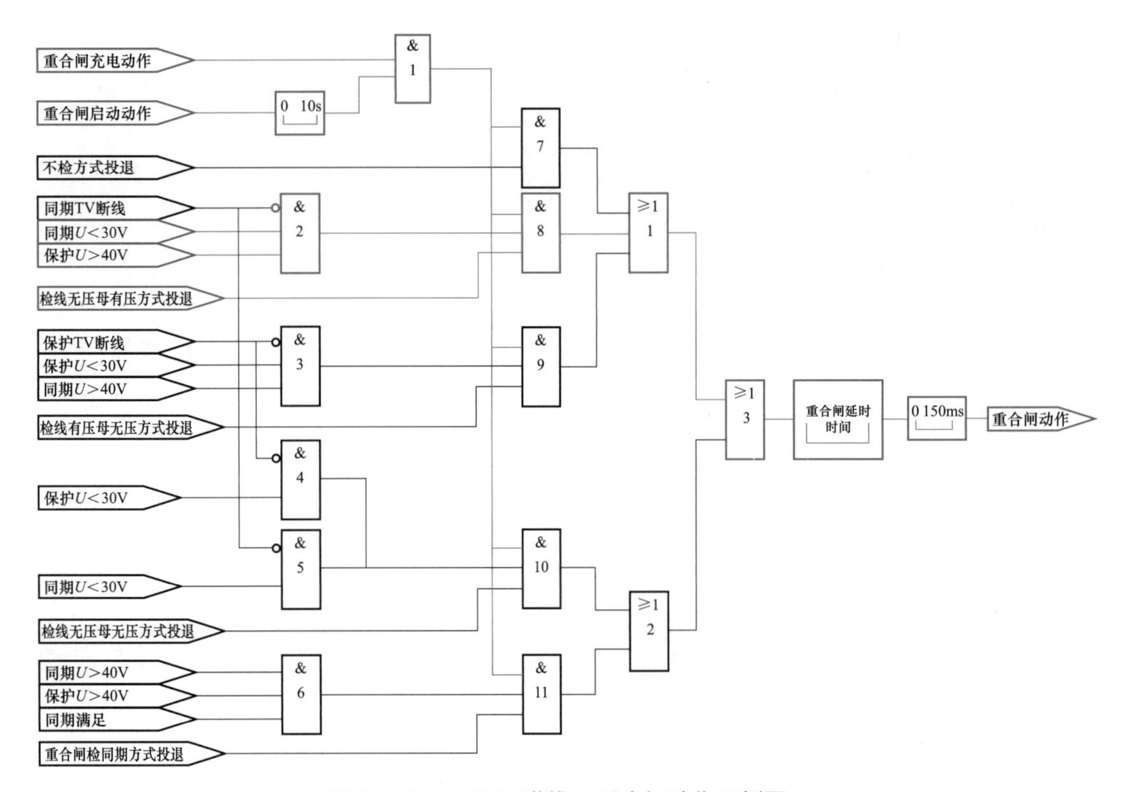

图 5－68 110kV 进线 1 重合闸动作示例图

进线重合闸动作后，经合闸出口判断后，发出合闸指令。原理如图 5－69 所示。

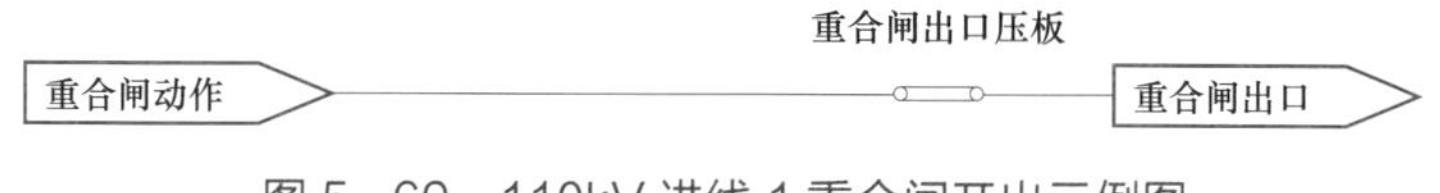

图 5－69　110kV 进线 1 重合闸开出示例图

同时进线重合闸放电，完成一次三相重合闸。原理如图 5－70 所示。

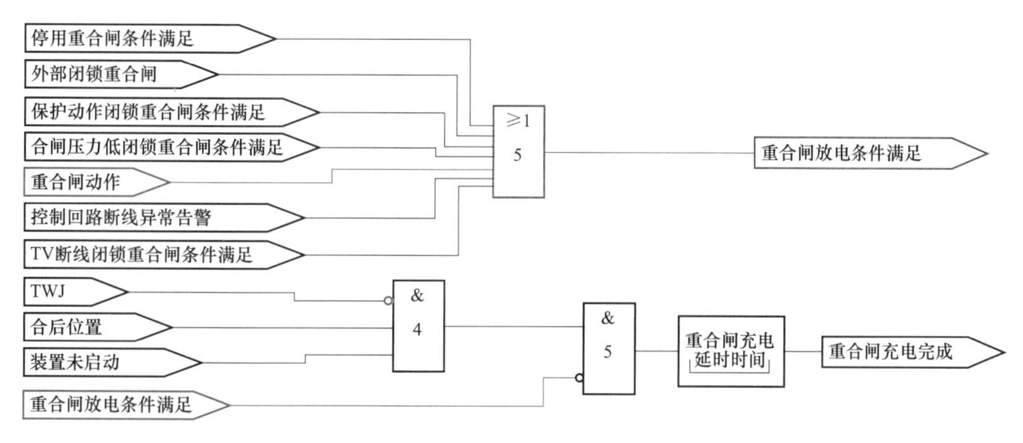

图 5－70　110kV 进线 1 重合闸动作后放电示例图

合闸出口指令经 GOOSE 通信传输至进线 1 智能终端，进线 1 智能终端经合闸命令处理原理如图 5－71 所示。

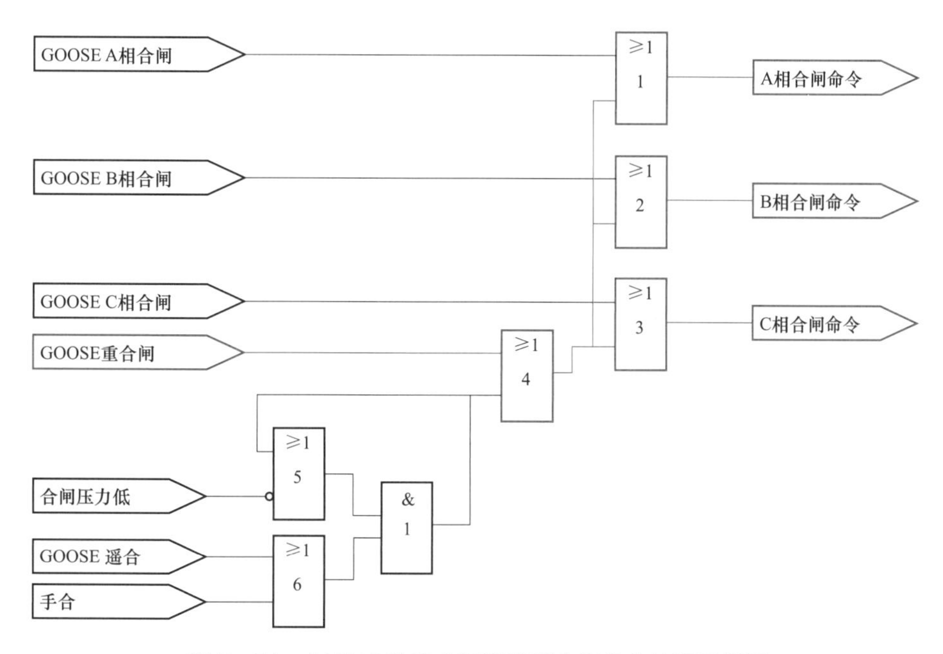

图 5－71　110kV 进线 1 智能终端合闸命令处理示例图

智能终端的合闸命令经合闸逻辑处理后，向断路器发合闸出口控制信号。原理如图5-72所示。

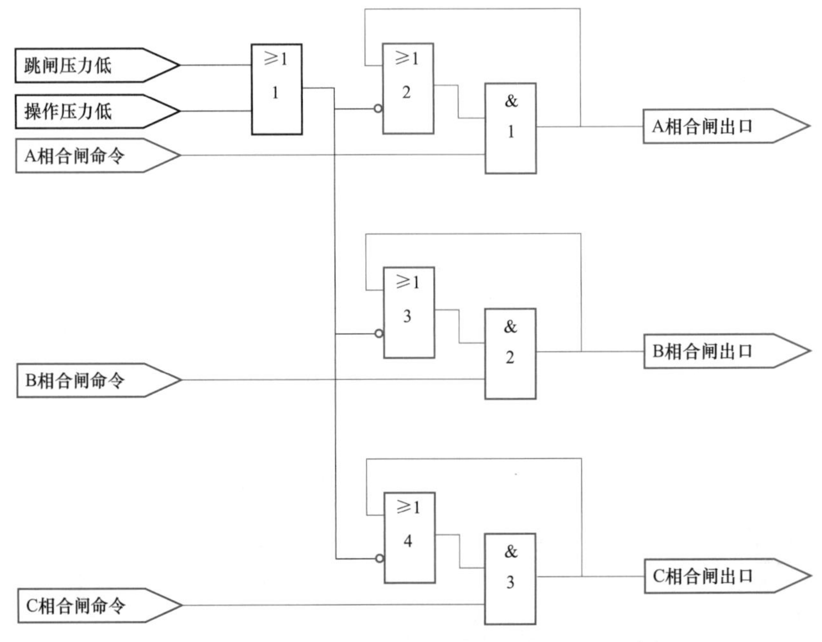

图5-72　110kV进线1智能终端合闸开出示例图

5.7.7　110kV 进线1后加速保护动作至跳闸

因进线1发生永久性接地故障，保护合闸后合于故障，110kV进线距离后加速保护和零序后加速保护均动作，发跳闸出口指令至智能终端后，由智能终端跳开进线断路器，同时，重合闸放电，断路器跳位后，重合闸充电条件不满足，完成一次三相重合闸。

合于故障后，接地距离Ⅱ、Ⅲ段元件动作，经250ms延时到后，距离加速保护动作于跳闸。进线1距离后加速保护动作流程如图5-73所示。

合于故障后，零序保护启动未返回，零序Ⅰ、Ⅱ、Ⅲ、Ⅳ段过流元件和零序过流后加速元件均启动，零序过流后加速保护100ms延时到后，动作于跳闸。进线1零序过流后加速保护动作流程如图5-74所示。

5.7.8　110kV 分段备自投数据有效性判断

110kV分段接入各合并单元通道数据无异常，SV接收压板投入，SV检修压板与保护检修压板一致，可判断出保护电压电流有效。接入量如表5-15所示。

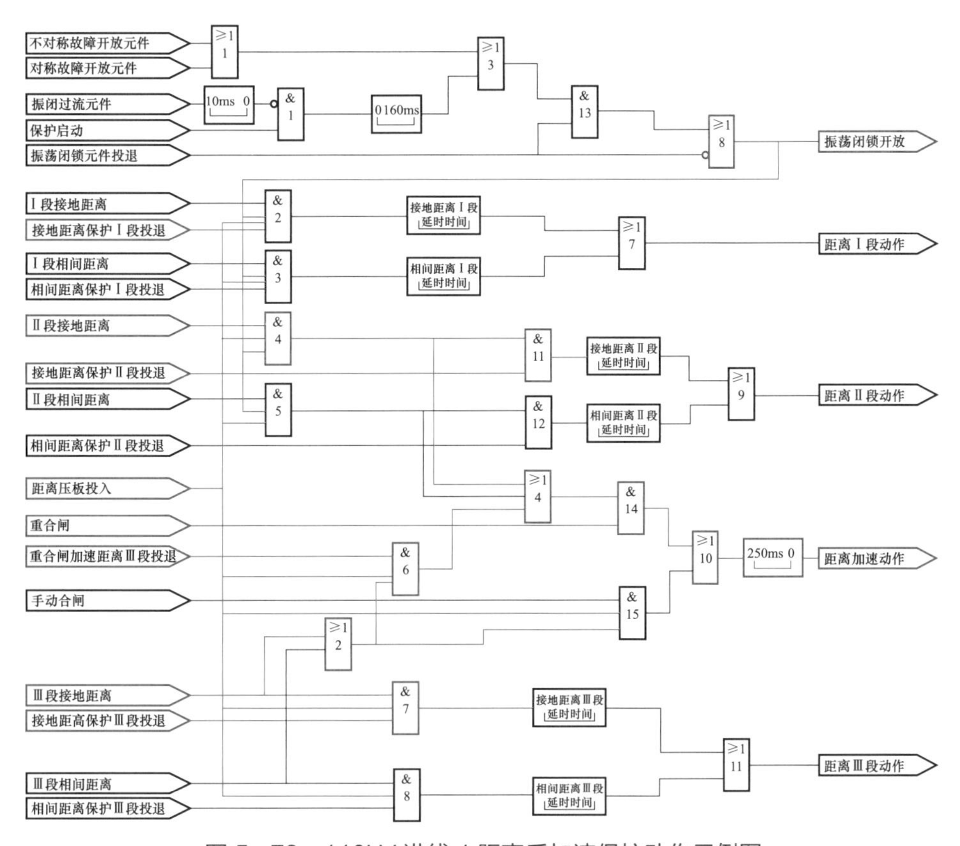

图 5-73 110kV 进线 1 距离后加速保护动作示例图

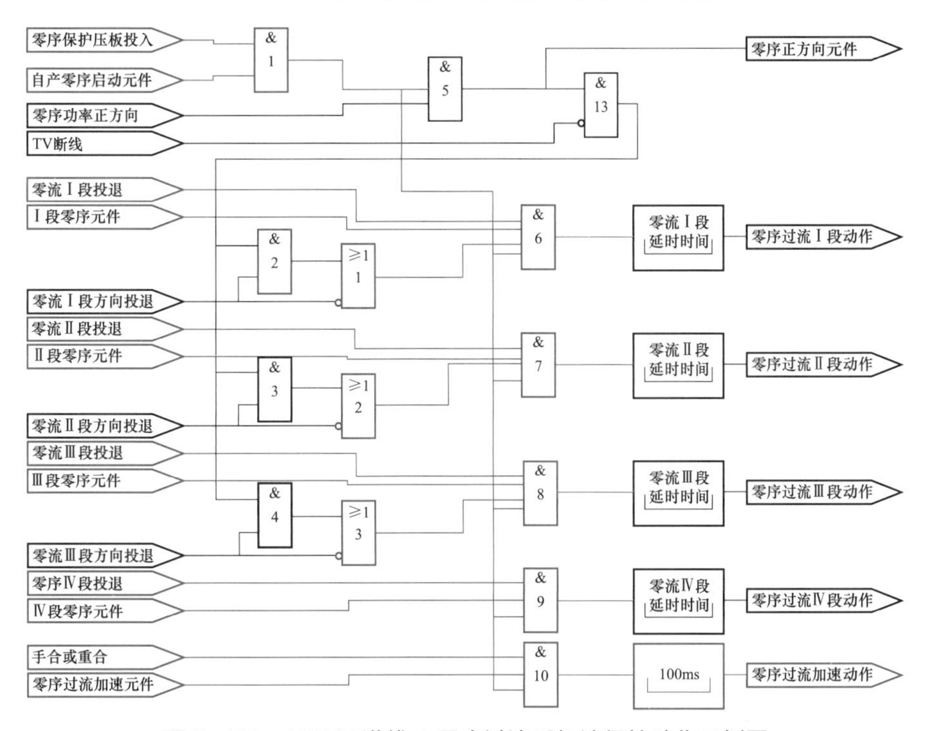

图 5-74 110kV 进线 1 零序过流后加速保护动作示例图

表 5-15　　110kV 分段备自投接入模拟量表

合并单元	交流量
母线 MU	110kV Ⅰ母 U_{a1}，U_{b1}，U_{c1}，U'_{a1}，U'_{b1}，U'_{c1}； 110kV Ⅱ母 U_{a2}，U_{b2}，U_{c2}，U'_{a2}，U'_{b2}，U'_{c2}
进线 1MU	110kV 进线 1 保护电流 I_{a1}，I_{b1}，I_{c1}，I'_{a1}，I'_{b1}，I'_{c1}
进线 2MU	110kV 进线 2 保护电流 I_{a2}，I_{b2}，I_{c2}，I'_{a2}，I'_{b2}，I'_{c2}
分段 MU	110kV 分段保护电流 I_a，I_b，I_c，I'_a，I'_b，I'_c

电流 SV 数据有效性判断如图 5-75 所示。

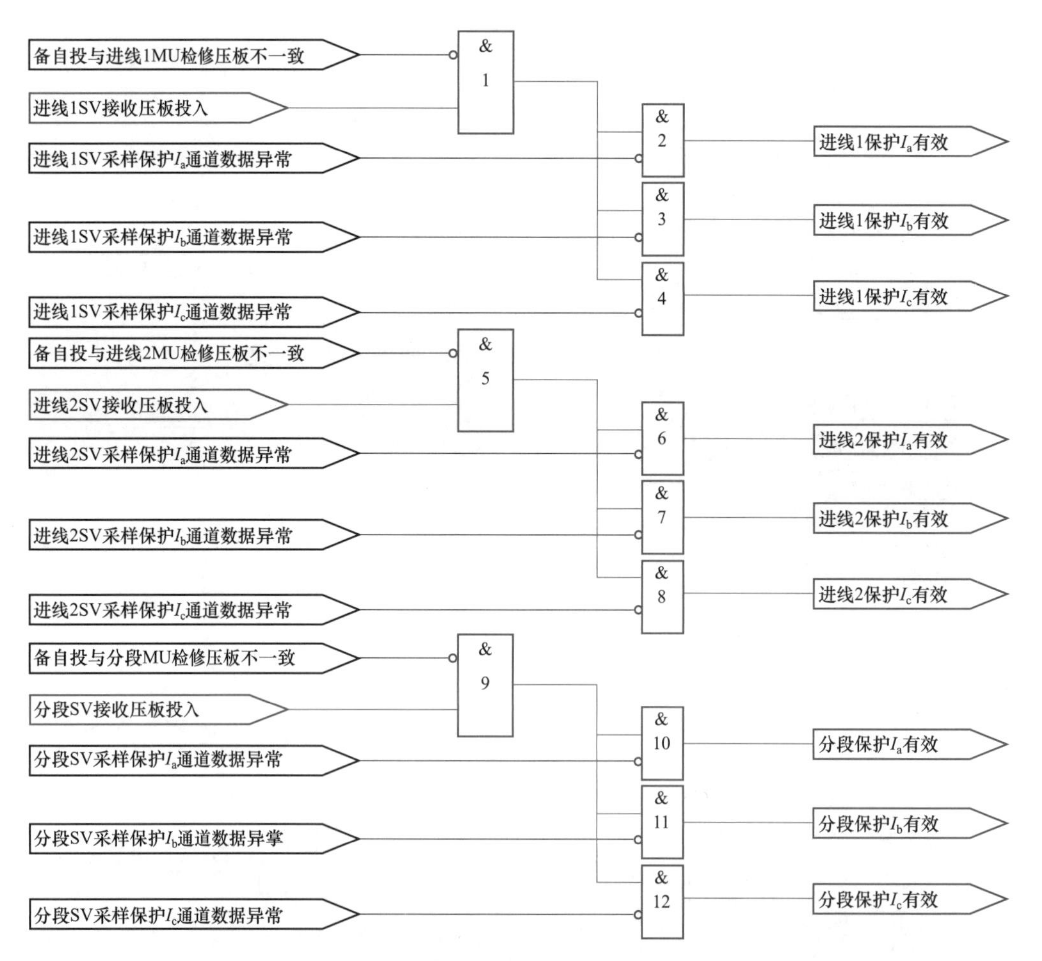

图 5-75　110kV 分段备自投电流 SV 数据有效性判断示例图

电压数据有效性判断如图 5-76 所示。

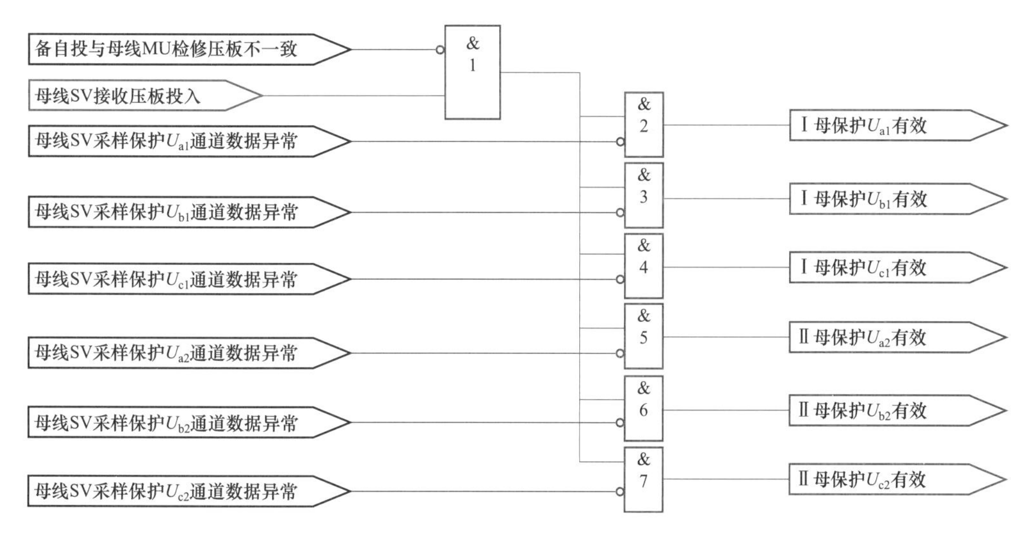

图 5-76 110kV 分段备自投电压 SV 数据有效性判断示例图

5.7.9 110kV 分段备自投跳进线 1 动作至跳进线 1 断路器

分段备自投检测到Ⅰ母无压，进线 1 无流，Ⅱ母有压后，启动备自投，跳进线 1，进线 1 跳开后，合分段断路器，完成分段备自投。原理如图 5-77 所示。

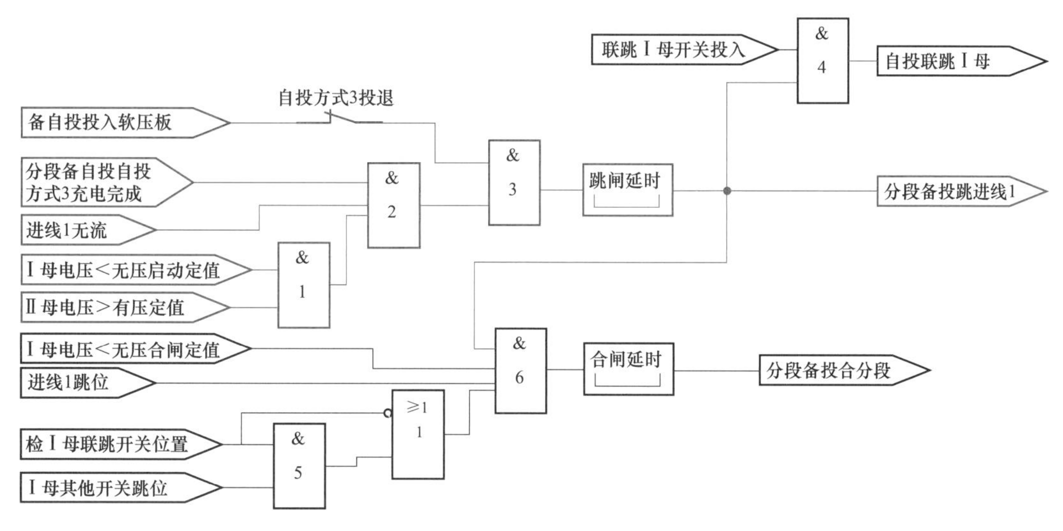

图 5-77 110kV 分段备自投备自投动作示例图

备自投跳进线 1 动作后，发出跳进线 1 断路器出口指令。进线 1 智能终端通过过程层网络接收到来自备自投的跳闸指令，发进线 1 断路器跳闸出口信号，跳开进线 1 断路器。

5.7.10　110kV 分段备自投合分段动作至合分段断路器

分段备自投检测到进线 1 断路器跳开后，发合分段断路器指令。原理如图 5-78 所示。

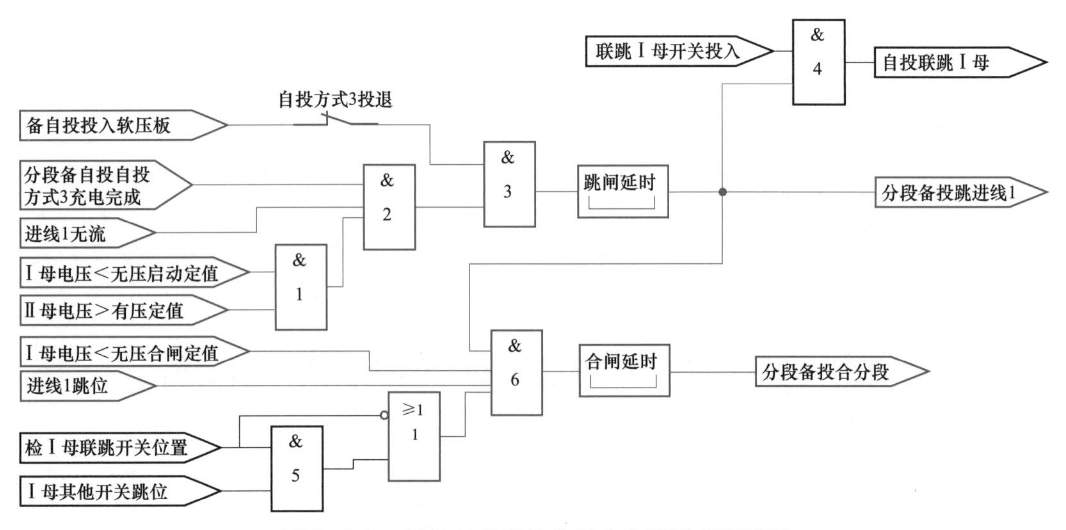

图 5-78　110kV 分段备自投合分段开出示例图

分段智能终端通过过程层网络接收到来自备自投的合闸指令，发分段断路器合闸出口信号，分段断路器合闸，完成分段备自投。分段备自投自投方式 3 放电。放电原理如图 5-79 所示。

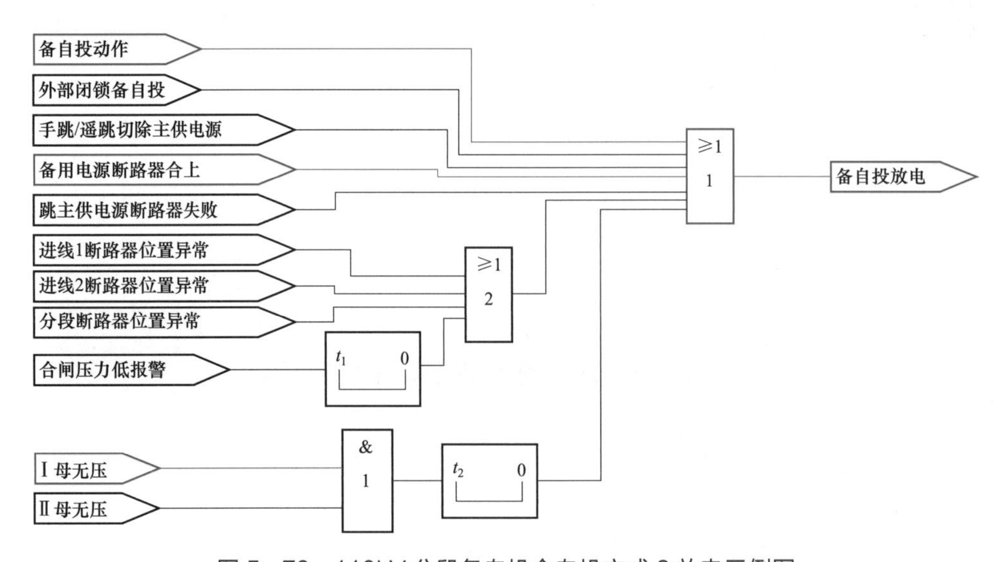

图 5-79　110kV 分段备自投合自投方式 3 放电示例图

5.8 10kV Ⅰ母故障示例

以 10kV Ⅰ母发生 AB 相接地永久故障为例，保护动作信息如表 5－16 所示。

表 5－16　　10kV Ⅰ母故障保护动作信息

序号	告警信息
1	110kV #1 变压器低复压过流Ⅰ段Ⅰ时限动作
2	110kV #1 变压器低复压过流Ⅰ段 2 时限动作
3	10kV1 号电容器低电压保护动作

5.8.1 110kV #1 变压器低复压过流保护数据有效性判断

110kV #1 变压器低复压过流保护采用了变压器各侧电压和低压侧电流，数据有效性判断包括变压器高低侧电压数据有效性判断和低压侧电流有效性判断，如图 5－80、图 5－81 所示。

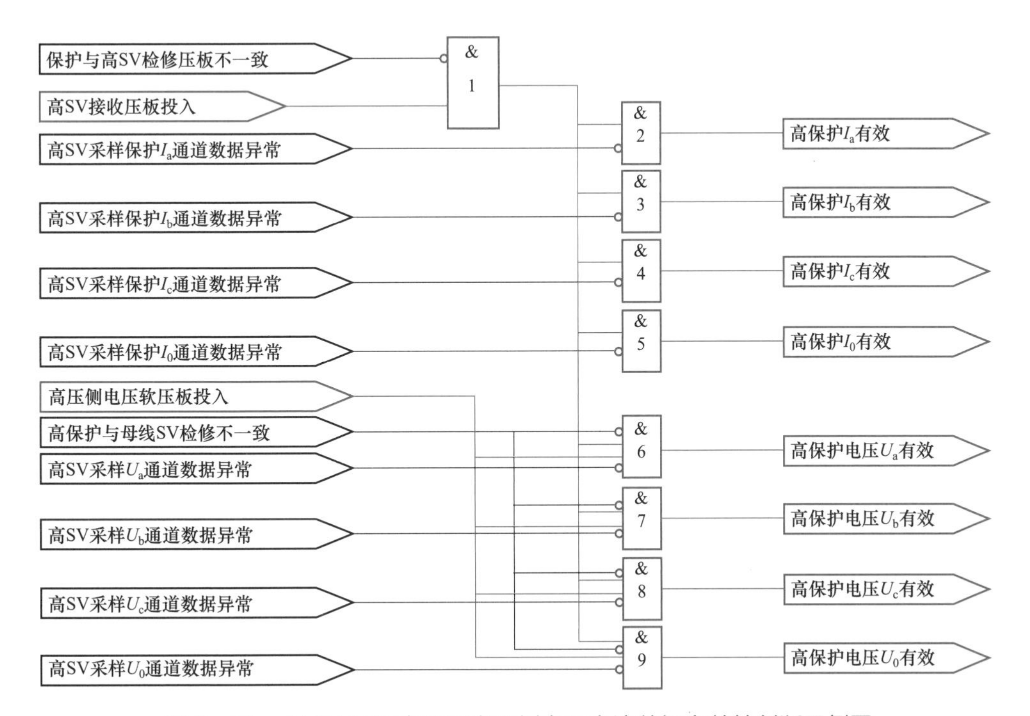

图 5－80　110kV #1 变压器高压侧电压电流数据有效性判断示例图

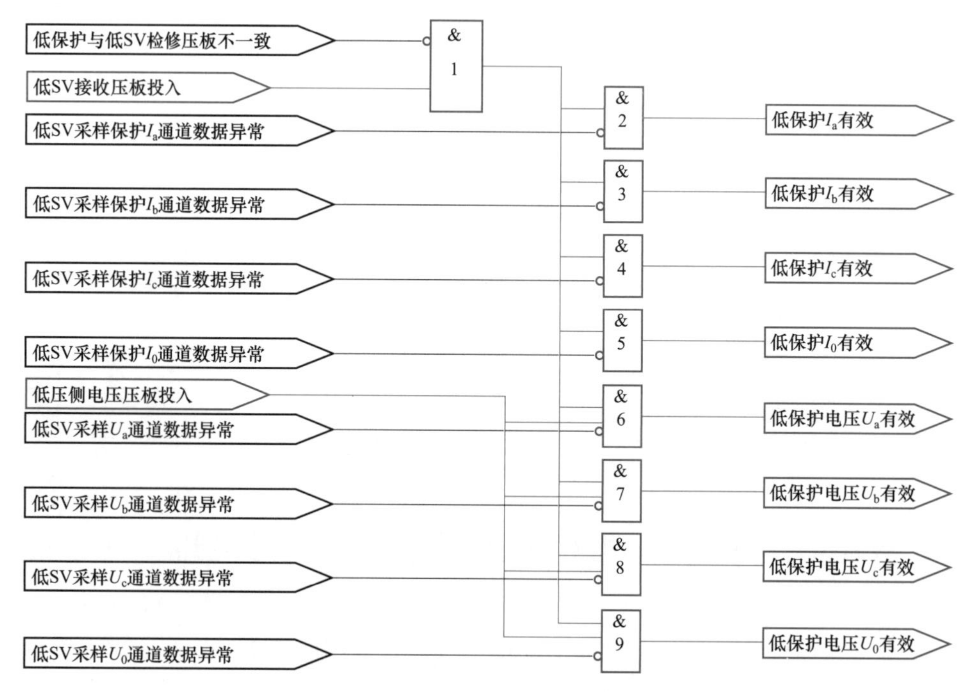

图 5-81　110kV #1 变压器低压侧电压电流数据有效性判断示例图

5.8.2　110kV #1 变压器低复压过流保护动作至跳闸

变压器低复压过流保护检测到低压侧过流且复压条件满足，复压元件动作，开放复压过流保护，复压过流Ⅰ段 1 时限保护动作，发跳 10kV 分段断路器命令至变压器低压侧智能终端，低智能终端经跳闸判断后，发跳低压侧分段断路器出口控制信号；因故障为 10kVⅠ母永久性故障，低复压过流Ⅰ段 2 时限保护延时动作，发跳 10kV 低压侧断路器命令至变压器低压侧智能终端，低智能终端经跳闸判断后，发跳低压侧断路器出口控制信号。

10kVⅠ母故障后，110kV#1 变压器保护各侧复压元件均动作，复压元件动作如图 5-82 所示。

110kV#1 变压器低复压过流保护Ⅰ段 1 时限动作如图 5-83 所示。

110kV#1 变压器低复压过流保护Ⅰ段 1 时限跳 10kV 分段断路器出口动作如图 5-84 所示。

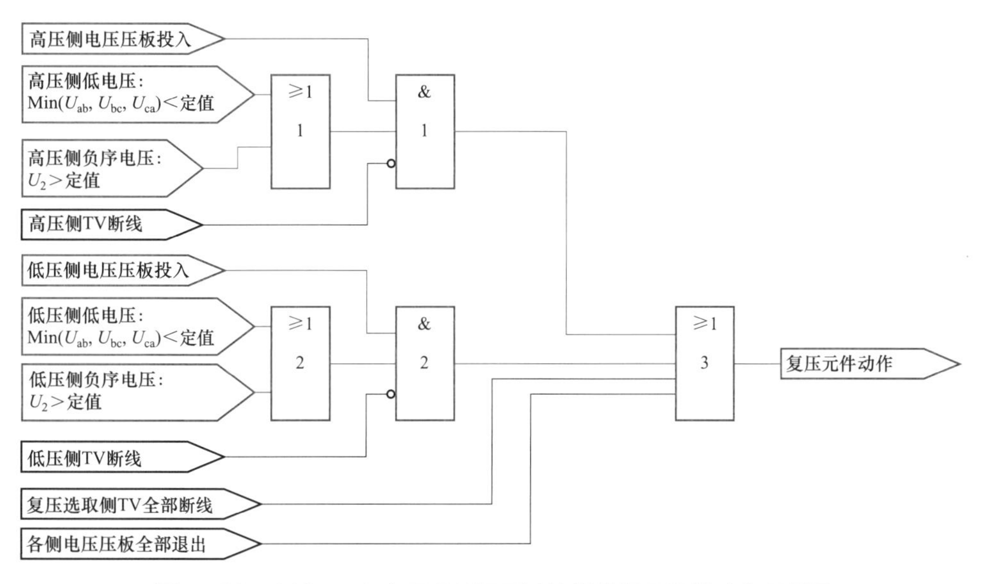

图 5-82　110kV#1 变压器低复压过流保护复压元件动作示例图

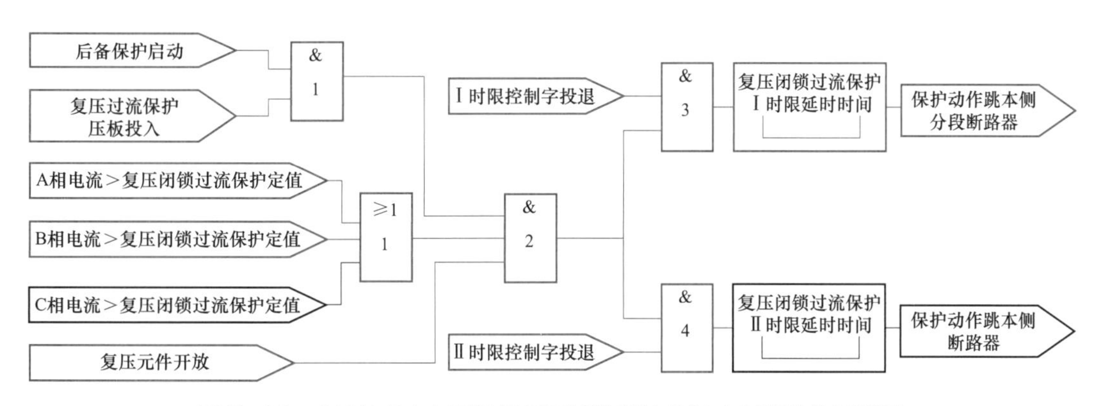

图 5-83　110kV#1 变压器低复压过流保护Ⅰ段 1 时限动作示例图

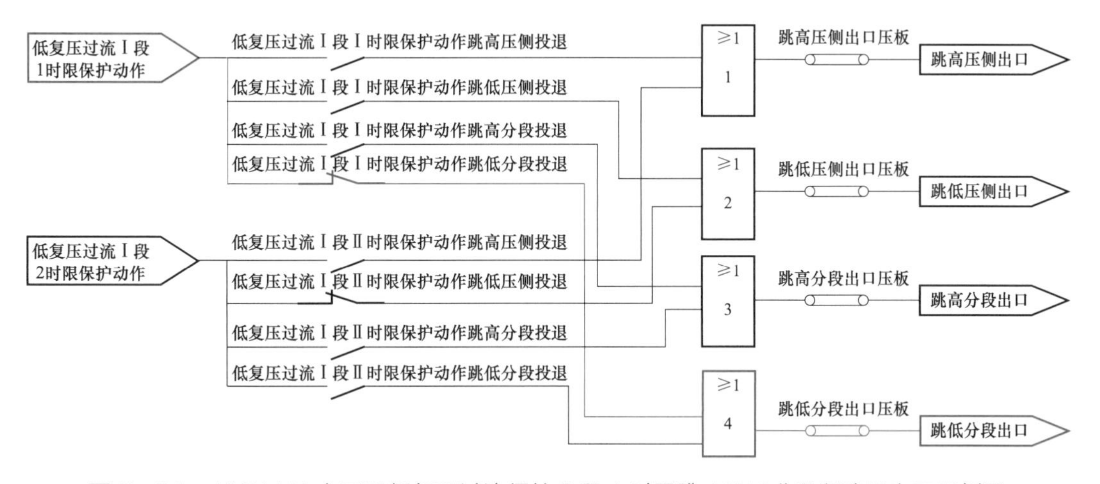

图 5-84　110kV#1 变压器低复压过流保护Ⅰ段 1 时限跳 10kV 分段断路器出口示例图

110kV#1 变压器低复压过流保护Ⅰ段 2 时限动作如图 5－85 所示。

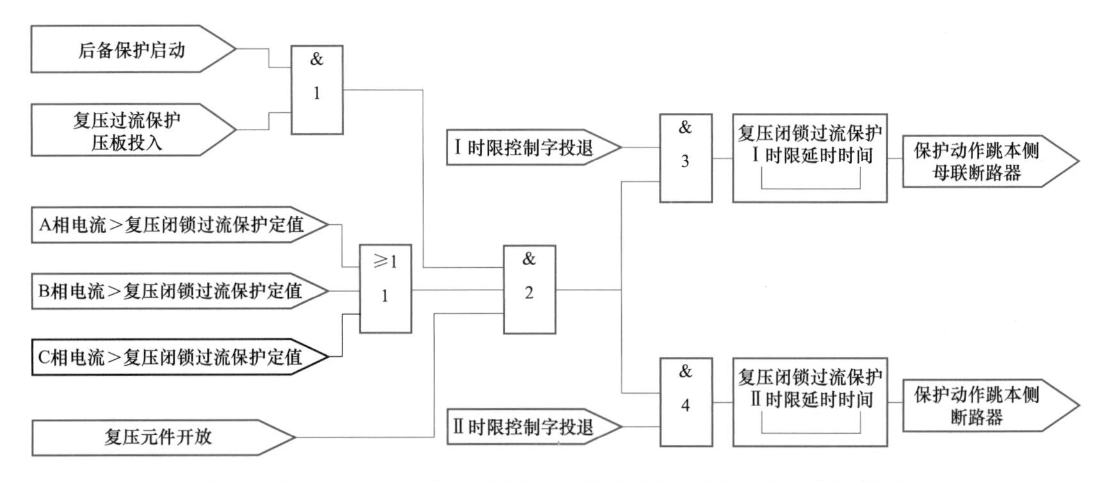

图 5－85　110kV#1 变压器低复压过流保护Ⅰ段 2 时限动作示例图

110kV#1 变压器低复压过流保护Ⅰ段 2 时限跳变压器低压侧出口如图 5－86 所示。

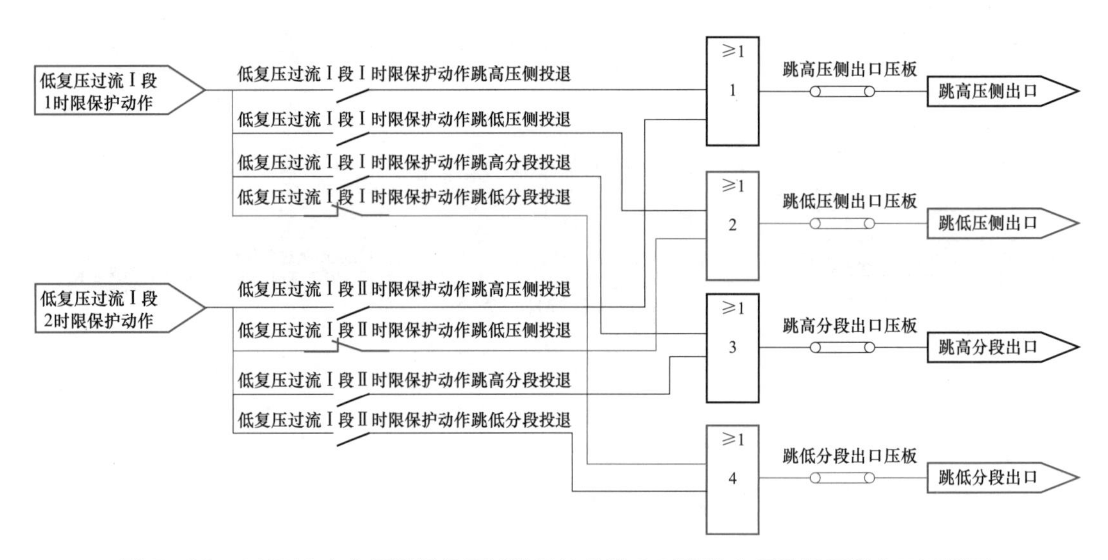

图 5－86　110kV#1 变压器低复压过流保护Ⅰ段 2 时限跳变压器低压侧出口示例图

5.8.3　10kV 电容器低电压保护动作至跳电容器断路器

110kV 主变 1 后备保护跳低压侧断路器后，10kVⅠ母失电，10kV　Ⅰ母电容器保护采用电缆直接从互感器采集电流电压，检测到接入电容器电压欠压后，低电压保护动作，发跳闸信号，经电缆传输至断路器，跳开 10kVⅠ母电容器。

参 考 文 献

［1］110kV 变电站继电保护原理识图与典型案例. 北京：中国电力出版社，2020.

［2］GB/T 30155—2013 智能变电站技术导则

［3］GB/T 14285—2006 继电保护和安全自动装置技术规程

［4］GB/T 15145—2017 输电线路保护装置通用技术条件

［5］GB/T 22386—2008 电力系统暂态数据交换通用格式

［6］GB/T 30155—2013 智能变电站技术导则

［7］GB/T 32890—2016 继电保护 IEC 61850 工程应用模型

［8］GB/T 32901—2016 智能变电站继电保护通用技术条件

［9］GB/T 34121—2017 智能变电站继电保护配置工具技术规范

［10］GB/T 34132—2017 智能变电站智能终端装置通用技术条件

［11］GB 50059—2011 35kV～110kV 变电站设计规范

［12］GB/T 50062—2008 电力装置的继电保护和自动装置设计规范

［13］GB/T 51072—2014 110（66）kV～220kV 智能变电站设计规范

［14］DL/T 282—2018 合并单元技术条件

［15］DL/T 317—2010 继电保护设备标准化设计规范

［16］DL/T 478—2013 继电保护和安全自动装置通用技术条件

［17］DL/T 526—2013 备用电源自动投入装置技术条件

［18］DL/T 670—2010 母线保护装置通用技术条件

［19］DL/Z 860.1—2018 电力自动化通信网络和系统 第 1 部分：概论

［20］DL/Z 860.2—2006 变电站通信网络和系统 第 2 部分：术语

［21］DL/T 860.5—2006 变电站通信网络和系统 第 5 部分：功能的通信要求和装置模型

［22］DL/T 860.6—2012 电力企业自动化通信网络和系统 第 6 部分：与智能电子设备有关的变电站内通信配置描述语言

［23］DL/T 860.71—2014 电力自动化通信网络和系统 第 7-1 部分：基本通信结构原理和模型

［24］DL/T 860.72—2013 电力自动化通信网络和系统 第 7-2 部分：基本信息和通信结构-抽象通信服务接口（ACSI）

［25］DL/T 860.73—2013 电力自动化通信网络和系统 第 7-3 部分：基本通信结构公用数据类

［26］ DL/T 860.74—2014 电力自动化通信网络和系统 第 7－4 部分：基本通信结构兼容逻辑节点类和数据类

［27］ DL/T 860.91—2006 变电站通信网络和系统 第 9－1 部分：特定通信服务映射（SCSM）单向多路点对点串行通信链路上的采样值

［28］ DL/T 860.92—2016 电力自动化通信网络和系统 第 9－2 部分：特定通信服务映射（SCSM）－基于 ISO/IEC 8802－3 的采样值

［29］ DL/T 1349—2014 断路器保护装置通用技术条件

［30］ DL/T 1403—2015 智能变电站监控系统技术规范

［31］ DL/T 1661—2016 智能变电站监控数据与接口技术规范

［32］ DL/T 1663—2016 智能变电站继电保护在线监视和智能诊断技术导则

［33］ DL/T 1782—2017 变电站继电保护信息规范

［34］ DL/T 1873—2018 智能变电站系统配置描述（SCD）文件技术规范

［35］ DL/T 1874—2018 智能变电站系统规格描述（SSD）建模工程实施技术规范

［36］ DL/T 2384—2021 智能变电站二次回路性能测试规范

［37］ DL/T 5780—2018 智能变电站监控系统建设规范

［38］ Q/GDW 10766—2015 10kV～110（66）kV 线路保护及辅助装置标准化设计规范

［39］ Q/GDW 10767—2014 10kV～110（66）kV 元件保护及辅助装置标准化设计规范

［40］ Q/GDW 11361—2014 智能变电站二次设备在线监视和智能诊断技术规范

［41］ Q/GDW 11662—2017 智能变电站系统配置描述文件技术规范

［42］ 刘振亚. 国家电网公司输变电工程通用设计 110（66）～750kV 变电站部分. 北京：中国电力出版社，2011.

［43］ 罗艳，王南. 国家电网公司输变电工程通用设计 35～110kV 智能变电站模块化建设施工图设计. 北京：中国电力出版社，2016.

［44］ 国家电网公司. 国家电网公司输变电工程通用设计 110（66）kV 智能变电站模块化建设. 北京：中国电力出版社，2015.

［45］ 国家电网公司. 国家电网公司输变电工程通用设计 35～110kV 智能变电站模块化建设施工图通用设计. 北京：中国电力出版社，2016.

［46］ 北京四方继保自动化股份有限公司. CSC－161（163）数字式线路保护装置说明书，2019.

［47］ 北京四方继保自动化股份有限公司. CSC－200 系列数字式保护测控装置说明书，2015.

［48］ 国电南京自动化股份有限公司. PST－671U 变压器保护装置（智能站）说明书，2011.

［49］ 国电南京自动化股份有限公司. PST－1200 系列 110kV 电压等级数字式变压器保护装置说明

书，2006.

［50］国电南京自动化股份有限公司. PST－645U 变压器保护测控装置说明书，2008.

［51］国电南京自动化股份有限公司. PSL－633U 母联保护装置（智能站）说明书，2015.

［52］国电南京自动化股份有限公司. PSL－641U 线路保护测控装置说明书，2020.

［53］国电南京自动化股份有限公司. PSL－621U 系列线路保护装置（智能站），2016.

［54］国电南京自动化股份有限公司. PSL－620C 系列数字式线路保护装置说明书，2005.

［55］国电南京自动化股份有限公司. PSC－641U 电容器保护测控装置说明书，2020.

［56］国电南京自动化股份有限公司. PSMU602 合并单元说明书，2014.

［57］南京南瑞继保电气有限公司. RCS－915 母线保护装置说明书，2012.

［58］南京南瑞继保电气有限公司. RCS－9651 备用电源自投装置说明书，2008.

［59］南京南瑞继保电气有限公司. PCS－943 系列高压输电线路成套保护装置说明书，2017.

［60］深圳南瑞科技有限公司. ISA－387 型微机变压器差动保护装置说明书，2009.

［61］深圳南瑞科技有限公司. ISA－388 型微机变压器差动保护装置说明书，2009.

［62］深圳南瑞科技有限公司. BP－2B 微机母线保护装置说明书，2009.